松辽陆相湖盆沉积体系与控砂控藏模式

胡明毅　邓庆杰　蔡全升　著

科学出版社
北京

内 容 简 介

本书以松辽盆地为例，选择徐家围子断陷沙河子组、梨树断陷火石岭组—营城组、三肇凹陷扶余油层、齐家—古龙凹陷葡萄花油层为研究对象，围绕松辽盆地深层断陷与中浅层拗陷开展层序、沉积、储层、成藏等方面的综合地质研究工作，系统总结陆相断陷湖盆与陆相拗陷湖盆在层序发育模式及主控因素、沉积体系分布与演化规律、湖盆控砂机理与预测方法、油气成藏规律与成藏模式等方面的特征及差异。

本书可供从事储层沉积学、石油地质学等研究的科技工作者及高等院校地质相关专业的师生参考。

图书在版编目（CIP）数据

松辽陆相湖盆沉积体系与控砂控藏模式/胡明毅，邓庆杰，蔡全升著. —北京：科学出版社，2022.11
ISBN 978-7-03-073288-0

Ⅰ.①松… Ⅱ.①胡… ②邓… ③蔡… Ⅲ.①松辽盆地-陆相-断陷盆地-沉积体系-研究 ②松辽盆地-陆相-断陷盆地-成藏模式-研究 Ⅳ.①P618.130.2

中国版本图书馆 CIP 数据核字（2022）第 178413 号

责任编辑：孙寓明/责任校对：高 嵘
责任印制：彭 超/封面设计：苏 波

科学出版社出版
北京东黄城根北街 16 号
邮政编码：100717
http://www.sciencep.com
武汉精一佳印刷有限公司印刷
科学出版社发行 各地新华书店经销
*
开本：787×1092 1/16
2022 年 11 月第 一 版 印张：12 1/2
2022 年 11 月第一次印刷 字数：303 000
定价：158.00 元
（如有印装质量问题，我社负责调换）

▶▶▶序

《松辽陆相湖盆沉积体系与控砂控藏模式》一书是胡明毅教授团队承担的国家“十三五”油气重大专项课题的创新成果，同时也包含了十多年来他与大庆油田、吉林油田合作在松辽盆地开展相关领域研究所取得的成果。作者基于大量的岩心、录井、测井及地震资料，围绕松辽盆地深层断陷期与盆地中浅层拗陷期开展了全面系统的沉积、储层及成藏研究工作，取得了许多丰硕的成果，促进了该盆地的油气勘探开发。对此，我表示衷心的祝贺。

松辽盆地作为我国东北部大型中、新生代陆相含油气沉积盆地，具有断-拗双重结构，其中深层为断陷湖盆，中浅层为拗陷湖盆，油气资源丰富。虽历经 60 余年的勘探开发，迄今为止松辽盆地仍是我国最主要的油气资源供给基地之一。然而，松辽盆地油气勘探开发整体步入中后期，面临着“后备资源接替不足、开发难度日益增大”等难题。如何从地质研究上开展工作，挖潜松辽盆地油气资源，实现增储上产是大家重点关注的问题。胡明毅教授团队通过与大庆油田、吉林油田开展“产、学、研”一体化合作，在深层断陷湖盆沉积充填演化、浅水拗陷湖盆沉积体系与砂体分布预测、油气成藏规律等方面取得了丰硕的成果，这些研究成果不仅对松辽盆地油气勘探具有重要的应用价值，同时对我国其他陆相湖盆油气勘探也极具参考价值。该书的主要成果体现在以下几个方面。

一是基于典型钻井剖面的精细划分，结合井-震大剖面的追踪解释，提出不同类型陆相湖盆层序地层学研究方法，并建立松辽盆地深层断陷期与中浅层拗陷期层序地层格架，总结陆相断陷湖盆与陆相拗陷湖盆层序发育模式及控制因素。不同的演化阶段，构造古地貌、湖平面升降、物源供给等在陆相湖盆层序形成过程中所起的作用存在显著差异，理解和认识这些差异是搭建陆相湖盆层序地层格架的关键。

二是通过精细的岩心观察分析，结合测井及地震响应，明确松辽盆地深层断陷与中浅层拗陷的主要沉积相类型及特征。从点到线再到面，刻画松辽盆地不同地区火石岭组—营城组、扶余油层及葡萄花油层的沉积体系展布，总结陆相湖盆不同阶段的沉积充填演化规律与沉积模式。断陷湖盆沉积体系发育受构造控制作用明显，沉积体系分布与断陷形成阶段具有显著的对应关系。拗陷湖盆沉积体系发育则多与气候-湖平面变化相关，湖平面升降控制着沉积体系的分布格局。

三是通过储层特征分析、地震反演及地质建模研究，明确陆相湖盆主要储集砂体类型，总结断陷湖盆与拗陷湖盆控砂机理与模式，提出有效的储层预测方法，并以火石岭组—营城组、扶余油层及葡萄花油层为例开展储层分布预测工作。断陷湖盆储集砂体的发育受物源及盆地古地貌体系控制，拗陷湖盆储集砂体则主要受气候-湖平面波动控制。针对不同类型的湖盆，储层预测方法的应用存在一定差异，需要提高储层预测的针对性。

四是基于松辽盆地火石岭组—营城组、扶余油层及葡萄花油层勘探实践，结合烃源岩及储层分布，总结断陷湖盆与拗陷湖盆控藏机理与模式。陆相湖盆油气成藏主要受烃源岩、储层及断裂等因素控制。对于断陷湖盆，提出断控陡坡带油气成藏模式、斜坡带油气成藏模式和洼槽带油气成藏模式；对于拗陷湖盆，提出源内、近源、外源等油气成藏模式，总结不同模式与断裂及古地貌之间的匹配关系。

以上成果可以说是长江大学与大庆油田、吉林油田长期开展“产、学、研”合作研究的重要结晶，也是陆相湖盆沉积地质理论与储层地质预测技术在松辽盆地油气勘探开发过程中的生动实践。该书的出版有助于读者再次深入认识松辽湖盆沉积、储层特征与油气资源潜力，也将为我国中东部地区陆相湖盆油气资源挖潜提供借鉴。同时，该书中陆相湖盆沉积学与储层地质学的研究思路与方法也值得相关领域的读者参阅！

中国科学院院士

2022 年 3 月

前言

松辽盆地油气资源极其丰富，自上而下发育浅部油气层，中部黑帝庙、萨尔图、葡萄花、高台子、扶余、杨大城子等油层，以及深部火石岭组—营城组气层，构成了上、中、下三套含油气组合。然而，经过数十年的勘探开发，松辽盆地油气资源开采目前已经进入中后期阶段，如何进一步挖潜油气资源、增储上产是实现盆地内各油田可持续发展的关键。

为了进一步推动松辽盆地的油气勘探，深入认识松辽盆地深层断陷湖盆与中浅层拗陷湖盆的层序、沉积、储层与成藏特征，本书依托团队十几年来在松辽盆地开展的油气地质研究成果，系统剖析松辽盆地不同地区、不同时期层序地层格架、沉积体系、储层特征及成藏规律，全面总结陆相断陷湖盆与陆相拗陷湖盆沉积-成藏规律与研究方法，以供陆相湖盆油气勘探等相关领域的研究人员参阅。

本书对松辽盆地深层断陷湖盆与中浅层拗陷湖盆的层序地层、沉积体系、储层分布与成藏规律进行深入介绍，全书共五章：第一章介绍松辽盆地区域地质概况；第二章介绍断陷-拗陷湖盆层序发育特征及控制因素；第三章介绍断陷-拗陷湖盆沉积体系及演化模式；第四章介绍断陷-拗陷湖盆控砂机理及储层分布预测；第五章介绍断陷-拗陷湖盆控藏机理及模式。

本书由胡明毅、邓庆杰、蔡全升撰写，研究生杨文杰、孙志民、宋昊、邓志强等负责部分图件的编制工作，全书由胡明毅统稿。本书是团队十余年科研工作成果的集成，先后参加相关研究工作的有胡忠贵教授、谢锐杰教授、杨飞副教授、彭德堂副教授、陈旭讲师、章学刚讲师和研究生王辉、夏景芬、马艳荣、刘仙晴、王延奇、钱勇、赵恩璋、邱小松、王晓培、王志峰、潘勇利、杨巍、朱文平、吴玉坤、邓猛、王振鸿、王丹、潘勇利、黎祺、付晓树、刘诗宇、孙春燕、宿赛、林佳佳、杨皓洁、肖云鹏、廖鑫羽、李金池、元懿、杨文杰、孙志民、宋昊、邓志强等。项目研究过程中得到了大庆油田有限责任公司王玉华副总经理，大庆油田有限责任公司勘探开发研究院蒙启安副院长、吴河勇总地质师、冯子辉总地质师、周永柄总工程师、印长海总工程师、林铁峰副总地质师、任延广副总地质师、梁江平主任、张革主任、李国会主任、吴海波主任、王始波主任、张顺主任、张亚金主任、张大智高工、张君龙高工、康德江高工等领导和专家的支持与帮助。同时，得到了中国石油天然气股份有限公司吉林油田分公司张辉副总经理、江涛总经理助理，勘探处邓守伟处长，天然气开发处宋立忠处长和宋文礼总地质师，吉林油田勘探开发研究院张永清院长、阮宝涛书记、李忠诚副院长、曲卫华副院长、唐振兴总地质师、李明义总地质师、张国一总地质师、李晓松主任、曾凡成所长、宋鹏所长、贾可心所长等领导和专家的关心与指导。在此表示衷心感谢。

特别感谢中国科学院贾承造院士对我们研究工作的关心与帮助，感谢他在书稿完成之际亲自为本书作序。

由于水平有限，书中难免存在疏漏和不足之处，敬请各位专家同行批评指正。

胡明毅

2022 年 3 月

目录

第一章 松辽盆地区域地质概况

第一节 区域地质特征

一、构造单元划分

松辽盆地是我国东北部大型中、新生代陆相含油气沉积盆地，构造上位于西伯利亚板块东部，处于北纬 42° 25'～49° 23'、东经 119° 84'～128° 24'，宽度为 330～370 km，长度约为 750 km，行政区域上横跨黑龙江、吉林、辽宁及内蒙古等省和自治区，总面积约为 26×10^4 km^2。其东北达小兴安岭，西接大兴安岭，南部为康平—法库丘陵地带，东南临张广才岭。中、新生代地层发育广泛、面积较广，其中白垩系发育生油气层、储油气层、盖层组合岩系。松辽盆地内部构造特征可划分为西部斜坡带、北部斜坡带、东北隆起带、中央拗陷带、东南隆起带及西南隆起带 6 大构造单元（图 1.1）。

前人研究表明，松辽盆地的形成与太平洋板块向西伯利亚的俯冲碰撞密切相关（王璞珺 等，2015；Sorokin et al.，2013；Li et al.，2013；Feng et al.，2010；李思田 等，1996）。根据应力特征及成因机制，松辽盆地的形成演化过程可分为张裂期（J_3—K_1）、整体沉陷期（K_1—K_2）和褶皱期（K_2—Q）三个阶段，其主要形成演化阶段板块运动如图 1.2（王璞珺 等，2015）所示。晚侏罗世—早白垩世（J_3—K_1），区域上北部的鄂霍茨克洋已经俯冲闭合，东部太平洋板块向欧亚大陆俯冲走滑，造成东亚陆块地幔上涌、地壳减薄，松辽盆地在伸展型的构造应力体制作用下，断裂广泛发育，形成了多个断陷盆地。早白垩世晚期—晚白垩世（K_1—K_2），随着太平洋板块俯冲作用减弱，岩石圈与软流圈回落，区域上的走滑拉分作用与热沉降作用相互叠加使得断陷区开始进入整体沉降阶段，原先形成的多个断陷盆地也因此都连在同一个盆地系统中。晚白垩世—第四纪（K_2—Q），受嫩江运动和太平洋板块俯冲的影响，松辽盆地受到了来自东部的脉冲式挤压活动，形成了一系列不同程度的构造反转带。至此，松辽盆地形成了现今的构造格局。

二、地层发育特征

松辽盆地基底主要由火山岩和浅变质岩构成，其上部的沉积盖层为晚侏罗世及以后形成的一套陆相碎屑岩夹火山岩，地层厚度普遍超过 5 000 m。根据松辽盆地的形成阶

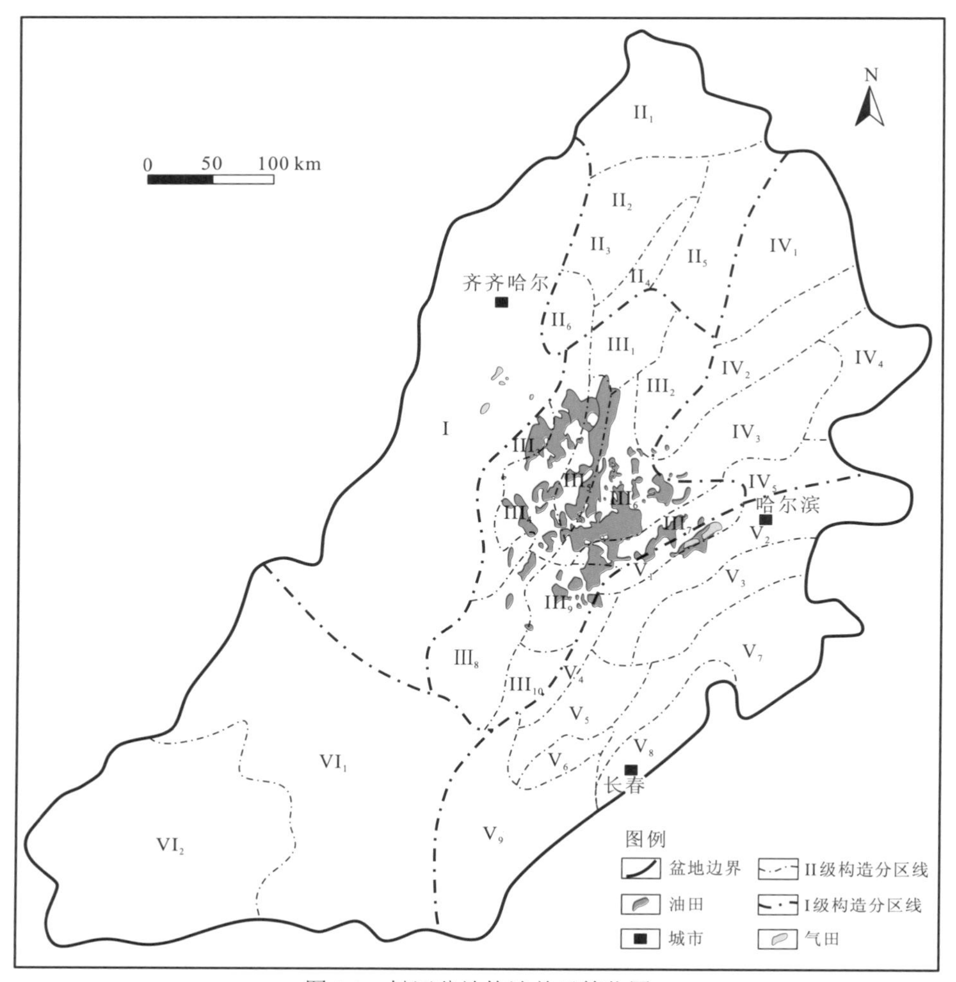

图 1.1 松辽盆地构造单元简化图

I：西部斜坡带；II：北部斜坡带；II_1：嫩江阶地；II_2：依安凹陷；II_3：三兴背斜带；II_4：克山依龙背斜带；II_5：乾元背斜带；II_6：乌裕尔凹陷；III：中央拗陷带；III_1：黑鱼泡凹陷；III_2：明水阶地；III_3：龙虎泡—红岗阶地；III_4：齐家—古龙凹陷；III_5：大庆长垣；III_6：三肇凹陷；III_7：朝阳沟阶地；III_8：长岭凹陷；III_9：扶余隆起；III_{10}：双坨子阶地；IV：东北隆起带；IV_1：海伦隆起；IV_2：绥棱背斜；IV_3：绥化凹陷；IV_4：庆安隆起；IV_5：呼兰隆起；V：东南隆起带；V_1：长春岭背斜；V_2：宾县—王府凹陷；V_3：青山口背斜；V_4：登楼库背斜；V_5：钓鱼岛隆起；V_6：杨大城子背斜；V_7：梨树—德惠凹陷；V_8：扶余隆起；V_9：怀德—梨树凹陷；VI：西南隆起带；VI_1：伽马吐隆起；VI_2：开鲁凹陷

段，由下到上地层可依次划分为三套构造层，分别是下部断陷层、中部拗陷层和上部反转层（Feng et al.，2010；Wei et al.，2010）。下部断陷层由上侏罗统火石岭组（J_3h）和下白垩统沙河子组（K_1sh）、营城组（K_1yc）构成；中部拗陷层由下白垩统登楼库组（K_1d）、泉头组（K_1q），上白垩统青山口组（K_2qn）、姚家组（K_2y）和嫩江组（K_2n）构成；上部反转层由上白垩统四方台组（K_2s）、明水组（K_2m），古近系依安组（Ey），新近系大安组（Nd）、泰康组（Nt）及第四系准平原地层（Q）构成（图 1.3）。随着松辽盆地由断陷向拗陷转换，盆地沉积基底趋于平缓，各组地层在横向上展布稳定，但在厚度和岩性上存在差异。

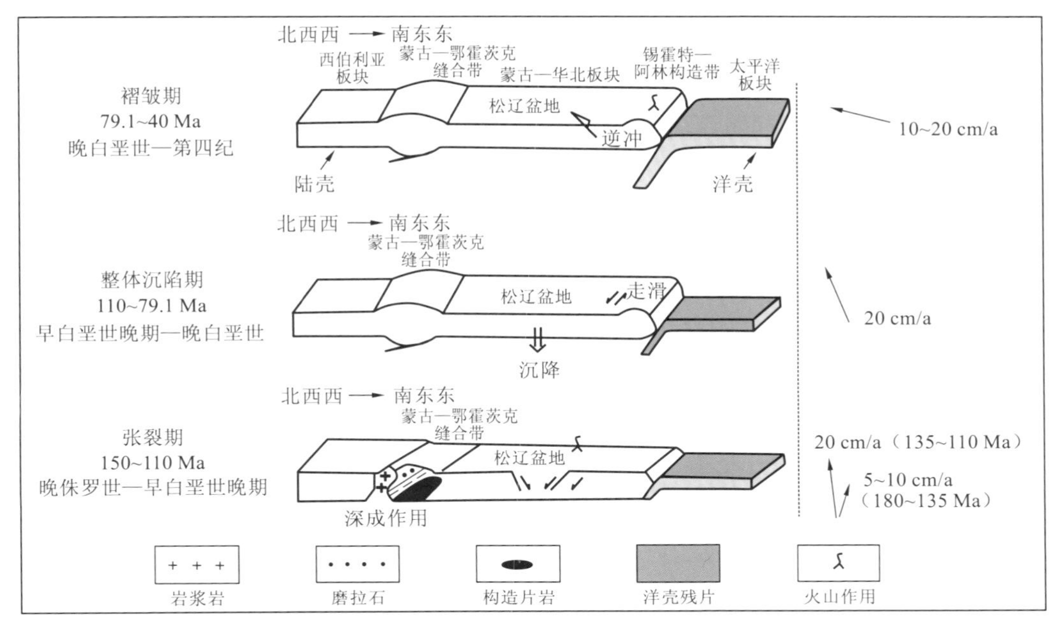

图 1.2　松辽盆地主要形成演化阶段板块运动示意图

（一）火石岭组（J_3h）

火石岭组为松辽盆地的首套沉积盖层，与下伏基岩呈不整合接触。岩性上具有上下两段特征，下段以粗粒碎屑岩夹火山岩为主，上段则以火山岩为主。沉积相主要为火山沉积相、扇三角洲相和湖泊相等。

（二）沙河子组（K_1sh）

沙河子组为研究的目标层位，其沉积地层范围较火石岭组明显扩大，并且与下伏火石岭组呈明显的角度不整合接触。岩性上以砂砾岩和泥岩为主，薄煤层较为常见，其湖相泥岩与煤系地层是松辽盆地深层油气成藏组合的重要烃源岩，并且自身的粗粒碎屑岩也可以成为有效储层。沉积相类型主要为扇三角洲相、辫状河三角洲相和湖泊相等。

（三）营城组（K_1yc）

营城组与下伏沙河子组呈不整合接触。其岩性可划分为 4 段：营一段主要为酸性火山岩；营二段为砂砾岩、泥岩夹煤层；营三段主要为中性火山岩；营四段以砂泥岩和砂砾岩为主。本组中无论是粗粒碎屑岩还是火山岩都可能成为储层。

（四）登楼库组（K_1d）

登楼库组是松辽盆地进入拗陷阶段沉积的首套地层，其与下伏营城组呈不整合接触。登楼库组可划分为 4 段，自下而上分别为登一段、登二段、登三段和登四段。岩性上除底部发育少量的砂砾岩外，其余均为灰黑色泥岩、灰白色或紫灰色砂岩，属湖泊、河流、三角洲沉积。

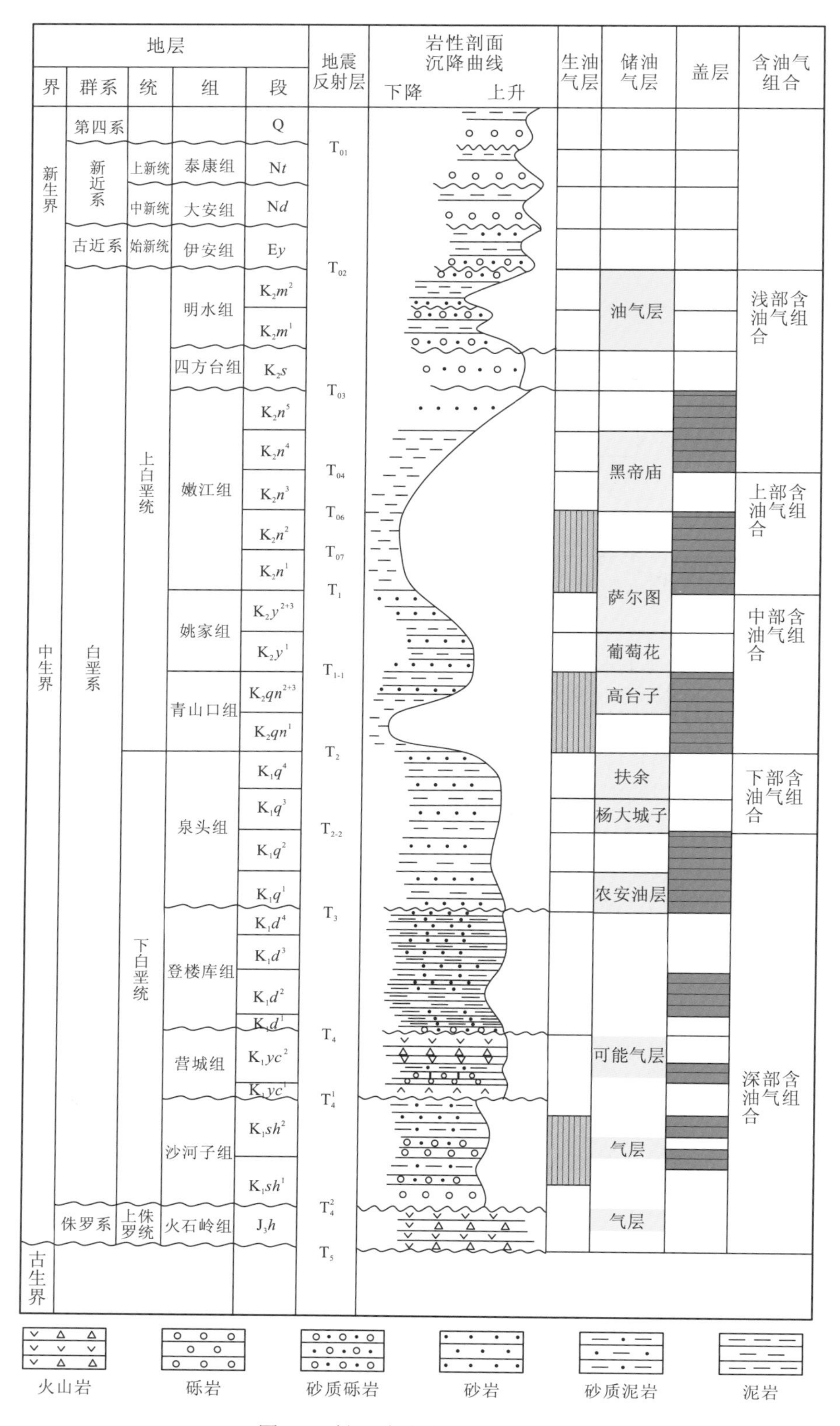

图 1.3 松辽盆地地层发育柱状图

（五）泉头组（K_1q）

泉头组与登楼库组同样也呈不整合接触。泉头组可划分为4段，自下而上分别为泉一段、泉二段、泉三段和泉四段。岩性上以紫红色、灰绿色泥岩和灰色砂岩为主，沉积相主要为河流相、三角洲相及湖泊相。该组砂岩形成了扶余与杨大城子两套油层。

（六）青山口组（K_2qn）

青山口组为松辽盆地重要的烃源岩层，其与下伏泉头组呈整合-平行不整合接触。青山口组可划为3段，自下而上分别为青一段、青二段和青三段。岩性上主要为黑色或灰黑色泥岩和页岩，为深湖和半深湖环境的沉积产物，松辽盆地边缘发育河流相或三角洲相砂岩。

（七）姚家组（K_2y）

姚家组与青山口组呈整合-平行不整合接触。姚家组可划分为3段，自下而上分别为姚一段、姚二段和姚三段。岩性主要都是灰色或灰绿色泥岩和灰色或灰白色粉细砂岩，松辽盆地中心区发育厚层黑色泥岩，沉积环境主要为三角洲和湖泊。

（八）嫩江组（K_2n）

嫩江组也是松辽盆地一个重要的烃源岩层，其地层分布范围广，可划分为5段，自下而上分别为嫩一段、嫩二段、嫩三段、嫩四段和嫩五段。岩性以细粒沉积为主，颜色多偏暗色，灰黑色或黑色泥岩和油页岩较为发育。沉积环境主要为三角洲、半深湖和深湖。

（九）四方台组（K_2s）

四方台组为构造反转期的沉积地层，地层分布范围明显缩小且与嫩江组呈不整合接触。岩性上以紫红色泥岩、灰色或灰白色粉细砂岩为主，局部见粗粒碎屑岩，沉积环境主要为浅水三角洲和曲流河。

（十）明水组（K_2m）

松辽盆地内明水组分布范围较小，盆地边缘等区域地层缺失现象严重。该组岩性主要以灰绿色或紫红色泥岩、灰色或杂色粉细砂岩为主，主要为曲流河和三角洲等环境的沉积产物。

（十一）依安组（Ey）

依安组与下伏明水组呈不整合接触。岩性上主要为灰绿色、灰色泥岩和砂岩，褐色煤层较常见，泥岩中钙质结核较为发育，主要为湖泊、三角洲和冲积平原的沉积产物。

（十二）大安组（Nd）

大安组与下伏依安组呈不整合接触。岩性粒度偏细，以灰绿色或灰色砂岩和泥岩为主，属于河流和冲积平原环境的沉积产物。

（十三）泰康组（N*t*）

泰康组与下伏大安组及上覆第四系均呈不整合接触。岩性上主要为灰绿色、灰色、黄绿色砂砾岩、砂岩和泥岩，对应的主要沉积环境为河流、冲积扇和冲积平原。

三、油气地质条件

松辽盆地沉积地层厚度巨大，纵向上存在多期大规模的沉积旋回，烃源岩及储、盖层发育，油气资源极其丰富。根据松辽盆地含油气组合特征，前人将含油气层系划分为中浅层与深层，它们的油气地质条件各不相同。

（一）中浅层油气地质条件

松辽盆地中浅层指拗陷期发育的下白垩统泉头组—上白垩统嫩江组，自下而上分别为下白垩统泉头组、上白垩统青山口组、姚家组及嫩江组。油气勘探结果显示，中浅层共发育上、中、下三套含油组合，包含黑帝庙、萨尔图、葡萄花、高台子、扶余和杨大城子 6 个含油层系（图 1.3），上、中部含油组合以常规油为主，下部含油组合以致密油为主（蒙启安 等，2021a，2021b；付丽 等，2019；高瑞祺 等，1997）。

1. 烃源岩特征

青一段和嫩一段—嫩二段均发育一套分布广泛、富含有机质、巨厚的湖相暗色泥岩，是松辽盆地拗陷期形成的最重要的烃源岩。青一段沉积时期发生第一次大规模湖侵，形成的暗色泥岩厚度大，在松辽盆地中央拗陷带厚度为 40～105 m，平均厚度为 61.5 m；烃源岩有机质丰度高，总有机碳（total organic carbon，TOC）含量平均为 2.67%，生油潜量（S_1+S_2）平均为 16.71 mg/g，为高丰度的优质烃源岩；有机质母质类型好，主要为 I 型，少量为 II_1 型，显微组分为层状藻。青一段烃源岩埋藏虽浅，但松辽盆地地温梯度高，在埋深超过 1 500 m 后多处于成熟阶段，成熟烃源岩主要分布在中央拗陷带内，镜质体反射率（R_o）为 0.75%～2%[图 1.4（a）]（付丽 等，2019）。青一段烃源岩具有生油母质单一、生油晚的特点；烃源岩氢指数（I_H）大，平均约为 750 mg/g，古龙凹陷 I_H 降至 100 mg/g 以下，反映青一段烃源岩具有非常大的生排油能力，为形成大油田提供了充足的油源。

嫩一段沉积时期盆地又一次经历湖侵，湖盆面积达 20×10^4 km^2，形成广泛分布的暗色泥岩，厚度为 20～130 m，平均为 90.5 m；烃源岩有机质丰度高，TOC 含量平均为 2.36%，S_1+S_2 平均为 13.46 mg/g，为高丰度的优质烃源岩；有机质母质类型以 I-II_1 型为主，烃源岩中富含藻类，有利于生油，但有机质成熟度相对较低，成熟烃源岩主要分布于齐家—古龙凹陷[图 1.4（b）]。嫩二段烃源岩厚度大，有机质丰度中等，有机质类型以 II_2-II_1 型为主，但烃源岩成熟度低，生烃能力有限。

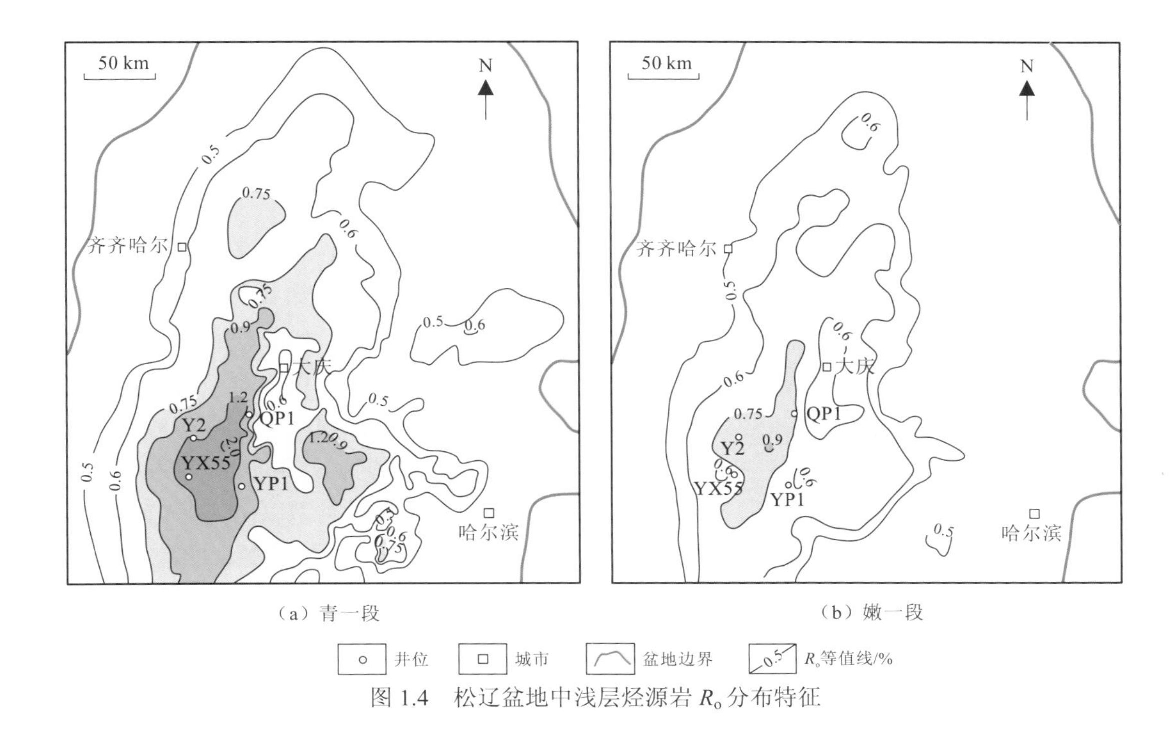

图 1.4　松辽盆地中浅层烃源岩 R_o 分布特征

2. 储层特征

松辽盆地北部白垩系属河湖沉积体系，具有多物源、多沉积体系的特征。白垩系沉积时期，湖平面频繁波动、湖岸线进退交替变化，导致纵向上形成多级沉积旋回，不同时期、不同类型砂体互相叠置，平面上形成形态各异、大小不一的砂体，为油气聚集提供了有利的储集空间（付丽 等，2019；Xi et al.，2015；Li et al.，2013）。

受后生作用影响，中浅层发育常规砂岩储层和致密砂岩储层，岩石类型以细砂岩和粉砂岩为主。其中，上、中部含油组合的黑帝庙油层、萨尔图油层和葡萄花油层为常规砂岩储层，中、下部含油组合的高台子油层、扶余油层及杨大城子油层中常规砂岩储层减少，致密砂岩储层增加。综合分析常规砂岩储层厚度、物性特征表明：各含油层系常规砂岩储层发育，厚度为 10～60 m，其中黑帝庙油层厚度较大，葡萄花油层、扶余油层相对较薄；孔隙度主要分布于 10%～18%，平均为 13.5%；渗透率主要分布于（0.02～320）$\times10^{-3}$ μm^2（1 μm^2=1 013.25 mD），平均为 113.4$\times10^{-3}$ μm^2。储层物性随深度增加呈规律性下降。其中，黑帝庙油层物性最好，属高孔、高渗的 I 类储层，其他油层储层物性相对较好。

总之，两套优质烃源岩、多套砂岩储层及广泛分布的区域盖层形成了空间上的良好配置关系，烃源岩的生排烃期、运聚期与构造反转定型期又相互匹配，从而促成了松辽盆地中浅层油气的规模富集。

（二）深层油气地质条件

松辽盆地深层自下而上主要发育断陷期的火石岭组、沙河子组及营城组，断拗转化期的登楼库组，沉积了火山岩-冲积扇-扇三角洲-湖泊-三角洲-冲、泛平原等复合型沉积充填序列。

1. 烃源岩特征

松辽盆地纵向上发育多套烃源岩层系，其中断陷期沙河子组泥岩、煤系地层及营城组泥岩为主要烃源岩，同时存在火石岭组及登二段等潜在烃源岩层系（黄薇 等，2014；吴河勇 等，2006）。

沙河子组发育典型的煤系烃源岩，是深层主要烃源岩层系，在深层各个断陷均有不同程度的发育。徐家围子断陷沙河子组烃源岩分布范围最大，厚度为 300～900 m，厚度大于 100 m 的烃源岩分布面积达 2 125 km^2。沙河子组烃源岩 R_o 为 1.68%～3.56%，平均为 2.06%，处于高成熟-过成熟阶段；TOC 含量高，泥质烃源岩的 TOC 含量为 0.10%～28.16%，平均为 2.74%，煤系烃源岩的 TOC 含量为 40.72%～84.44%，平均为 59.61%；生油潜量大，泥质烃源岩的 S_1+S_2 为 0.01～122.84 mg/g，平均为 6.5 mg/g，煤系烃源岩的 S_1+S_2 为 0.21～153.45 mg/g，平均为 52.69 mg/g；有机质母质类型以 II 型和 III 型为主（图 1.5）（白雪峰 等，2018）。总体而言，沙河子组具备形成良好烃源岩的潜力。

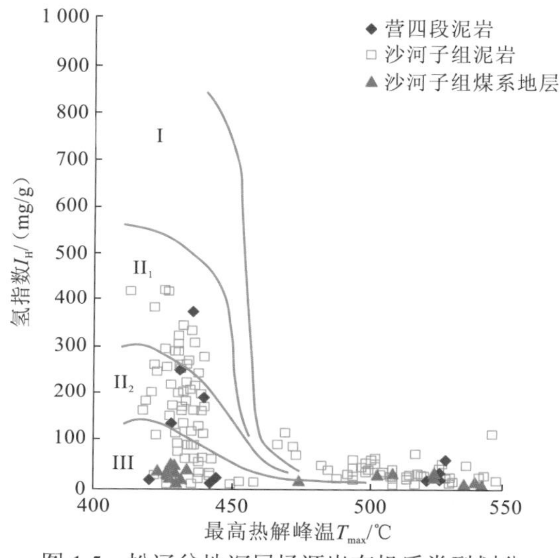

图 1.5　松辽盆地深层烃源岩有机质类型划分

营城组发育深层烃源岩，纵向上主要分布在营二段、营四段，平面上分布局限。营城组烃源岩 R_o 为 1.5%～2.9%，平均为 2.2%，处于成熟-过成熟阶段；TOC 含量为 0.1%～8.5%，平均为 1.37%；S_1+S_2 为 0.05～4.22 mg/g，平均为 0.9 mg/g。有机质母质类型以 II 型和 III 型为主（图 1.5）（白雪峰 等，2018），属于较好的烃源岩。

此外，火石岭组沉积时期，松辽盆地处于初期断陷阶段，断陷发育规模有限，在断陷中部相对较稳定部位发育湖相泥质烃源岩，局部地区发育煤层。徐深 1 井于火一段揭示暗色泥岩厚度为 110.5 m，煤层厚度为 37.5 m，泥岩 TOC 含量平均为 0.77%，煤层 TOC 含量平均为 11%，生烃潜力不容忽视。

2. 储层特征

松辽盆地北部深层火石岭组、沙河子组、营城组及登楼库组发育砂岩、砂砾岩、火山岩、致密砂岩、致密砂砾岩等多种类型储层（白雪峰 等，2018；Cai et al.，2017；陆加敏和刘超，2016；赵泽辉 等，2016；冯子辉 等，2013）。

火石岭组和营城组沉积时期发生大规模火山喷发，后期经过成岩改造后形成了火山岩储层。其中，营城组为主要储层，如徐家围子断陷营城组火山岩在全断陷均有分布，总厚度为200～1 500 m，具有多期次喷发、相互叠置的特征。火山岩储层岩石类型多样，从酸性的流纹岩到中性的安山岩均见产气层，既有熔岩类，也有火山碎屑岩类。其中，流纹岩、火山角砾岩、凝灰岩储层物性较好，凝灰熔岩、熔结凝灰岩储层次之，玄武岩、安山岩等中基性熔岩、集块岩储层物性相对较差。火山岩储层存在原生孔隙、次生孔隙和裂缝等类型的储集空间。火山岩相控制了气孔的发育，是良好储层形成的基础。此外，后期构造运动和风化淋滤作用对火山岩储层储集性能具有明显的改善作用，成岩作用是改善储层储集性能的重要机制。

深层碎屑岩储层主要包括砂岩和砂砾岩两种类型，其中砂岩储层主要发育在登三段—登四段。砂砾岩储层主要发育在登一段、营城组和沙河子组，多为近物源、快速堆积的产物。深层碎屑岩储层埋藏深度大，受成岩作用影响物性差，但局部层段发育次生孔隙发育带，改善了储集性能。营四段和沙河子组砂砾岩储层发育致密气，其他层位的砂砾岩储层发育常规气。储集空间类型主要包括粒间孔、粒间溶孔、粒内溶孔、晶间孔和裂缝等。

松辽盆地深层油气盖层主要为登二段和泉一段—泉二段两套区域盖层。受盖层控制，松辽盆地深层纵向上发育下部含气组合、中部含气组合和上部含气组合三套含气组合。下部含气组合以沙河子组为主要烃源岩，火石岭组为潜在烃源岩，基岩风化壳、火石岭组火山岩为主要储层，登二段为区域盖层，为“自生自储”或“上生下储”组合方式；中部含气组合以沙河子组为主要烃源岩，营城组为次要烃源岩，储层主要为沙河子组砂砾岩、营城组火山岩和砂砾岩、登楼库组砂岩和砂砾岩，盖层为登二段的扇三角洲-湖泊沉积的暗色泥岩，为“自生自储”或“下生上储”组合方式；上部含气组合以沙河子组、营城组暗色泥岩为主要烃源岩，储层为登三段、登四段砂岩和砂砾岩，盖层为泉一段—泉二段泥岩，为“下生上储”组合方式。

第二节　盆地结构与构造演化

一、盆地结构

松辽盆地是具有断-拗双重结构的大型复合型沉积盆地，其深层为断陷湖盆，中浅层为拗陷湖盆。在断陷构造层内发育了徐家围子、梨树、德惠、王府、长岭等多个断陷，断陷之间主要以凸起过渡，整体上形成断陷与凸起相间的构造格局，由此控制着深层烃源岩、储层的分布；拗陷构造层在继承古构造的基础上，以平稳沉降为主。在拗陷构造层沉积末期，东南隆起带在挤压应力作用下整体上反转抬升，并且持续至古近纪末期，造成沉积盖层严重剥蚀，并且形成一系列的反转构造（图 1.6）（Feng et al.，2010；李娟和舒良树，2002；李思田 等，1992）。

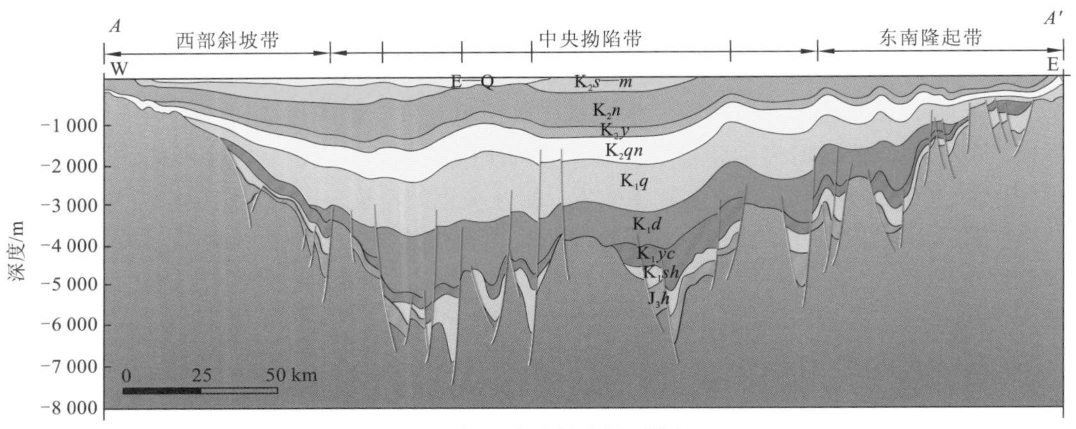

图 1.6　松辽盆地构造剖面特征

（一）断陷盆地

由于松辽盆地特殊的成盆机制，其深部由多达 70 余个彼此分割且大小不一的断陷盆地组成（图 1.7）。受太平洋板块俯冲形成的近东西向拉张应力的影响，这些断陷盆地的长轴方向多为北北东向，其类型主要为地堑型或箕状型。在这些断陷盆地当中，面积最大的为长岭断陷，约为 7 240 km^2，面积最小的为双兴断陷，不足 100 km^2，面积超过 1 000 km^2 的断陷盆地不足 20 个，即松辽盆地深层断陷绝大部分都是小型断陷盆地。

钻井资料揭示，不同断陷盆地的断陷层厚度差异较大，部分地层厚度可达 5 000 m 以上，并且不论断陷盆地大小，煤系烃源岩均较为发育（黄薇 等，2014；张守仁和张遂安，2009）。目前，针对这些断陷盆地的油气勘探主要集中在以长岭断陷为代表的大中型断陷盆地中，且已经取得了不少突破，但对面积小于 1 000 km^2 的断陷盆地开展的勘探工作较少，它们应是不可忽视的勘探区域。

（二）坳陷盆地

白垩纪中期，即泉头组—嫩江组沉积时期，松辽盆地进入整体坳陷期，西部坳陷盆地范围扩大，东部坳陷盆地范围缩小，形成一个包括齐家、古龙、乾安、三肇等地区在内的统一大型湖盆。整体坳陷期，湖盆沉积范围逐渐扩大，各组、段地层多向边缘超覆，中部分布较大面积的深湖区，沉积了松辽盆地的主要生、储岩系。这一时期湖盆沉积具多物源、多沉积体系及多相带呈环带状展布的特征（黄薇 等，2013；张顺 等，2011a，2011b）。

二、构造演化

将松辽盆地三叠纪以来的构造运动过程及构造演化发育特征划分为 4 个演化阶段，即热隆张裂阶段、裂陷阶段、坳陷阶段和萎缩隆褶阶段（图 1.8）（Sorokin et al.，2013；李娟和舒良树，2002；李思田 等，1996）。

图 1.7 松辽盆地深层断陷分布

（一）热隆张裂阶段（T—J_2）

热隆张裂阶段包括二叠纪末的华力西运动尾幕、印支运动和燕山运动首幕，其地质时代从三叠纪开始到早、中侏罗世末期。此阶段松辽盆地始终处于上升隆起状态，并发生了两个不可忽视的地质事件：一是华力西运动的结果使古生代地槽回返，成为年轻地台，形成松辽盆地的区域性基底；二是北东向或北北东向断裂的切割，使原来东西向的区域性构造格局上叠加了北东向构造成分。此时的松辽盆地处于孕育阶段。

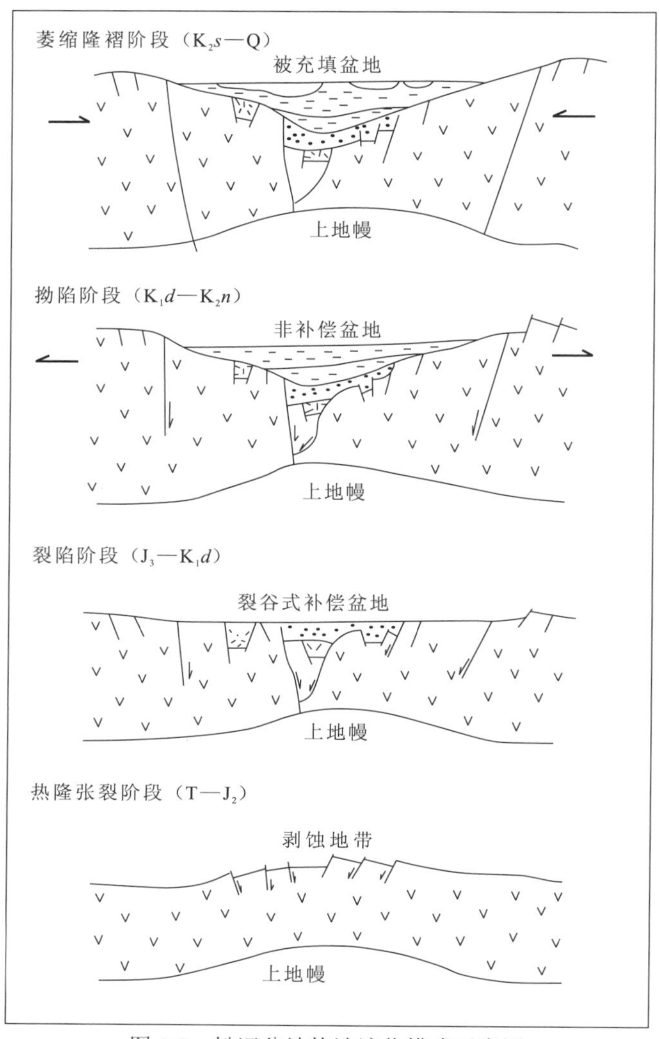

图 1.8　松辽盆地构造演化模式示意图

（二）裂陷阶段（J_3—K_1d）

晚侏罗世开始，太平洋板块向欧亚板块俯冲及印度板块向欧亚板块俯冲，在这两种力的作用下，大陆拱起，地幔物质上涌，产生张性断裂带，以致许多分散的地堑形成陆相含煤火山碎屑建造。下白垩统沙河子组沉积时期是断陷盆地发育期，主要表现为半地堑和半地垒组合类型。长岭、梨树及王府—德惠地区在沙河子组沉积时期，断陷盆地处于发育初期，已经初具规模，地层受控凹断层控制明显，在剖面上断陷盆地主要表现为半地堑形态、半地堑-半地垒组合的形态（图 1.8）。裂陷阶段的应力场是张性的，故所形成的断层都为正断层，该时期的主要发育特点是大规模的断裂活动伴有大规模火山喷发。在断裂活动的作用下，形成闭塞式的侏罗系含煤碎屑及火山碎屑建造。此时在松辽盆地南部形成晚侏罗世 13 个含煤断陷盆地，其中德惠断陷面积约为 3 600 km^2，深度近万米。

（三）拗陷阶段（K_1d—K_2n）

拗陷期的本质是松辽盆地基底发生整体下沉和统一沉积区的形成阶段，主要指下白垩统登楼库组—上白垩统嫩江组沉积时期。拗陷之初，仍继承了“一隆两堑”的基本格局，各条河流水系由边缘隆起向“堑型”拗陷盆地推进，粗碎屑沉积物依次以小型三角洲或扇三角洲沉积形式填塞山前各断陷盆地，洪水期悬移的粉砂与泥质沉积物漫过湖岸经由小湖泊“吞吐”口进入较大汇水区。

泉三段沉积时期之初，形成了统一的松辽古湖盆，特别是青山口组、嫩江组沉积时期是古湖盆发育的全盛时期。受裂陷阶段三分枝状结构的影响，中央拗陷带内形成了齐家—古龙、三肇、长岭等次级凹陷。泉三段沉积时期除西部斜坡、西南隆起等少数边缘隆起外，沉积物几乎超覆披盖了盆内所有的隆起。拗陷盆地中心大致在古龙、大安、长岭及“两江”（松花江、嫩江）地区，呈现“一拗两隆”（即中央拗陷带、西部斜坡带和东南隆起带）的古地理面貌，最终完成断陷向拗陷的转变。

（四）萎缩隆褶阶段（K_2s—Q）

上白垩统嫩江组沉积晚期，松辽盆地东部和南部首先抬升，致使晚白垩世湖盆范围缩小，沉积中心明显向西迁移 20～30 km。此时东北及东南部隆起、隆褶抬起，仅在西部接受上白垩统及古近系的粗碎屑沉积。晚白垩世末期，燕山运动第 V 幕使松辽盆地总体抬升，导致上白垩统与古近系呈不整合接触。古近纪末期，基底再次抬升，松辽古湖盆干涸，地貌景观定型。松辽盆地抬升阶段，记录了燕山运动第 IV、V 幕的活动特征，形成了大批构造，对油气藏的形成起很大的控制作用。燕山运动第 IV、V 幕运动的应力性质由张拉转为水平挤压，表现在上白垩统与下白垩统之间及上白垩统与古近系之间的不整合接触，以及整体褶皱和主要断裂，如红岗、大安、孤店等长期活动的断裂，性质由正到逆的转变。

构造演化决定断陷阶段地层在松辽盆地的分布呈彼此分割孤立状，受断裂控制，具陡缓不对称的箕状外形，沉积厚度大但展布局限，厚度横向变化快，地层超覆现象明显，代表相对湖平面快速上升期的沉积产物。拗陷阶段（泉头组—嫩江组）地层披盖在各孤立的断陷之上，地层连续广布，拗陷盆地中央地层厚度大，向两侧斜坡地层逐渐变薄，地层超覆现象不明显或仅见于盆地边缘。构造反转期，松辽盆地整体抬升，湖盆范围迅速缩小，发育湖盆萎缩阶段河湖沉积体系并开始沼泽化。

第三节　油气勘探历程、现状与挑战

一、勘探历程

松辽盆地的油气勘探已经有 60 多年的历史。根据不同时期的技术水平、勘探重点与成果认识，将松辽盆地的油气勘探划分为三大阶段，分别是构造油藏勘探阶段（1955～1985 年）、岩性油藏勘探阶段（1986～2010 年）、常规与非常规油气藏并重勘探阶段（2011 年至今）（图 1.9）（蒙启安 等，2021a）。

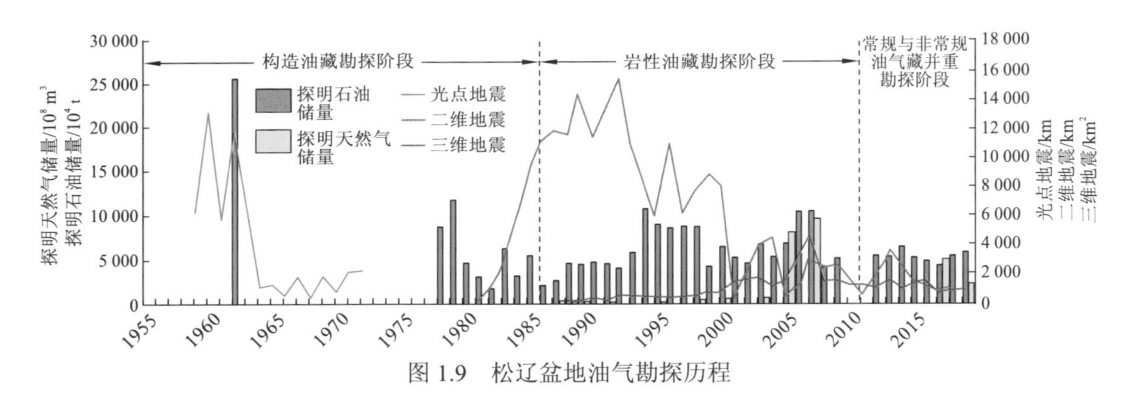

图 1.9 松辽盆地油气勘探历程

1955 年，地质部东北地质局正式开始松辽盆地的地质调查工作，推测松辽平原可能具有含油远景。1959 年 9 月 6 日，第一次射开青山口组 1 357.01～1 382.44 m 的三个薄油层，只捞水不捞油，降低液面，疏通油层，于 1959 年 9 月 26 日井中喷出了工业油流，日产油 14.93 m^3，发现了大庆油田。1959 年 9 月 29 日，扶 27 井喜获工业油流，发现了吉林油田。随后以陆相生油理论和背斜油藏理论为指导，系统开展了区域性地质勘探工作，以大型正向构造为目标，采用光点地震勘探技术，发现了大庆长垣特大型背斜砂岩油田，松辽盆地勘探史上出现了第一次储量增长高峰。1965～1985 年，根据陆相生油理论和背斜油藏理论，探索大庆长垣外围的局部构造及鼻状构造带，发现了一批中、小规模油田。

1986～2000 年，形成了大型陆相坳陷盆地油气勘探理论，建立了薄互层低渗透岩性油藏勘探配套技术，应用数字二维地震勘探技术及少量三维地震勘探技术，松辽盆地北部葡萄花油层、扶杨油层岩性油藏在齐家—古龙地区实现了由点到面的突破，三肇地区实现含油连片。2001～2010 年，形成了向斜区成藏认识，丰富了大型陆相坳陷盆地油气勘探理论，发展了薄互层低渗透储层预测、复杂油水层识别及高精度三维地震勘探等技术。对葡萄花油层实施勘探开发一体化，凹陷主体实现了满凹含油；扶余油层在三肇凹陷主体实现了含油连片，深层天然气勘探通过“三个转变”，发现了中国东部地区第一大火山岩天然气田——徐深气田。

2011 年至今，随着老区勘探程度的不断提高，松辽盆地油气勘探进入多类型油气藏勘探阶段，常规油气勘探进一步细化，同时稳步推进致密油与页岩油勘探，不断加快深层天然气勘探，各油田公司全力确保增产稳产。

二、勘探现状

经过 60 余年的勘探开发，松辽盆地目前已经进入常规与非常规油气藏并重勘探阶段。通过不断解放思想、深化认识、创新技术，实现由常规油气向致密油气和页岩油气的有效拓展，保持松辽盆地储量持续增长的态势（蒙启安 等，2021a，2021b；付丽 等，2019；王玉华，2019；印长海 等，2019；白雪峰 等，2018；王颖 等，2018）。

（1）拗陷湖盆常规油气勘探精细化水平不断提高。松辽盆地中浅层拗陷整体进入中高勘探阶段，剩余资源具有埋藏深、分布散、规模小、丰度低、产量低等特点，勘探发现难度日趋增大。近年来，地质人员针对制约老区油气勘探的地质认识、勘探目标落实、勘探管理等关键问题，从理论研究到组织管理全面创新，形成“两新、四精、一控、两突出”的富油凹陷高效勘探模式，强化勘探开发一体化，精细勘探获重要进展。在松辽盆地中浅拗陷层积极推广高效勘探模式，立足龙西、南北拓展、东西扩大，勘探评价从精细到精准，在齐家—古龙、三肇地区开展细分层精细储层预测和精细油藏研究，展现亿吨级勘探场面。拓展西部斜坡带，在宏观油气地质规律的指导下，精细刻画河道砂体，建立成藏模式，多口井获得高产油流，整体展现千万吨级储量规模。对成熟老探区，通过解放思想、精细工作，依然呈现出有大作为的特点。

（2）深层断陷湖盆油气勘探获得重大突破，成为油气储量重要增长点。松辽盆地深层天然气勘探在经历火山岩气田重大发现后，深层火山岩气藏与致密砂砾岩气藏已经成为探明储量的主要增长点，发育营城组“下生上储”、沙河子组“自生自储”及火石岭组“上生下储”等类型含气组合。截至目前，松辽盆地北部深层天然气预测总资源量为 $15\,885.67\times10^{8}\ m^{3}$，具有储层类型多样、分布广泛、气藏类型多等特点。已提交天然气探明储量为 $2\,232\times10^{8}\ m^{3}$，天然气控制储量为 $689.53\times10^{8}\ m^{3}$，剩余资源量为 $10\,903.8\times10^{8}\ m^{3}$。已提交松辽盆地南部天然气三级储量为 $4\,276\times10^{8}\ m^{3}$，发现率仅为21%，松辽盆地南部尚处于勘探初期阶段，其中常规天然气勘探程度相对较高，地质储量为 $2\,973\times10^{8}\ m^{3}$，发现率为40%；目前，非常规天然气以致密气为主，但埋深大、物性差、产能偏低，已提交三级储量为 $1\,257\times10^{8}\ m^{3}$，发现率仅为10%。松辽盆地南部次生碎屑岩气藏预测储量为 $1\,594\times10^{8}\ m^{3}$，平面上主要分布于德惠断陷、长岭断陷及王府断陷构造带两翼的斜坡带，分布面积大、隐蔽性强，但埋藏浅、物性好。火山岩气藏预测储量为 $2\,830\times10^{8}\ m^{3}$，平面上主要分布于德惠断陷及长岭断陷，其次为王府断陷、双辽断陷及英台断陷。这些深层天然气资源是后续松辽盆地稳产增产重要的接替力量。

（3）页岩油勘探不断取得突破。松辽盆地青山口组、嫩江组沉积时期发生两次湖侵，形成两套大规模湖相页岩沉积，是页岩油的赋存层系。嫩江组埋藏浅、成熟度低，发育低熟页岩油；青山口组成熟度较高，主要发育中高成熟页岩油，是近期勘探重点。2011年以来，依据致密油理论与技术在页岩层系中的薄砂层进行探索，松辽盆地南部齐家页岩油 1HF 井日产油 7.62 t，日产气 $288.3\ m^{3}$，自喷试采产量、压力稳定，表现出长期稳定的产油能力。2015 年以来，大庆油田开展优选古龙南“甜点”区，部署实施的古页油平 1 井获高产工业油气流，纯页岩储层实现历史性突破。目前，通过开展“七性”评价，明确古龙地区为松辽盆地页岩油最有利地区，面积为 $3\,540\ km^{2}$，资源量超 $10\times10^{8}\ t$。在成藏综合分析基础上，优选有利“甜点”区，部署实施的齐平 1 井、松页油 1 井和松页油 2 井均获得工业油流。松辽盆地青山口组、嫩江组展现出良好的页岩油勘探潜力。

三、面临的主要挑战

（1）沉积地质研究领域不均衡，部分地区沉积体系研究薄弱。经过多年的勘探开发，松辽盆地中浅层拗陷等老区油气富集规律及资源分布认识总体上清楚，但不同区带、层系间的研究仍不均衡。大庆长垣、齐家—古龙等地区中浅层拗陷沉积研究较精细，但西部斜坡带等周边地区研究尺度大，认识不系统；深层断陷沙河子组致密气储层沉积体研究程度不如火山岩储层精细，受火山扰动和边缘沉积剥蚀的影响，沉积相整体的精细研究有待深入。

（2）新区新领域地震资料品质欠佳，储层分布精准预测难度大。目前新区新领域主要采用二维地震资料，三维地震资料较少。资料品质较差、面元大、方位窄、密度低，导致复杂断陷湖盆成像精度不够，不能满足构造、沉积储层分布的精细研究。此外，常规三维地震资料对薄层单砂体的预测精度低，对小断层、复合圈闭识别精度不够，也无法对有效砂砾岩储层开展精准预测。因此，如何提升地震品质，提高薄层单砂体识别能力，也是目前准确预测有效储层分布亟须解决的问题。

（3）成藏地质认识亟须深化。目前，对松辽盆地中浅层油气成藏规律的认识较为深入，但对深层断陷储层成藏研究还不系统，主要以单断陷或洼槽开展油气成藏规律研究，缺乏整体的区域油气成藏地质分析与综合评价，导致部分地区油气成藏控制因素认识不清，虽然有工业井的突破，但尚未形成领域上的突破。

总之，尽管经历 60 多年的勘探历史，松辽盆地的油气勘探工作仍面临日益严峻的问题，中浅层拗陷剩余油气资源品位低、分布不清，深层断陷油气资源潜力与勘探方向尚不明确，严重制约了松辽盆地油气勘探工作的可持续发展。因此，进一步深入开展松辽盆地层序-沉积-储层-成藏综合地质研究，挖掘中浅层拗陷剩余油气资源，明确深层油气勘探潜力，对保障松辽盆地油气持续稳产增产具有重要意义。

第二章 断陷-拗陷湖盆层序发育特征及控制因素

第一节 层序界面识别标志及特征

层序是以不整合面或与之相对应的整合面作为边界的一套相对整一的、成因上有联系的地层序列，层序界面在盆地边缘多为不整合面，在盆地中心可能由不整合面过渡为整合面（Catuneanu et al.，2009；Embry，2002，1995；Vail et al.，1991，1977）。与海相盆地沉积相比，陆相湖盆由于沉积范围小、受构造活动影响明显，其层序界面的不整合特征更加显著。因此，正确划分陆相湖盆层序的关键在于识别不同级别的层序界面，包括划分不同的体系域界面与层序内部界面，如初始湖泛面（initial flooding surface，IFS）和最大湖泛面（maximum flooding surface，MFS）（胡明毅 等，2010；操应长 等，1996；顾家裕，1995；徐怀大，1991）。尽管这些层序界面在沉积序列、地震响应、测井变化、地球化学及古生物学上往往具有特殊的响应特征，但在具有断-拗双重结构的松辽盆地，由于不同时期盆地的类型、结构、物源体系及构造运动的差异，它们的层序划分理论体系、层序界面特征及识别标志均有明显差别（郭建华 等，2005；胡受权 等，2000；朱筱敏，2000；解习农 等，1996）。

一、断陷期关键层序界面识别标志及特征

前人研究表明，断陷湖盆层序的发育受构造运动、气候、物源供给等多种因素的影响，其中任一因素的变化均可引起断陷湖盆水体深度的显著变化，进而形成广泛、易于识别的不整合面，因此经典层序地层学理论可适用于断陷湖盆层序地层学研究（操应长，2005；冯有良 等，2004，2000；任建业 等，2004；纪友亮 等，1998）。构造运动作为断陷湖盆形成、发育、消亡最关键的因素，在层序的形成中往往占据主导地位。在断陷湖盆不同的演化阶段，构造运动强度往往存在明显差异，其单独或与其他因素共同作用形成的层序界面不完全一致（王华 等，2010；郭建华 等，2005；胡受权，1997；漆家福 等，1997）。松辽盆地深层断陷的形成经历了三个不同的构造演化阶段，分别是初始断陷阶段、强烈断陷阶段及断陷萎缩阶段，对应于上侏罗统火石岭组、下白垩统沙河子组及营城组。每一期大规模的幕式断陷活动都会对湖盆形态或沉积充填过程产生显著影响，多数情况下会形成典型的不整合面，而不同的活动强度导致断陷期的层序界面特征存在显著差异。

（一）上侏罗统火石岭组

火石岭组为松辽盆地初始断陷阶段的沉积产物，普遍以粗粒碎屑岩与火山岩为主，埋藏深，沉积范围小。受火山岩影响，地震品质较差，同时钻遇的地质资料较少。为了明确断陷期火石岭组层序发育特征，利用地震资料较好的梨树断陷苏家屯洼槽开展火石岭组层序界面识别划分。首先利用地震反射轴的终止样式，如顶超、削截、上超和下超等对关键层序界面进行识别，进而结合测井及岩心资料开展各级层序界面识别划分，明确火石岭组层序划分方案。

1. 一级层序界面

构造沉降是陆相盆地层序形成和演化的关键因素，不同序次的构造幕控制不同序次的层序地层单元的形成和演化（解习农 等，1996）。火石岭组作为松辽盆地最底部的沉积单元，对应初始断陷阶段，在地震剖面上底界面 T_5 反射界面能量较强，且界面之上可见上超现象，是典型的角度不整合面，也是松辽盆地断陷发育期的底界面，在松辽盆地范围内均具有很好的对比性（图 2.1）。岩性上，T_5 反射界面之下为基底变质岩，界面之上为火石岭组安山岩或火山碎屑岩，测井界面上下电阻率曲线和自然伽马（GR）曲线均发生突变。因此，根据构造运动级别、地震反射结构及岩性序列，推测 T_5 反射界面属于松辽盆地一级层序界面。

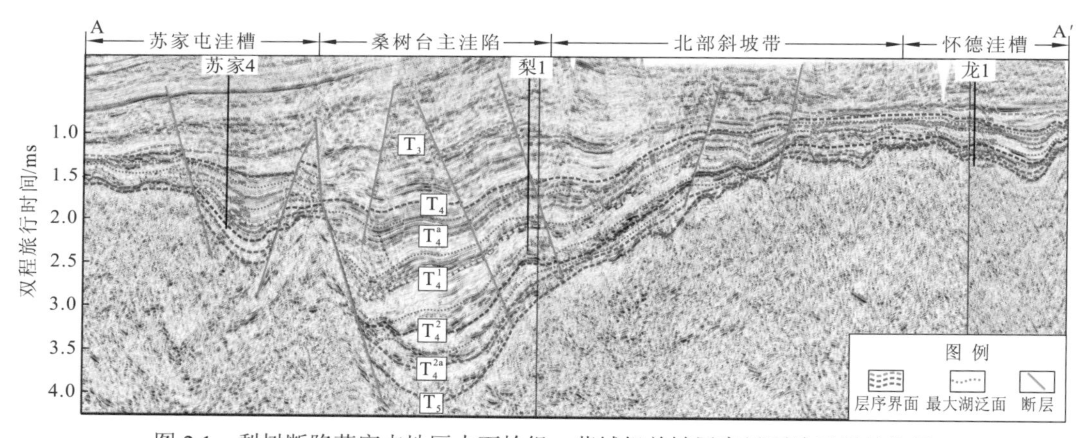

图 2.1 梨树断陷苏家屯地区火石岭组—营城组关键层序界面地震反射特征

2. 二级层序界面

二级层序界面由区域性构造运动产生的角度不整合面组成，反映盆地内的构造运动幕的变化，该类层序界面在岩性、测井及地震上也可见明显的响应特征。根据沉积序列及松辽盆地构造运动特征，火石岭组顶界面 T_4^2（沙河子组底界面）也正是松辽盆地不同幕次运动的分界面，界面之下为早期初始断陷阶段，界面之上为强烈断陷阶段，地震剖面上普遍见明显的上超、削截现象（图 2.1）。沉积序列上表现为 T_4^2 界面之上为碎屑岩沉积，界面之下则以火山岩或粗粒碎屑岩沉积为主，岩电响应特征差异明显（图 2.2）。

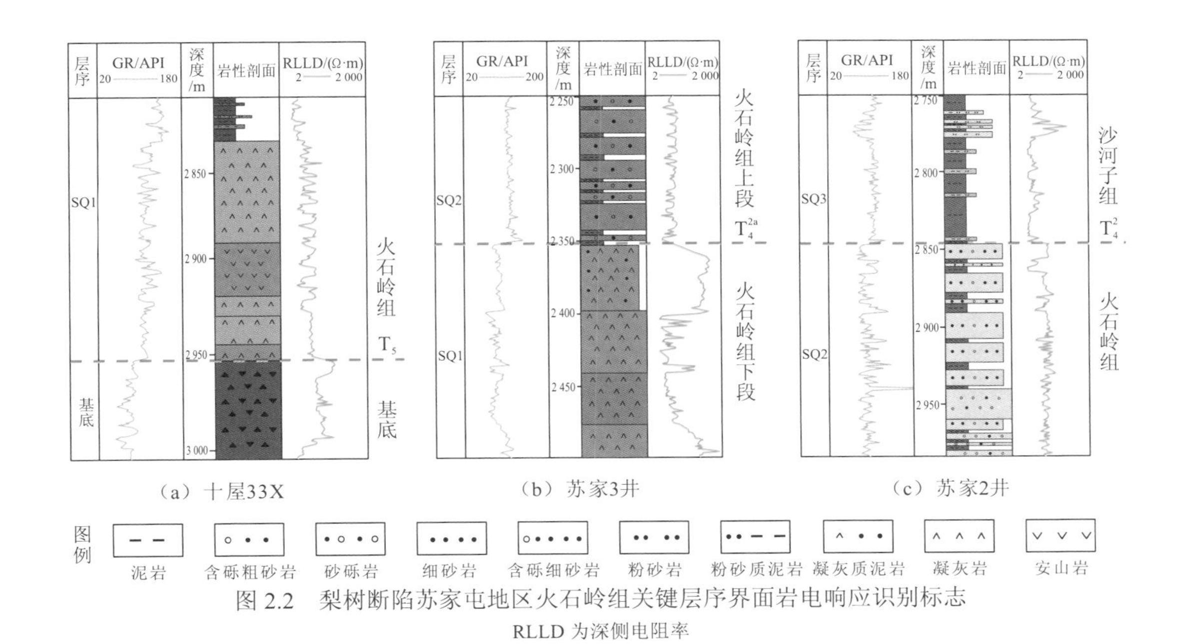

图 2.2　梨树断陷苏家屯地区火石岭组关键层序界面岩电响应识别标志

RLLD 为深侧电阻率

3. 三级层序界面

三级层序一般是盆地边缘的不整合面和盆地内与之可对比的整合面所围限的地层单元，通常与盆地的构造演化、物源供给、气候和湖平面变化等因素关联，对不整合面的识别是确定三级层序及其界面的关键（操应长，2005）。在盆地不同位置，三级层序界面识别特征也有差异，通过对岩性、测井和地震响应特征的综合分析，在苏家屯洼槽内部识别出一个三级层序界面 T_4^{2a}，该界面为松辽盆地内不整合面，也是火石岭组火山岩和碎屑岩的界面，界面之下测井曲线形态为高幅箱形，界面之上突变为低幅线性，其岩性也由火山碎屑岩突变为砂砾岩，反映沉积环境的突变，表明该三级层序界面的形成与当时幕式火山活动有关（图 2.1）。

4. 体系域界面

根据火石岭组一、二、三级层序界面特征可知，火石岭组可分为两个三级层序 SQ1、SQ2。其中 SQ1 主要为火山岩沉积，SQ2 才开始接受湖盆碎屑沉积。对梨树断陷苏家屯洼槽火石岭组层序内部体系域界面的识别主要针对 SQ2。苏家屯火石岭组 SQ2 主要为扇三角洲-湖泊沉积，由于缺乏典型的坡折带，难以识别初始湖泛面，但最大湖泛面可见明显的测录井响应。苏家屯洼槽苏家 19 井火石岭组 SQ2 在 3 080 m 附近可见明显的近 10 m 厚的暗色沉积，具有显著的高 GR 响应，且界面之上反旋回沉积特征明显。因此，可将 SQ2 进一步划分为湖侵体系域（transgressive system tract，TST）和湖退体系域（regressive system tract，RST）。

（二）下白垩统沙河子组

松辽盆地沙河子组沉积时期处于强烈断陷阶段，湖盆沉积厚度大、埋藏深、断层较多，地震品质较差，导致地质、地球物理资料多但不齐全。为了研究沙河子组层序界面特征，以徐家围子断陷为例，首先通过地震剖面反射结构及不整合面的识别，对高级别层序进行划分，其次在三级层序内部根据岩性特征、堆砌样式或地震响应差异进行体系域界面识别，最后确立沙河子组层序划分方案（Cai et al.，2017）。

1. 二级层序界面

徐家围子断陷的形成过程中强烈断陷阶段对应的沉积地层即为沙河子组。在地震剖面上沙河子组底界面 T_4^2 为一个区域性角度不整合面（图 2.3），界面之下为火石岭组火山岩，界面之上为沙河子组碎屑岩，岩电响应特征差异明显；沙河子组顶界面 T_4^1 为强烈断陷末期的火山喷发沉积作用面，同样也是一个低角度不整合面，该界面之上为广泛发育的营城组火山岩，界面之下为沙河子组碎屑岩。因此，根据沙河子组顶底界面特征和岩性序列，可以将其顶底界面归为二级层序界面，即沙河子组对应一个完整的二级层序，地质时间跨度为 15 Ma。

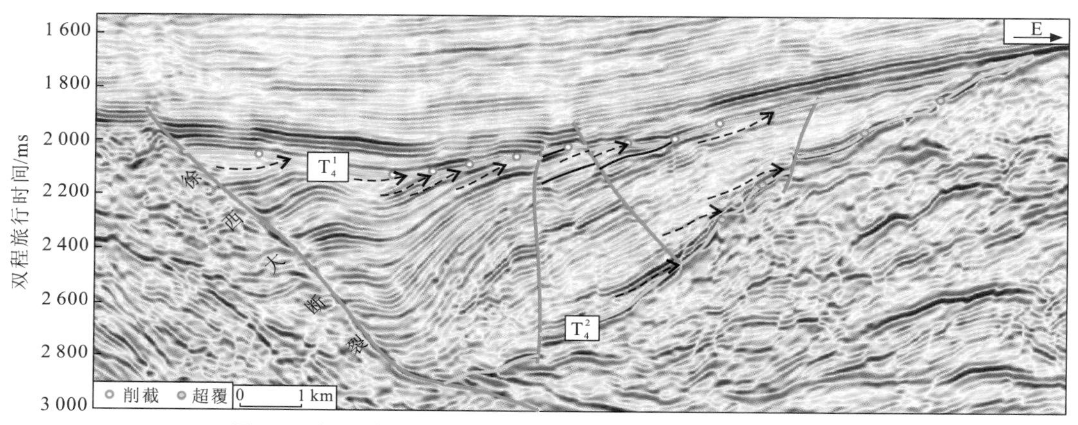

图 2.3　松辽盆地徐家围子断陷北部沙河子组顶底界面特征

2. 三级层序界面

在陆相断陷湖盆中，由于界面级别不易把握，三级层序不整合面通常难以根据录井岩心资料单独判别，但一般可以在二级层序界面限定的范围内通过地震资料予以确定。然后根据井震对比，可以总结出层序界面上下的岩电响应特征。在地震剖面上，三级层序界面常表现为盆地边缘的削截、盆地内部的下超等地震反射轴接触关系，在测录井上，这些界面通常分割两个不同的沉积旋回，根据这些特征在徐家围子断陷北部宋站洼槽沙河子组内部识别出三个三级层序界面，分别为 T_4^{1a}、T_4^{1b}、T_4^{1c}，它们将沙河子组划分为 4 个三级层序，自下而上分别为 SQ1、SQ2、SQ3、SQ4（图 2.4），这三个三级层序界面在地质、地球物理上均有特殊的响应。

T_4^{1a} 为 SQ4 和 SQ3 之间的界面，在地震剖面上徐家围子断陷边缘可见明显的削截现象，反映一次湖平面迅速下降造成的地层剥蚀，沉积物直接向盆地中心推进的特征图，如图 2.4（a）所示。该界面上下岩性常由砂砾岩向暗色泥岩再向砂砾岩转变，反映出湖平面由上升到下降的旋回变化特征，部分界面附近可见火山碎屑岩沉积，主要为沉凝灰岩或凝灰质角砾岩。T_4^{1b} 为 SQ3 和 SQ2 之间的界面，在盆地边缘同样可见削截现象

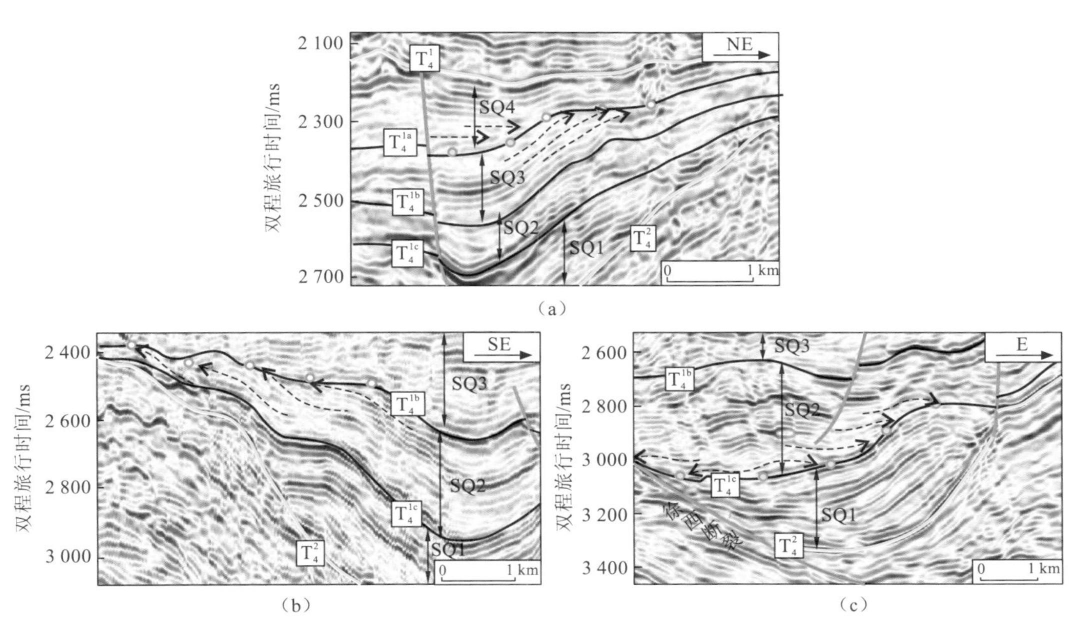

图 2.4　松辽盆地徐家围子断陷北部宋站洼槽沙河子组三级层序界面响应特征

[图 2.4（b）]，界面之上还可见上超现象，该界面在部分区域同时还代表着岩性的突变面，界面之下为大套的砂砾岩，界面之上则为大套的泥岩，反映一次湖平面快速上升的过程。T_4^{1c} 为 SQ2 和 SQ1 之间的界面，在地震剖面上可见明显的超覆不整合特征，如图 2.4（c）所示，该界面上下为两个完全不同的物源体系形成的沉积体，沉积体之间界面明显，反映一次物源体系的重要改变。

3. 体系域界面

层序内部的体系域划分不仅取决于湖平面的变化特征，同时也会受到研究资料的制约。在徐家围子断陷北部洼陷区，由于沙河子组钻井绝大部分只钻遇了上部地层，使得可利用的测录井资料明显不足。基于这一情况，以建立等时地层格架为原则，充分利用地震资料将沙河子组下部三个层序 SQ1、SQ2 和 SQ3 划分为两个体系域，即湖侵体系域与湖退体系域。SQ4 作为重点勘探层位，岩性记录上显示湖平面存在早期稳定波动上升和早期稳定缓慢下降的特征，但上部地层多遭受剥蚀，因而根据初始湖泛面和最大湖泛面将体系域划分为早期湖侵体系域（early transgressive system tract，ETST）、晚期湖侵体系域（late transgressive system tract，LTST）和湖退体系域。要确定这些体系域，就必须找到这些体系域之间的界面，也就是最大湖平面与初始上升湖平面。最大湖平面通常对应层序单元内的最大上超面，界面之下可见盆地边缘地层上超点不断迁移，界面之上可见前积地层的层层下超。以 SQ1 的最大湖平面为例，在地震剖面上可以明显看到界面之上的下超现象，反映了湖平面下降引起的地层不断前积响应（图 2.5）。

在单井上，最大湖平面通常对应泥岩发育段，并且界面岩性所对应的 GR 数值往往最大，以达深 9 井为例，该井最大湖平面即为暗色泥岩对应的 GR 曲线尖峰处，代表层序内沉积水体最深时期。初始上升湖平面作为湖平面由缓慢稳定上升向快速上升的界面，

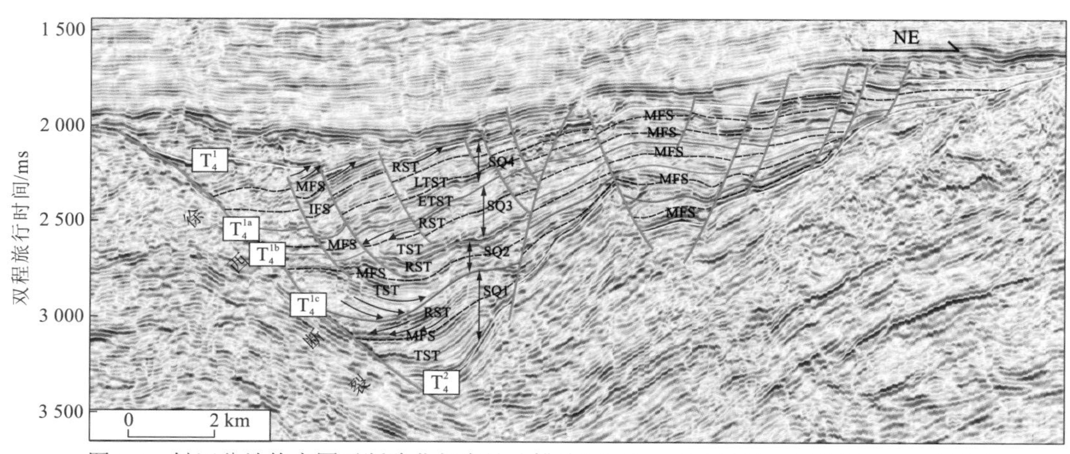

图 2.5　松辽盆地徐家围子断陷北部宋站洼槽沙河子组三级层序体系域划分及界面特征

其在岩性上往往对应相对粗粒沉积单元的顶界面，如达深 9 井在该界面之下为砂砾岩沉积，界面之上则主要为泥岩沉积，所对应的 GR 曲线数值明显增大。根据这些界面特征，就可实现层序内部体系域的划分（图 2.6）。当然，随着钻井资料的不断增多，这些层序内部体系域界面的识别将更加容易，体系域的划分也会更加完善。

（三）下白垩统营城组

营城组对应于强烈断陷末期，受持续裂陷的影响，松辽盆地各个断陷湖盆范围此时均明显扩大，沉积物分布范围显著增加，主要为扇三角洲、三角洲及湖泊沉积的砂岩和泥岩，沉积物粒度偏细。由于地层埋深相对浅，湖盆范围广，火山活动持续减弱，使得区域上各个断陷钻遇营城组的钻井明显增多，地震资料品质相对较好。为了明确松辽盆地强烈断陷末期营城组层序发育特征，选择资料较为齐全的梨树断陷开展营城组关键层序界面识别划分，确立层序划分方案。

1. 二级层序界面

营城组作为强烈断陷末期的沉积产物，其顶界面 T_4 实际上也是松辽盆地的断-坳转换界面，界面上下盆地的区域构造环境及沉积背景明显不同。据断陷湖盆层序界面与幕式构造作用之间的关系，营城组顶界面 T_4 属于构造转换界面，同时也是典型的二级层序界面。在地震剖面上，该界面之上可见明显上超现象，界面之下可见削截现象（图 2.7）。在岩性上，界面之上开始出现砂砾沉积，界面之下主要为灰色泥岩沉积，反映了湖平面的快速下降与暴露的环境。

2. 三级层序界面

根据梨树断陷营城组地震反射结构及振幅强弱特征，营城组底界面 T_4^1 及内部界面 T_4^a 属于典型的三级层序界面。地震剖面上，T_4^1 界面在局部可见对下伏地层的削蚀，界面之下可见削截现象，界面之上可见部分上超反射终止现象（图 2.7）。岩性上，该界面之下以沙河子组灰色泥岩和粉砂质泥岩为主，测井曲线呈低幅线性，界面之上开始以营城

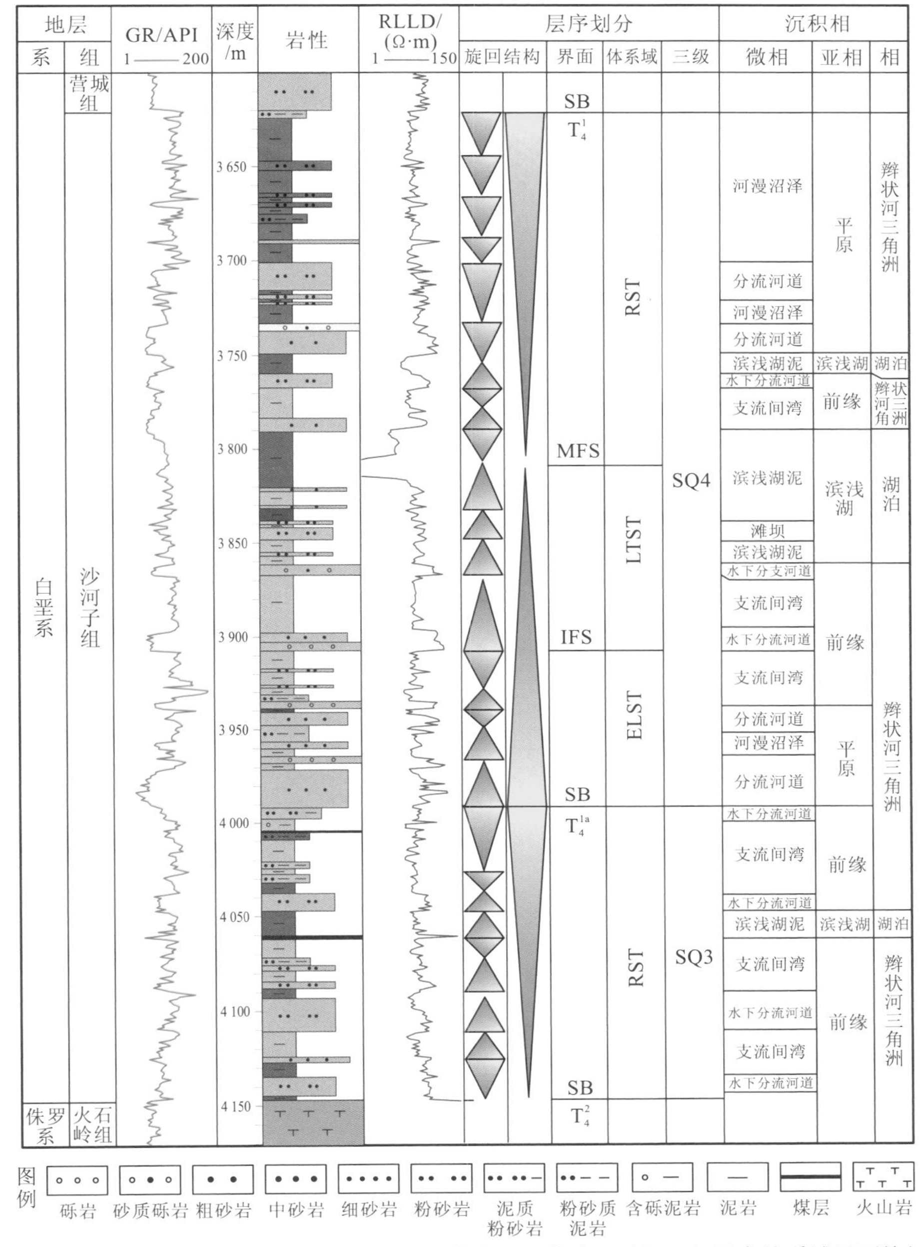

图 2.6 松辽盆地徐家围子断陷北部宋站洼槽达深 9 井沙河子组三级层序体系域界面特征

组砂岩和泥岩为主，测井曲线由低幅向高幅突变，反映沉积环境的变化（图 2.8）。T_4^a 为营城组内部的反射界面，在研究区北部该界面之上可见部分上超现象，整体上 T_4^a 界面上下地层以平行连续地震反射特征为主，但上下振幅能量差异极为明显（图 2.7）。岩性上，T_4^a 界面之下为一个向上变粗的反旋回沉积，界面之上为一个向上变细的正旋回沉积（图 2.8），测井曲线则呈一个下部漏斗形和上部钟形的叠加组合形态。营城组根据上述二级及三级层序界面特征，可划分为两个三级层序 SQ1 和 SQ2。

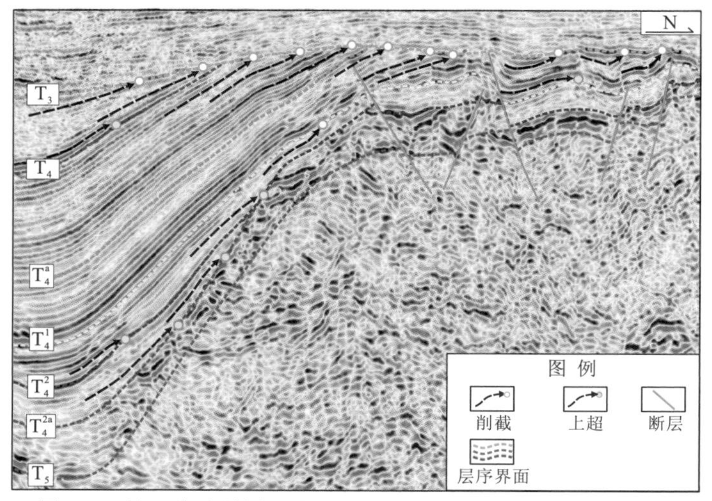

图 2.7　松辽盆地梨树断陷北部营城组关键层序界面地震响应

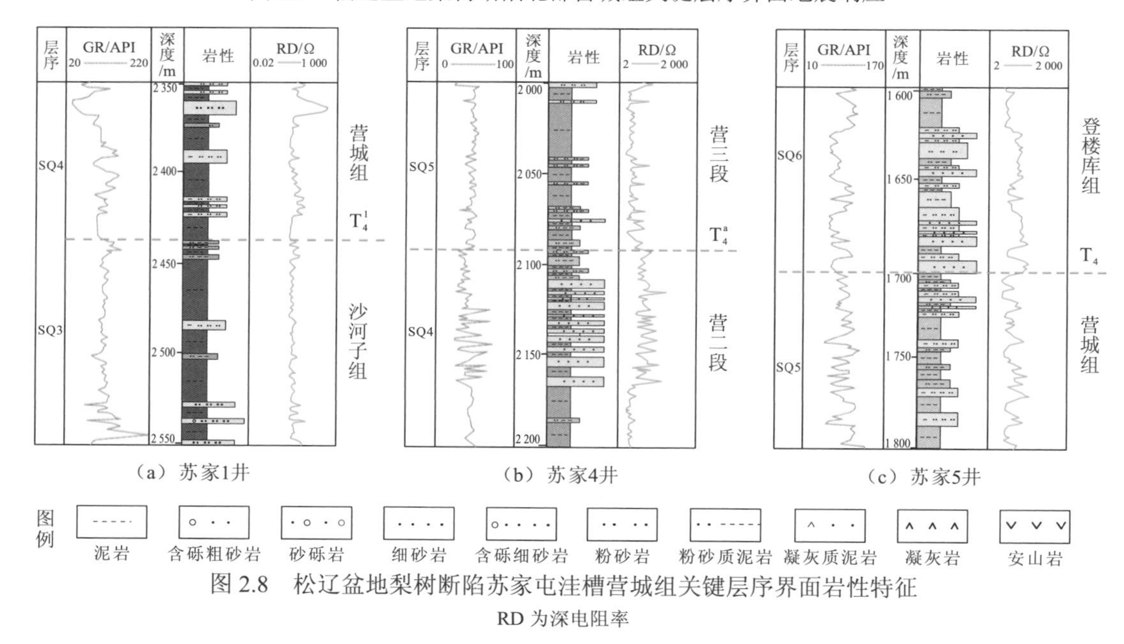

图 2.8　松辽盆地梨树断陷苏家屯洼槽营城组关键层序界面岩性特征

RD 为深电阻率

3. 体系域界面

尽管梨树断陷营城组沉积范围扩大，但初始湖泛面沉积响应特征无论是在地震剖面上还是测录井上均不明显，仅可识别最大湖泛面。SQ1 最大湖泛面在地震剖面上对应于层序内部振幅能量分界面，界面之下以平行强反射为特征，界面之上为平行弱反射特征，盆地边缘可见典型的上超现象（图 2.7），在录井岩性中可见暗色泥岩沉积。以苏家 3 井为例，在 1960～1985 m 处见厚层的暗色泥岩，代表较深的湖泊水体，并且该界面之上砂砾岩沉积开始逐渐增多，反映出逐步湖退的过程。营城组 SQ2 最大湖泛面的特征与 SQ1 相似，地震剖面上为振幅能量分界面，测录井上为高 GR 数值界面，对应于暗色泥岩沉积序列。因此，对于营城组两个三级层序，根据上述湖泛面的发育特征，可将体系域划分为湖侵体系域和湖退体系域。

二、拗陷期关键层序界面识别标志及特征

受区域构造板块俯冲作用减弱、热沉降作用增强的影响，松辽盆地拗陷阶段湖盆基底整体处于稳定下降状态。该时期，湖盆范围广、水体较深，湖平面显著下降形成的大范围暴露不整合在松辽盆地大部分地区并不显著，也难以识别经典层序地层学理论中的低位体系域。因此，本小节选择强调基准面旋回变化的高分辨率层序地层学理论开展松辽盆地拗陷湖盆层序地层研究。

与断陷湖盆层序地层学相比，拗陷湖盆高分辨率层序地层学强调的是基准面旋回变化，不同级次地层对比的关键是不同级别基准面旋回界面的识别与划分（邓宏文 等，2009，1996）。基准面旋回分为巨旋回、长期旋回、中期旋回、短期旋回和超短期旋回等多个不同级次基准面旋回，每级旋回均可划分为上升半旋回和下降半旋回两个时间单元。

松辽盆地中浅层拗陷由下白垩统登楼库组、泉头组及上白垩统青山口组、姚家组和嫩江组构成，经历了不同的构造拗陷与古气候变化阶段。为了更好地阐述拗陷期松辽盆地高分辨率层序地层特征，选择以泉头组扶余油层、姚家组葡萄花油层为主要层位介绍松辽盆地拗陷期层序发育特征。

（一）扶余油层

松辽盆地扶余油层主要包括泉三段上部及泉四段，其中泉四段对应扶 I 组，泉三段上部对应扶 II 组、扶 III 组，是松辽盆地下部含油气组合的重要产层。根据大庆油田对扶余油层的划分方案，结合前人研究结果，扶余油层的长期基准面旋回（long-term sequence cycle，LSC）（对应三级层序）和中期基准面旋回（medium-term sequence cycle，MSC）（对应四级层序）地层的划分方案目前已经得到公认，然而对短期基准面旋回（short-term sequence cycle，SSC）（对应五级层序）地层的划分还存在争议，本小节将重点介绍扶余油层的长、中、短期基准面旋回界面特征。

1. 长期基准面旋回界面

扶余油层长期基准面旋回界面除了其顶底界面，另一个就是泉三段与泉四段的界面（扶 I-扶 II 界面），它们受基准面旋回变化的控制，表现为不同的长期基准面旋回界面特征（胡明毅 等，2015；王始波 等，2008）。

松辽盆地扶余油层顶界与青山口组底界多呈整合接触，青一段岩性以泥岩、油页岩为主，为半深湖-深湖沉积环境，泉四段顶部多数为浅灰色粉砂岩，为浅水三角洲前缘亚相沉积。上下岩性差异较大，沉积环境不同，测井曲线表现出明显变化。在地震剖面上，扶余油层顶界上下波阻抗差异明显。这一界限是超层序的最大湖泛面，其岩性和电性特征都非常明显（图 2.9）。

扶余油层的底界也存在局部区域可对比的标志层，众多钻井岩心揭示扶余油层底界下部出现 2～5 m 的暗色泥岩，为浅湖或浅水三角洲前缘沉积，属于次一级的湖泛面沉积，从电性特征上看，深侧向电阻率表现为深“V”形，GR 曲线表现为低值，因此，扶余油层的底界位于暗色泥岩段上部的砂岩底部。与扶余油层顶界相似，扶余油层的底界为基准面下降的开始，实际上也是一个最大湖泛面的边界（图 2.9）。

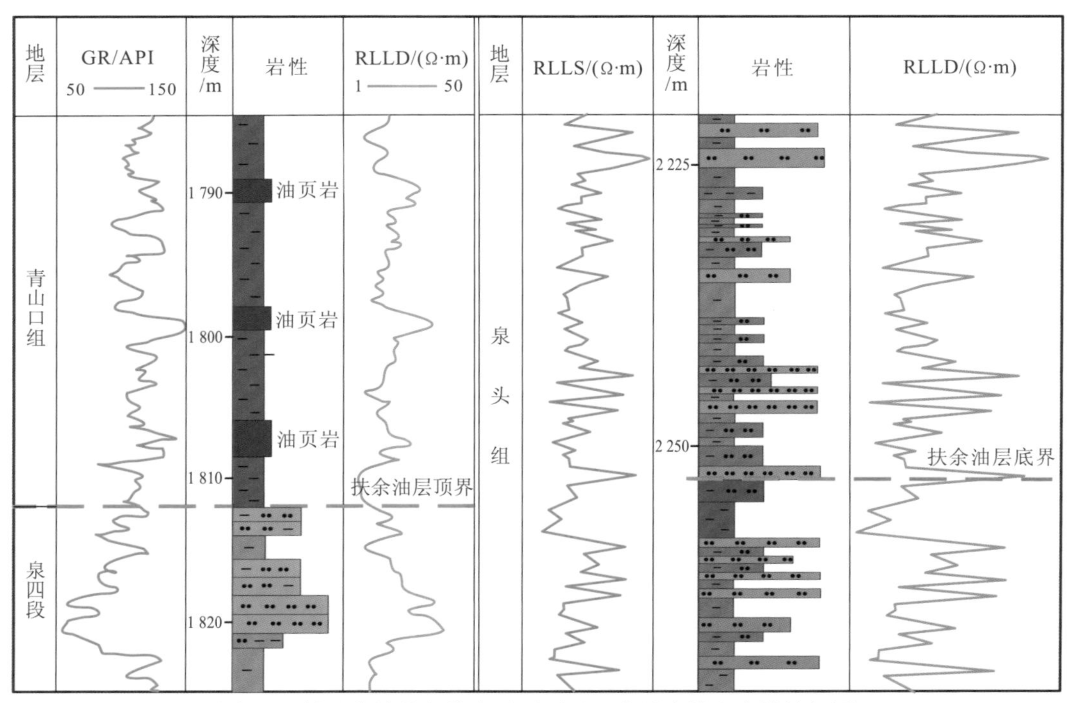

图 2.9　松辽盆地北部扶余油层顶界、底界岩性和电性特征图

泉三段与泉四段界面（扶 I-扶 II 界面）是两个完整的长期基准面旋回之间的界面，代表着基准面下降到最低的位置。该界面附近可见大量的古土壤层和钙质结核，界面之上常见河道砂岩，河道厚度较大；界面之下多为紫红色泥岩，界面划分在河道冲刷面处（图 2.10）。地震剖面上表现为较强振幅连续反射特征，局部稳定可连续追踪对比。

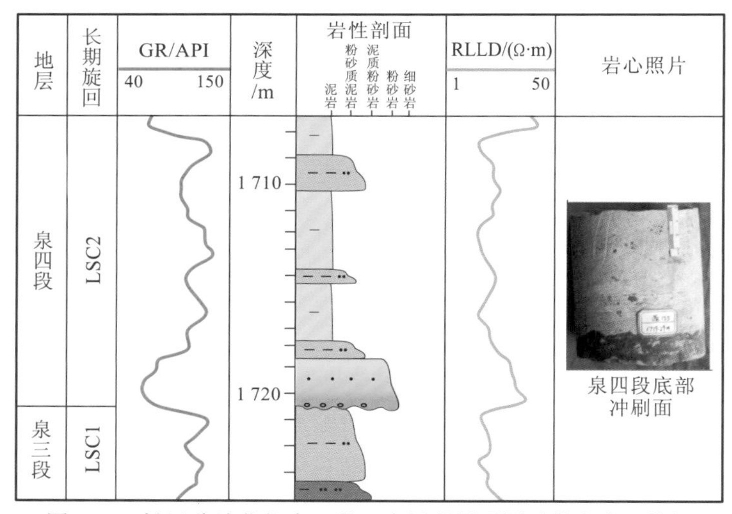

图 2.10　松辽盆地北部泉三段、泉四段界面测录井和岩心特征

2. 中、短期基准面旋回界面

高分辨率三维地震资料可以对长、中期基准面旋回界面进行识别，但由于分辨率的限制，不能对短期基准面旋回界面进行识别。

通过对三肇凹陷大量钻井进行井-震有效标定，确定了扶余油层中期基准面旋回界面的地震反射特征（图 2.11）。以 Q_4-MSC7top、Q_4-MSC5bot 和 Q_3-MSC1bot 三个强反射轴作为区域标志层，进一步标定中、短期基准面旋回界面。Q_4-MSC7top 在地震反射界面上为波峰，主要由于泉头组上覆青山口组黑色页岩、油页岩，Q_4-MSC5bot 和 Q_3-MSC1bot 在地震反射界面上为波谷或零相位，是由于界面上部为砂岩、下部为泥岩。但与 Q_3-MSC3top 和 Q_3-MSC1bot 两个地震反射界面相比，其他中期基准面旋回所对应的地震反射波组的连续性和能量有一定的差异性。

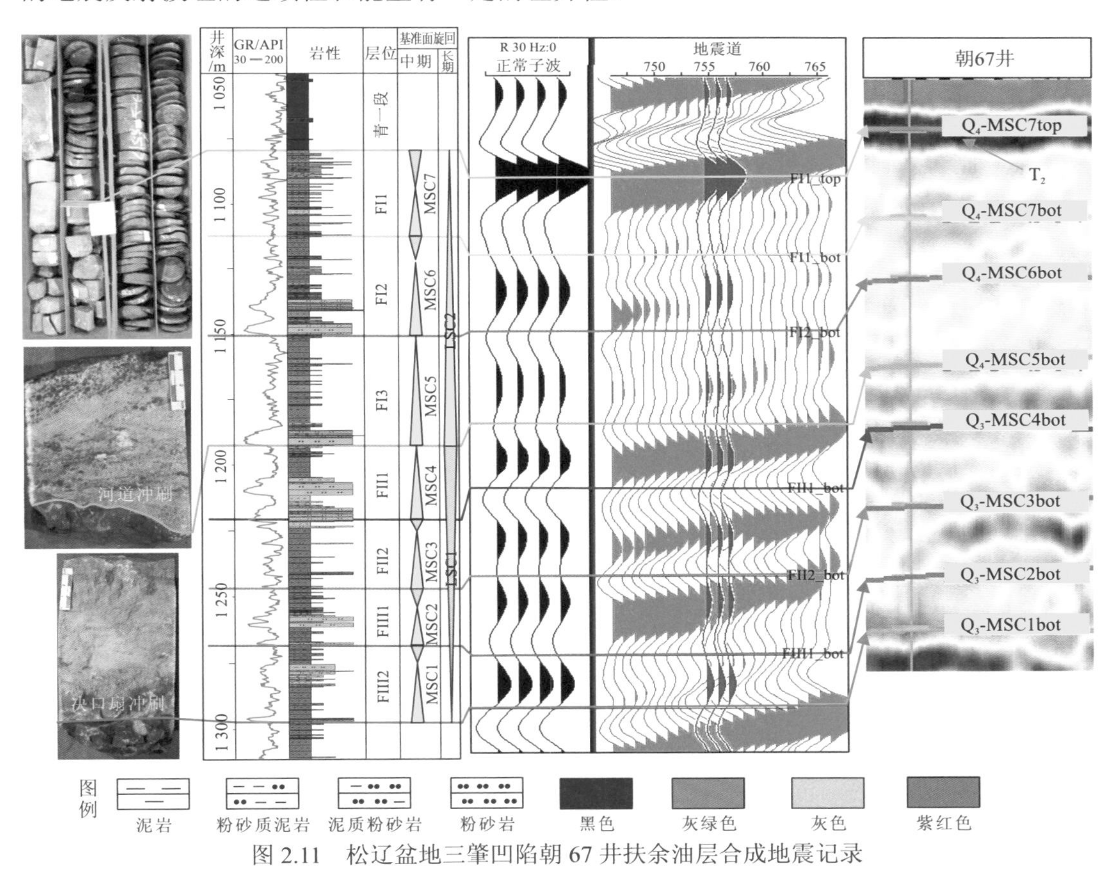

图 2.11 松辽盆地三肇凹陷朝 67 井扶余油层合成地震记录

除了地震剖面上中期旋回界面存在一定的响应，岩心、野外剖面及岩电特征是识别中、短期基准面旋回界面最直接有效的手段。暴露面是基准面下降的产物。在扶余油层的 Q_3-MSC1 时期，由于长期暴露，岩心中常见钙质结核、泥裂、根土层、风化及淋滤风化壳等，这些可以作为基准面的识别标志。此外，冲刷侵蚀面也是重要的基准面旋回分界面。扶余油层的中、短期基准面旋回底界一般为河道冲刷侵蚀面或河道的溢岸决口扇沉积底部，反映新一次的基准面上升，这些旋回界面的顶界也为下一期的河道冲刷面或决口扇沉积底部，如源 155 井 FI3-2 小层底界为河道冲刷侵蚀面，顶界为 FI3-1 小层河道冲刷侵蚀面（图 2.12）。

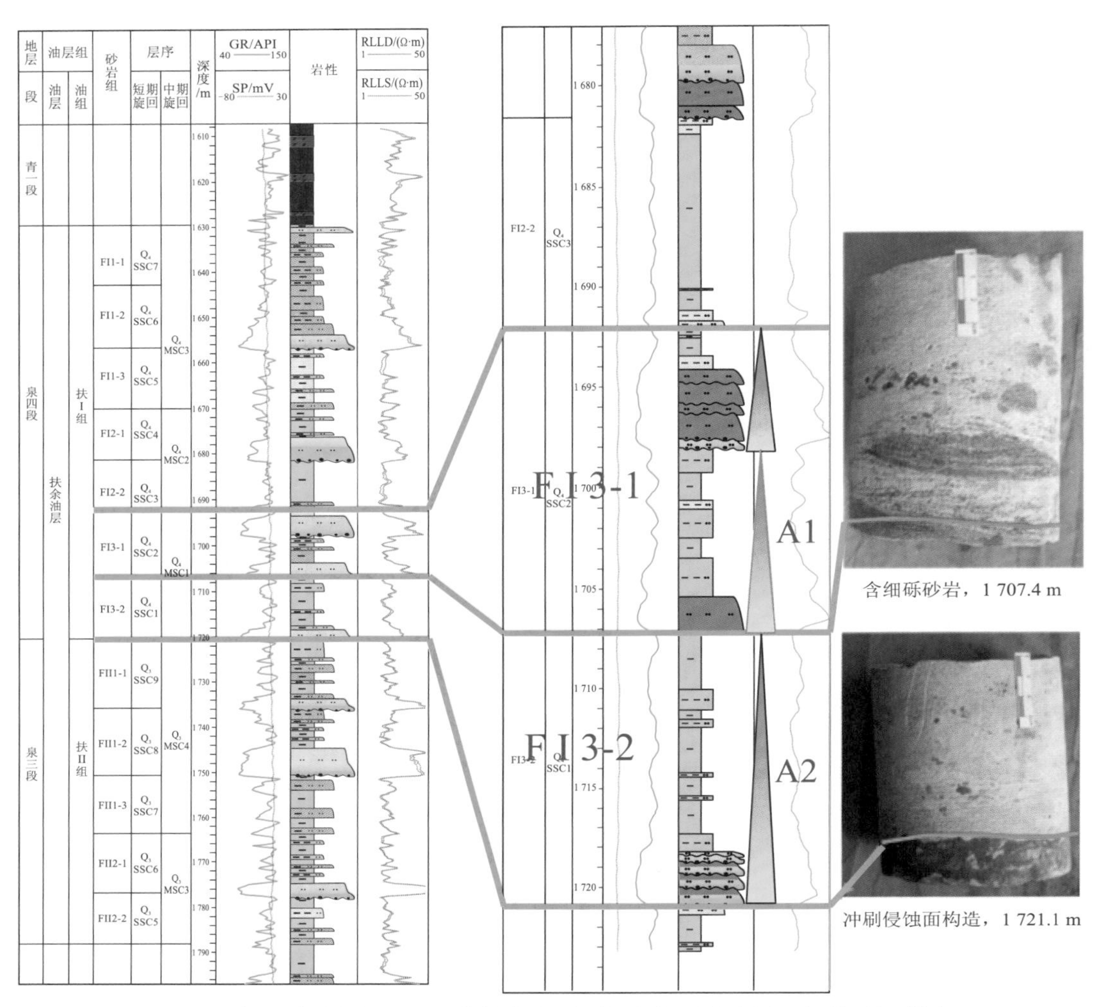

图 2.12　松辽盆地北部源 155 井扶余油层短期基准面旋回底部冲刷侵蚀面特征

SP 为自然电位；RLLS 为浅侧向电阻率

利用岩电响应也可以对不同级别基准面旋回进行精确的识别与划分。利用测井曲线对扶余油层基准面旋回识别分为三个方面：①通过取心井段，利用岩心识别的层序界面与测井曲线进行标定，对比出测井曲线的层序界面特征；②总结出测井-岩性组合模式，包括加积式、退积式、进积式组合模式；③上下曲线幅度突变，从 GR、SP、RLLD 等测井曲线识别有明显上下岩性突变的界面。这些岩电响应的突变或组合模式的改变也代表着基准面旋回界面。

（二）葡萄花油层

松辽盆地葡萄花油层主要包括上白垩统姚一段。姚一段沉积时由于处在气候干旱时期，沉积范围相对较小，为灰绿色、灰白色砂岩与棕红色、紫红色、灰绿色泥岩互层，内部极少见到生物化石。姚二段、姚三段在松辽盆地内分布较广，岩性以灰黑色泥岩、粉砂岩和灰绿色泥岩为主，并含有丰富的叶肢介、双壳类、介形类、孢粉及少量鱼化石。总体而言，姚一段沉积时期湖盆范围相对较小，表现为向上变细的三角洲-湖泊沉积体系。

1. 长期基准面旋回界面

青山口组沉积末期—姚一段沉积初期，受构造挤压抬升与海平面下降的双重影响，盆内湖平面快速下降，导致青山口组—姚家组转折期湖盆范围迅速萎缩，形成了一次大范围的暴露。随后湖平面逐步上升使得姚一段发育一套灰绿色、灰白色砂岩与棕红色、紫红色、灰绿色泥岩互层且粒度向上变细的正旋回沉积体系。根据前人对姚家组层序界面识别与划分，葡萄花油层底界实际上就是一个长期基准面旋回的底界，在区域上具有典型的暴露不整合特征；葡萄花油层顶界则对应于最大湖泛面，其与上部姚二段暗色泥岩分界明显（任延广 等，2006）。这两个界面将葡萄花油层限定为一个长期基准面上升半旋回，它们在地震及岩性和电性上均具有典型的响应特征（图 2.13）。

葡萄花油层底界对应于湖平面下降最大时期，界面之上为姚一段初期水体很浅且基准面刚刚开始上升时沉积的一套细砂岩、粉砂岩组合，厚度约为 10 m，颜色为灰色或灰绿色；界面之下为青三段顶部灰黑色泥岩，可见大量介形虫，泥岩内可见碳化植物根系及干裂、冲刷、充填构造。该层序界面上下岩石颜色明显且不连续，区域上岩性差异明显。地震剖面上该界面对应于 T_1 反射轴，界面上下波阻抗由高阻向低阻变化，松辽盆地边缘可见下切谷、上超和削截现象，使得该界面为区域性的不整合面。

葡萄花油层顶界在地震剖面上对应于 $T_{1\text{-}1}$ 反射轴，其为一频率中等、连续性较好的反射轴，反射波组特征明显，一般为单一强相位，局部出现复波。$T_{1\text{-}1}$ 界面之上地震波组多为中等连续或空白反射特征，反映了地层岩性较均一、成层性好，形成时期水体能量相对较弱的特点；$T_{1\text{-}1}$ 界面之下地震波组为强连续反射，部分为断续反射特征。测井上，界面附近盆内多为高幅值过渡为低平的曲线，AC 曲线、电阻率曲线反映明显，多为高幅值大幅度变为低值或变为多个尖峰指状，松辽盆地边缘可见明显正旋回特征（图 2.14）。岩性上，以砂泥岩与姚二段暗色泥岩为界，对比岩心资料可以发现在葡萄花油层顶界之上 2 m 处发育一套厚度薄但大面积分布的介形虫层，该介形虫层厚度小于 0.5 m（图 2.14）。

2. 中期基准面旋回界面

浅水三角洲沉积地层由多期分流河道或水下分流河道垂向加积或进积形成，地层沉积特征具有多样性，空间演化复杂。同时，水动力条件的不稳定性使得河道砂体在岩相上变化较大。因此，难以在拗陷湖盆开展三角洲沉积体系高频层序地层单元的精细划分与对比。中、短期基准面旋回界面一般要在露头、岩心及测井资料上才能很好地识别，可表现为小型冲刷面或间歇暴露面、单一岩性和岩相组合变化的分界面及非沉积作用间断面等。

根据区域长期基准面旋回的变化规律及前人的研究成果，推测葡萄花油层存在两个中期基准面旋回界面，自下而上将葡萄花油层划分为三个中期基准面旋回 MSC1、MSC2、MSC3，它们对应于长期基准面旋回内部的次级湖泛面。葡萄花油层内部的中期基准面旋回界面特征具有相似性，每个四级层序均表现为明显的正旋回特征，SP、AC 等测井曲线表现为向上逐渐减小，各层序内部深浅双侧向电阻率由低向高变化，岩性上、下部多为粉砂岩沉积，自下而上砂岩含量减少，逐渐变为泥质粉砂岩及暗色泥岩沉积，它们将姚一段划分为砂岩向上减薄的三个中期基准面旋回，每个旋回由一个中期基准面上升半旋回构成，缺失中期基准面下降半旋回，说明各个旋回沉积晚期经历了一期快速水退过程。

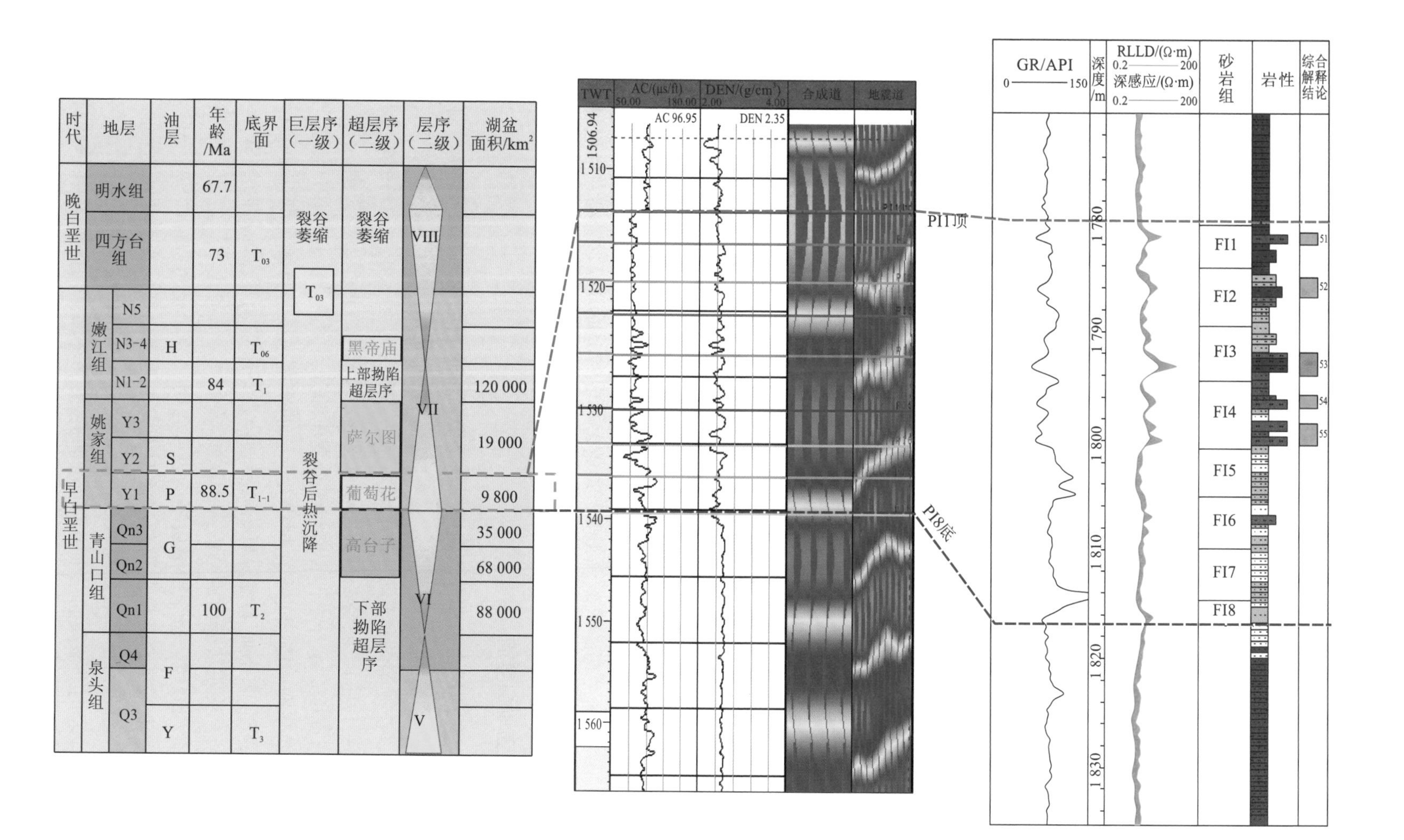

图 2.13　松辽盆地北部葡萄花油层层序界面地震反射特征

AC为声波时差；DEN为密度；1ft=0.304 8 m；TWT为地震上的反射波双程旅行时（two way time）

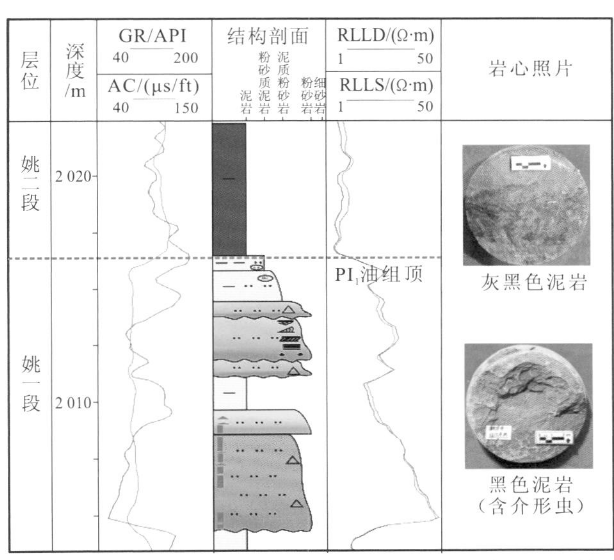

图 2.14　松辽盆地古 821 井葡萄花油层顶界测井、岩心特征

3. 短期基准面旋回界面

短期基准面旋回界面可以为无沉积作用面及侵蚀不整合面，也可以为与之对应的连续沉积面，判断短期基准面旋回界面的主要标志为岩相组合和界面在垂向上的接触关系。长垣西部葡萄花油层根据短期基准面旋回结构，共划分为 8 个短期基准面旋回（PI_1～PI_8），根据其形态和沉积动力学意义可将短期基准面旋回划分为两种不同的叠加样式：其一为向上变深的非对称型短期基准面旋回（A 型）；其二为向上变深复变浅的对称型短期基准面旋回（C 型）（图 2.15），前一种叠加样式的短期基准面旋回记录了不同沉积微相的分布，后一种叠加样式的短期基准面旋回则记录了可容纳空间与物源供给比值（accommodation/sediment rate，A/S）变化状态的地层响应过程。

1）向上变深的非对称型短期基准面旋回

向上变深的非对称型短期基准面旋回分布范围较广，主要发育于三角洲平原及三角洲前缘水下分流河道沉积区，集中分布在松辽盆地西北部和北部，层序则主要以短期基准面上升半旋回组成为主，层序界面由底部冲刷面构成。这种层序叠加样式形成条件为：具有充足的沉积物供给，且 A/S＜1，为过补偿环境沉积。

按照可容纳空间与沉积物供给比和可容纳空间的变化将向上变深的非对称型短期基准面旋回分为两种类型。其一为低可容纳空间向上变深的短期基准面半旋回（A1 亚类），A1 亚类的主要特征如图 2.15 所示，主要包含单个向上变细的粒度序列，由于河道下切，下降半旋回缺失，不发育泥质隔层。A1 亚类主要形成于中期基准面上升过程中，其 A/S 远小于 1。沉积物通常不具有良好的保存条件，而侵蚀作用也会逐步替代沉积作用，形成的河道砂体顶部沉积物逐渐被后期的河道砂体切叠，因此地质上表现为砂岩垂向叠加，自下而上具有逐渐变薄的趋势。其二为高可容纳空间向上变深的短期基准面半旋回（A2 亚类），底部为冲刷面，上部具有完整的二元结构，顶部为支流间湾富泥沉积。基准面上升可能会造成可容纳空间有所增大，沉积物减少使 A2 亚类旋回出现，在这种情况下 A/S 略小于 1。

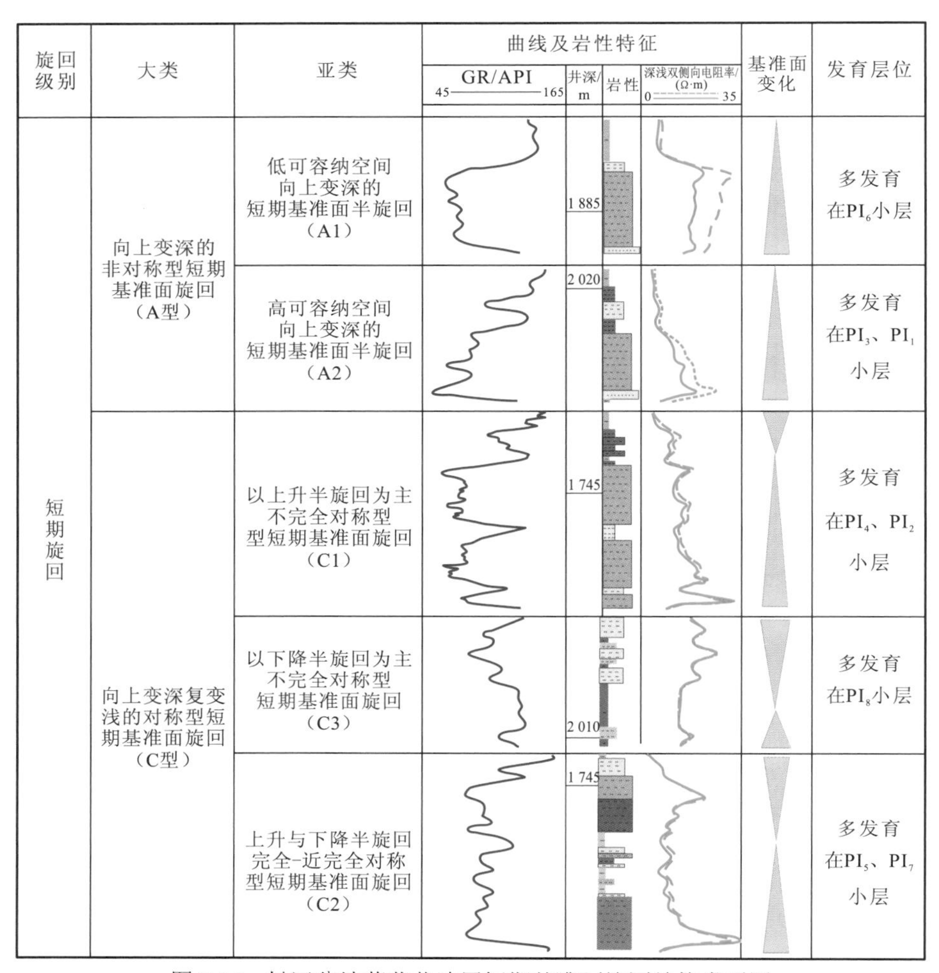

图 2.15　松辽盆地葡萄花油层短期基准面旋回结构类型图

2）向上变深复变浅的对称型短期基准面旋回

向上变深复变浅的对称型短期基准面旋回在松辽盆地三角洲前缘发育较为广泛，该类型在沉积物沉积速率等于可容纳空间增长速率的情形下，属弱补偿环境。保存完整的基准面下降半旋回具有完整的水进和水退旋回性及单元分界线。但该类型有利储层发育在旋回上部和下部，泥质隔层则主要发育在旋回中部。

根据上升和下降半旋回所处地层厚度的变化情况可将其分为三种不同的类型：①以上升半旋回为主不完全对称型短期基准面旋回（C1 亚类），旋回结构不完全对称，上升半旋回厚度相较于下降半旋回厚度显著较大，顶底面受不同程度冲刷，在旋回中上部泥岩处通常含有湖泛面，为连续沉积面；②上升与下降半旋回完全-近完全对称型短期基准面旋回（C2 亚类）形成于物源供给量较大的条件下，其显著特征为下降半旋回厚度约等于上升半旋回厚度，底顶面主要为整合面，或为冲刷面，湖泛面大多为连续沉积面；③以下降半旋回为主不完全对称型短期基准面旋回（C3 亚类）显著特征为相对于上升半旋回而言，下降半旋回的厚度明显增大，顶底面为整合面，湖泛面在层序的中下部，对应的岩性主要为灰绿色或灰色泥岩。

第二节　层序地层格架建立

一、断陷湖盆层序地层格架及发育模式

松辽盆地深层断陷湖盆实际上由多个大小不一的断陷盆地组成，这些断陷盆地的规模、结构、物源体系及构造活动强度各有不同，同时每个断陷盆地的地质资料情况也不一样，这就决定了各个断陷盆地的层序界面类型与特征、层序结构、层序划分方案等不尽相同。为了阐明松辽盆地断陷期层序发育特征，选取松辽盆地深层徐家围子断陷及梨树断陷为研究实例，分析不同断陷湖盆层序地层格架，总结层序发育模式。

（一）徐家围子断陷北部宋站洼槽沙河子组层序地层格架

1. 层序划分方案

通过对钻测井剖面沉积旋回性分析及地震关键界面的识别，结合构造演化史，将徐家围子断陷北部宋站洼槽沙河子组划分为一个二级层序，跨度时间为 15 Ma，其顶底界均为不整合面和岩性转换面（图 2.16）。在二级层序内部，将沙河子组划分为 4 个三级层序，自下而上分别是 SQ1、SQ2、SQ3、SQ4（图 2.16）（蔡全升 等，2017）。

在三级层序划分的基础上，将 SQ1、SQ2、SQ3 分别划分为湖侵体系域和湖退体系域，SQ4 划分为早期湖侵体系域、晚期湖侵体系域和湖退体系域。

2. 连井层序划分对比

考虑徐家围子断陷北部宋站洼槽特殊的结构形态，选取两条东西向过井地震剖面对区域层序地层格架及地层展布进行详细分析。

1）升深 203 井—宋深 3 井

该剖面位于徐家围子断陷北部宋站洼槽南部，呈东西向展布。地震剖面升深 203 井钻遇较浅，仅钻遇 SQ4 的湖退体系域，宋深 3 井则钻遇了 SQ4 的湖退体系域、晚期湖侵体系域和早期湖侵体系域，未钻穿 SQ4（图 2.17）。基于这一特征，结合地震剖面解释对该剖面三级层序进行详述。

该剖面实际地层发育 4 个三级层序，层序分布范围自下而上具有逐渐扩大的趋势。SQ1 发育时期为强烈断陷初始阶段湖侵期，层序地层分布范围较小，湖侵体系域仅在升深 203 井以东发育，SQ1-湖退体系域发育时期，层序地层分布范围随着徐西断裂的持续活动，继续向西扩展，地震剖面上可见明显的前积反射特征，表明湖平面下降，沉积物向断陷湖盆中心推进。SQ2 发育时期层序地层分布范围进一步扩大，从湖侵体系域到湖退体系域沉积中心向西迁移。SQ3 发育时期沉积水体迅速上升，层序地层沉积厚度相对较薄，横向上地层仍然具有向东和向西不断扩张的趋势。SQ4 发育时期层序地层分布范围总体上继续扩大，体系域内地层分布具有从早期湖侵体系域到晚期湖侵体系域再到湖退体系域时期先扩大再缩小的特征，地层最厚的地方靠近徐西断裂，即由东向西地层逐渐增厚。

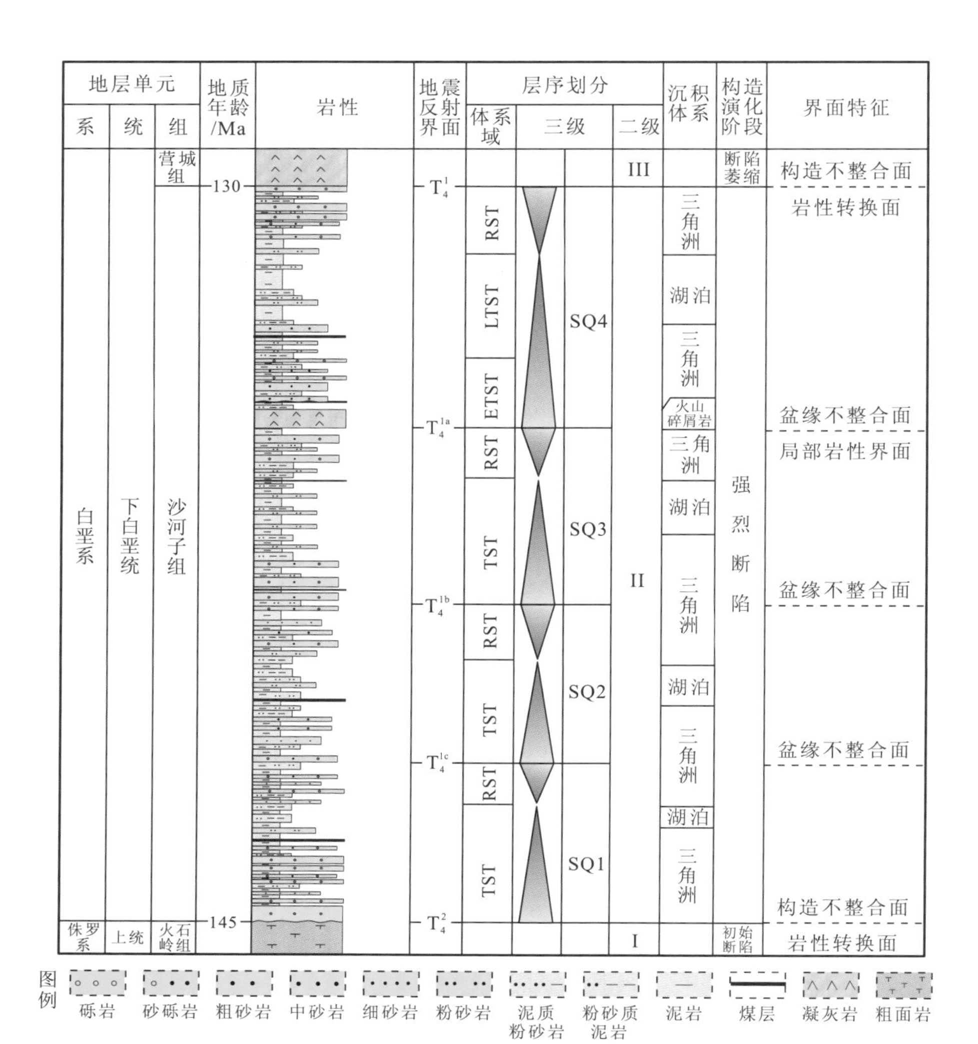

图 2.16　松辽盆地徐家围子断陷北部宋站洼槽沙河子组层序地层

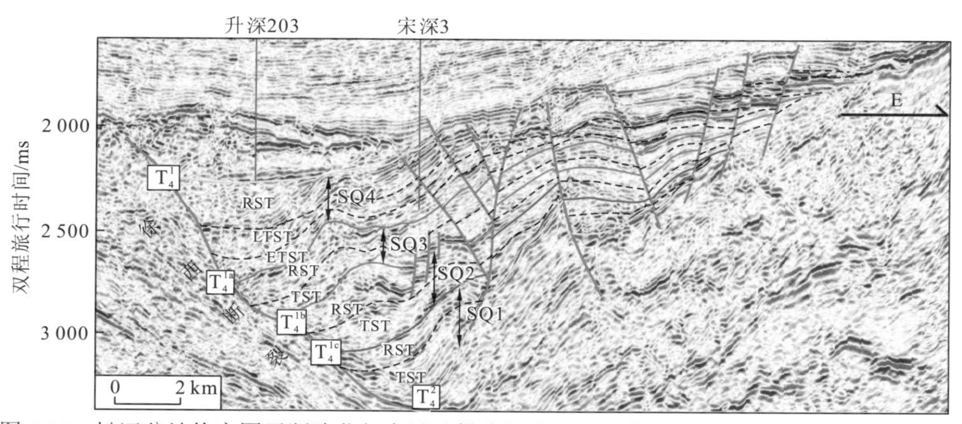

图 2.17　松辽盆地徐家围子断陷北部宋站洼槽南部升深 203 井—宋深 3 井沙河子组层序地层

2）达深 9 井—达深 10 井

该剖面位于徐家围子断陷北部宋站洼槽北部，呈东西向展布。该剖面沙河子组根据层序界面识别标志，可以划分出 4 个三级层序，自下而上分别为 SQ1、SQ2、SQ3 和 SQ4，其中达深 9 井钻穿沙河子组，发育 SQ4 和 SQ3-湖退体系域；达深 10 井由于严重剥蚀，仅发育 SQ4-早期湖侵体系域，并钻遇 SQ3-湖退体系域小部分地层（图 2.18）。由于钻井普遍较浅，现结合地震剖面对该连井剖面层序地层展布特征进行分析。

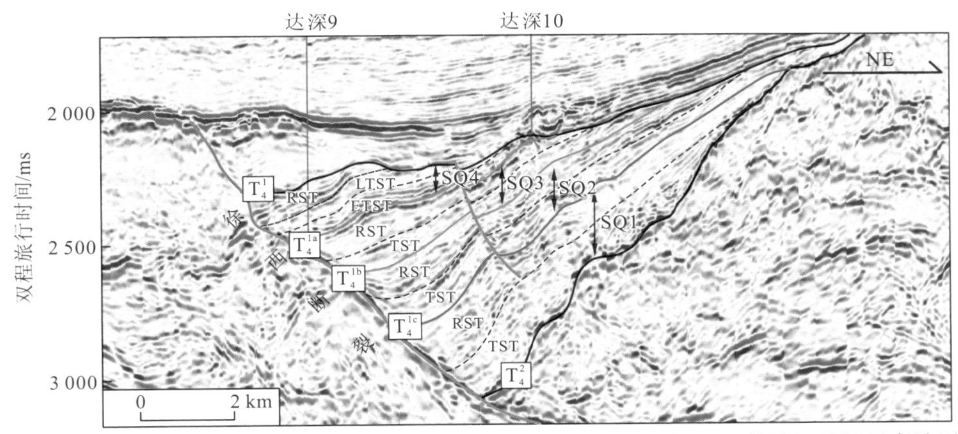

图 2.18　松辽盆地徐家围子断陷北部宋站洼槽北部达深 9 井—达深 10 井沙河子组层序地层

尽管单井钻遇沙河子组较浅，但整个地震剖面实际上同样也发育 4 个三级层序。该地震剖面显示，徐西断裂对层序发育起到决定性控制作用，层序地层分布范围随着徐西断裂的活动不断向西扩张，且层序地层最厚的沉降中心都靠近徐西断裂。总体上，该地震剖面的层序发育特征与徐家围子断陷北部宋站洼槽南部过宋深 3 井的地震剖面类似，SQ1-湖侵体系域发育时期层序地层分布范围最小，并且地震剖面中可见伴随徐西断裂发育的沟谷特征，沉积物主要堆积在徐西断裂附近。SQ1-湖退体系域时期，层序地层分布范围东西向都存在一定扩张。SQ2-湖侵体系域发育时期，东部层序地层残存分布范围最广，随着徐西断裂的持续活动，西部层序地层分布范围继续扩大。但随着沙河子组进入强烈断陷末期，徐家围子断陷不断充填，整个地震剖面上层序地层分布范围呈逐渐缩小的趋势。

通过关键层序界面识别和控盆井震剖面的层序划分与对比分析，结合构造演化史，最终完成关键层序界面追踪统一，建立徐家围子断陷北部宋站洼槽沙河子组层序地层格架（图 2.16）。

（二）梨树断陷北坡火石岭组—营城组层序地层格架

1. 层序划分方案

通过对梨树断陷北坡火石岭组—营城组沉积旋回性分析及地震关键界面的识别，结合构造演化史，在火石岭组内部识别出两个三级层序 SQ1 和 SQ2，SQ1 以火山岩沉积为主，SQ2 以典型扇三角洲-湖泊沉积为主。沙河子组大部分缺失，仅在梨树断陷北坡发育一个三级层序 SQ3。营城组发育齐全，T_4^1 与 T_4 地震反射轴明显。根据营城组内部不整合可划分为两个三级层序，分别是 SQ4 和 SQ5（图 2.19）。由于不同时期的构造运动及沉积背景明显不同，层序结构特征也有所差异，表现出 SQ2 为三分层序，分别对应早期湖侵体系域、晚期湖侵体系域和湖退体系域，SQ3—SQ5 为二分层序，分别对应湖侵体系域和湖退体系域（林佳佳 等，2019）。

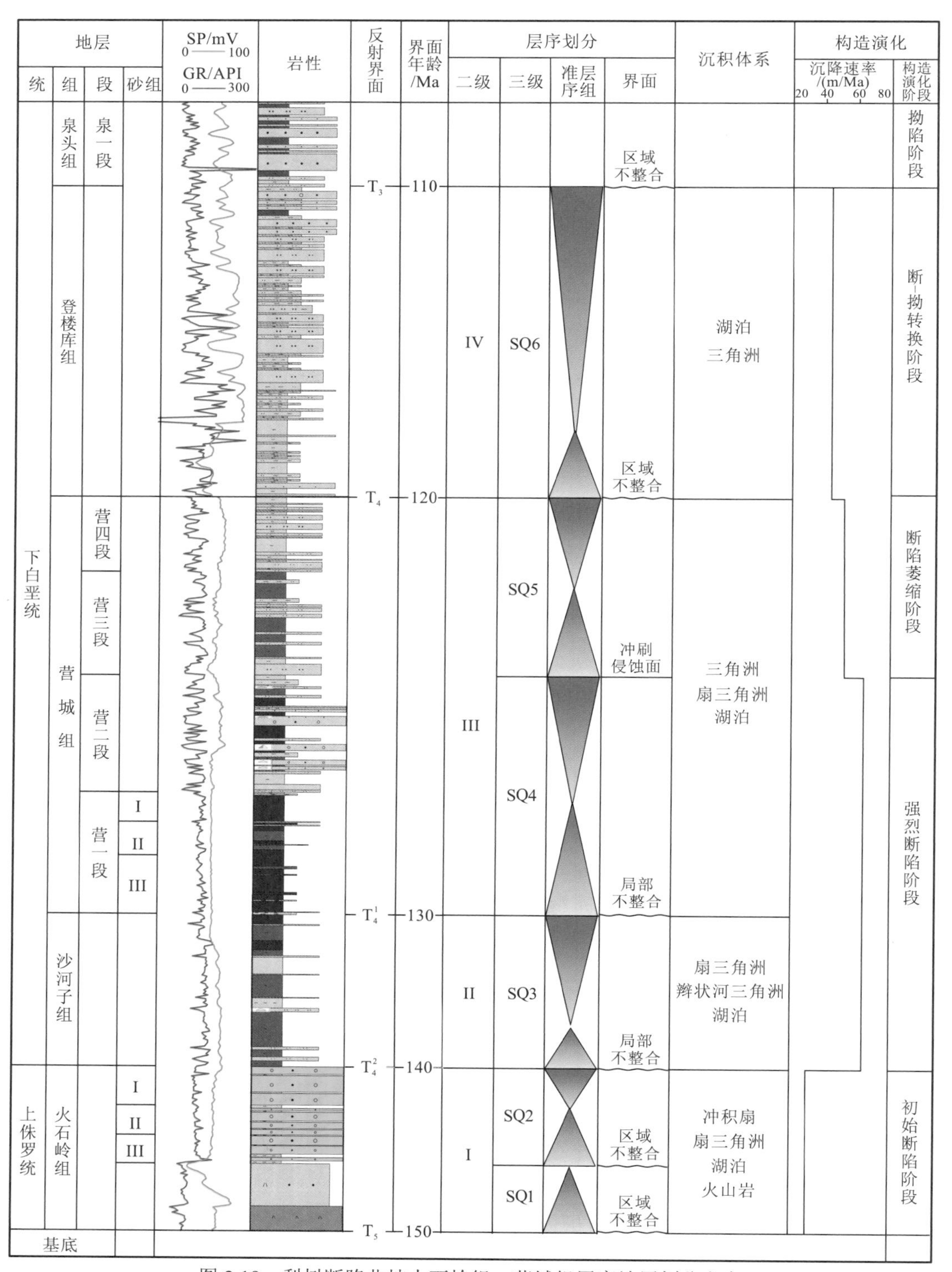

图 2.19　梨树断陷北坡火石岭组—营城组层序地层划分方案

2. 连井层序划分对比

根据梨树断陷北坡地质特征，选取近南北向、近东西向各一条连井剖面，对火石岭组—营城组层序地层格架及地层展布进行详细分析。

1）苏家 16 井—十屋 334 井

该剖面位于梨树断陷北部苏家屯洼槽，为近东西向的连井层序对比剖面，西起西部断阶带苏家 16 井，东至东部断阶带十屋 334 井，中部为苏家屯洼槽中央凹陷带，该剖面横跨苏家屯洼槽东、西控盆断裂和三个结构单元。根据单井层序界面识别、地震层序地层格架识别，建立该剖面层序地层格架。

由剖面可见，主要层序界面在全区均可追踪，但不同层序地层分布特征有所差异（图 2.20）。SQ1 在苏家屯洼槽均有分布，主要为火山岩，地层厚度总体上变化不大，在凹陷带略微加厚；SQ2 在苏家屯洼槽西部和中部广泛分布，东部断阶带不发育，地层厚度总体上呈现中间厚、两边薄的特征；SQ3 在苏家屯洼槽分布较局限，西部断阶带不发育，东部断阶带上较薄，主要发育在中央凹陷带；SQ4—SQ5 在苏家屯洼槽全区分布，层序内地层厚度整体变化不大，中央凹陷带有所加厚。

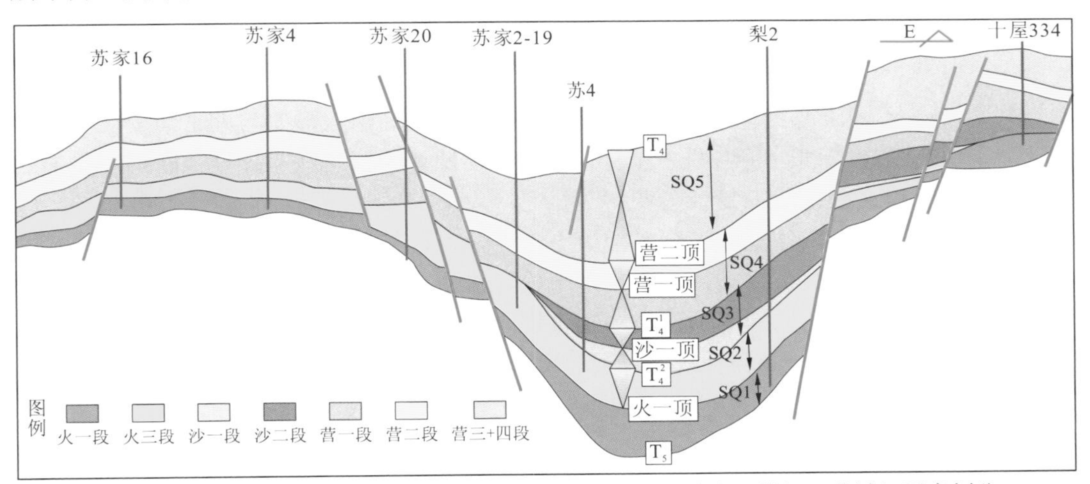

图 2.20 梨树断陷北部苏家屯洼槽苏家 16 井—十屋 334 井火石岭组—营城组层序划分

通过对该剖面不同层序的横向对比分析，苏家屯洼槽近东西向连井层序地层格架受凹陷带东西控盆断裂控制明显，中央凹陷带地层厚度明显厚于两侧断阶带。

2）苏家 6 井—十屋 337 井

该剖面位于梨树断陷北部苏家屯洼槽，为近南北向的连井层序对比剖面，北起北部凸起区苏家 6 井，南至中央凹陷带十屋 337 井，该剖面横跨苏家屯洼槽南北两个构造单元。

剖面上，各层序发育完整（图 2.21）。SQ1 在苏家屯洼槽均有分布，主要为火山岩，地层厚度变化较大，在苏家 6 井—苏家 5 井一带较厚；SQ2 在剖面南部中央凹陷带广泛分布，剖面北部 SQ2 被后期剥蚀，地层厚度由南向北逐渐减薄；SQ3—SQ5 在苏家屯洼槽南、北部分布广泛，自下而上分布范围略有扩大，3 个三级层序内地层厚度均由南向北逐渐减薄。

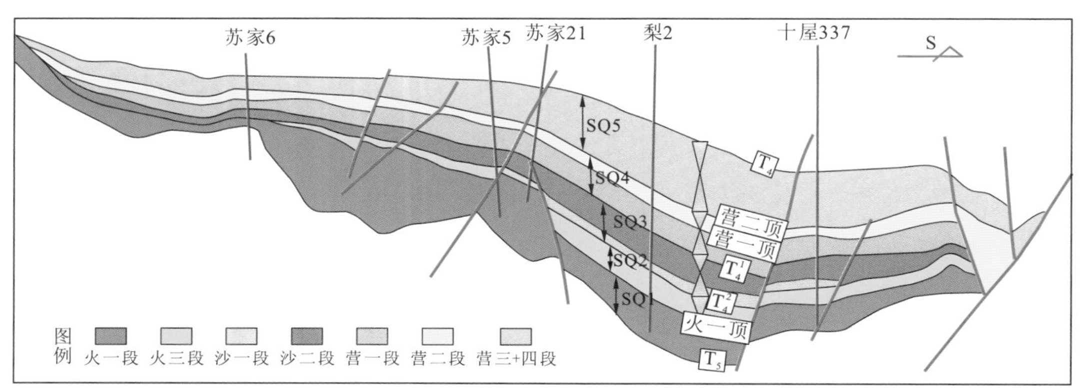

图 2.21 梨树断陷北部苏家屯洼槽苏家 6 井—十屋 337 井火石岭组—营城组层序划分

通过对该剖面不同层序的横向对比分析，苏家屯洼槽近南北向层序地层格架受古地貌控制明显，南部中央凹陷带地层厚度明显厚于北部凸起区，自下而上，各层序地层分布范围逐步扩大。

（三）断陷湖盆层序发育模式

前人研究表明，与被动型大陆边缘盆地一样，断陷湖盆层序发育主要受构造沉降、气候变化及沉积物供给三个关键因素的控制（王华 等，2010；操应长，2005；胡受权 等，2001）。然而，不同于海相盆地，断陷湖盆范围小，盆地的结构形态与湖平面变化对三个关键因素更为敏感，同时断陷湖盆往往存在多个物源体系。这些差异导致断陷湖盆的层序结构与发育模式必定更加复杂多变。

松辽盆地深层断陷盆地数量众多，大小不一，盆地结构各有不同。为了明确松辽盆地深层断陷湖盆层序发育模式，本小节基于松辽盆地徐家围子断陷和梨树断陷层序发育特征，总结出几种不同的断陷湖盆层序发育模式：单断-缓坡物源层序发育模式、单断-陡坡物源层序发育模式、双断-双物源层序发育模式等。

1. 单断-缓坡物源层序发育模式

单断-缓坡物源是指盆地一侧为陡坡断裂，物源主要来自另一侧缓坡带，这种情形在箕状断陷湖盆中比较常见。该类层序的顶底面由于剥蚀，在盆地边缘常可见典型的削截不整合现象。在湖侵体系域发育时期，由于湖平面上升（$A/S>1$），沉积物向陆地后退，形成一套垂向上由粗到细的沉积序列，在断陷湖盆缓坡边缘可见明显的上超现象（图 2.22）。但湖平面上升过程是复杂的，自层序底部湖侵开始，如果湖平面上升并不迅速，而是存在一个稳定的上升阶段，在湖侵沉积序列底部往往会发育一套以垂向加积为主的沉积层，代表相对湖平面时期下部的粗粒沉积，在地震剖面上表现为相对稳定的上超现象。随着湖平面上升到最高处，断陷湖盆中心靠近陡坡断裂一侧沉积物粒度最细，最大湖平面往往对应着一套相对较厚的细粒沉积物。越过该界面，湖平面开始下降（$A/S<1$），缓坡带沉积物不断向陡坡带中心推进，在缓坡带一侧由于沉积基准面的下降形成明显的不整合面。随着湖平面下降到最低处，在陡坡带中心沉积一套相对粗粒或氧化环境下的产物（图 2.22）。同样，湖平面在开始下降时，可能存在一个相对稳定的下降阶段，该阶段

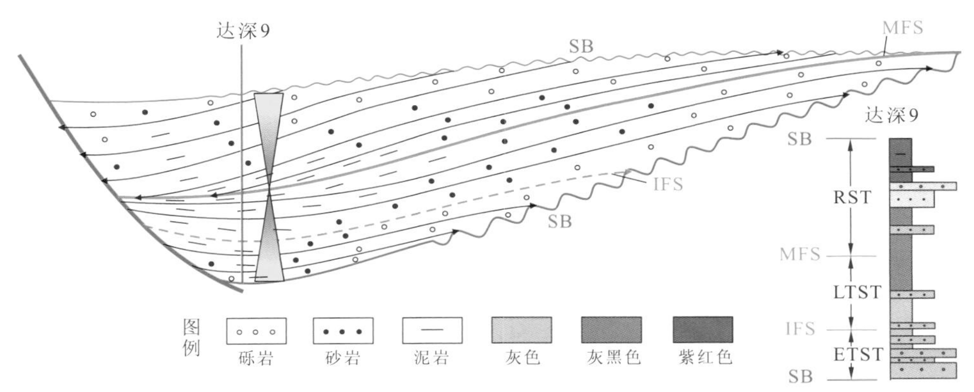

图 2.22 单断-缓坡物源层序发育模式与实例岩性剖面

代表相对稳定的高水位时期，在陡坡带发育的暗色泥岩可成为有利的烃源岩，为湖平面继续下降时期的上部粗粒砂砾岩提供油气源。总之，该层序模式下，地层厚度大的地方主要集中在陡坡断裂一侧，最高湖平面之上的下超现象多见于断陷湖盆中心。

2. 单断-陡坡物源层序发育模式

单断-陡坡物源是指盆地一侧为陡坡断裂，同时物源也来自陡坡，另一侧缓坡带无明显控制盆地演化的断裂和物源体系。由于断陷湖盆基底的沉降受断裂控制，并且物源也来自陡坡，该层序沉积集中区主要位于断陷湖盆陡坡带附近（图 2.23）。湖侵体系域发育时期，湖平面上升（A/S>1），由于沉积水体向陆地扩展有限，沉积体系后退范围小，粗粒沉积物向陡坡带迁移特征和上超现象不明显，但相应岩性粒度上的变化可在稍微远离沉积中心的单井上得到证实。随着湖平面上升到最高处，层序内部泥岩最为发育，但多位于断陷湖盆中心到缓坡带一侧。当湖平面开始下降时（A/S<1），粗粒沉积物不断向断陷湖盆内推进，在断陷湖盆边缘剥蚀并在盆地中心形成砂砾岩沉积（图 2.23）。尽管在理想情况下，单断-陡坡物源层序的顶底可见不整合层序界面或明显的岩性转化界面，由于近物源粗粒沉积物的快速堆积，剥蚀现象并不明显，特别是在地震剖面上，杂乱或空白地震相响应往往导致无法识别削截或上超现象。另外，这类层序的稳定阶段识别较为困难，更多地依赖靠近缓坡带一侧的测井及录井资料。

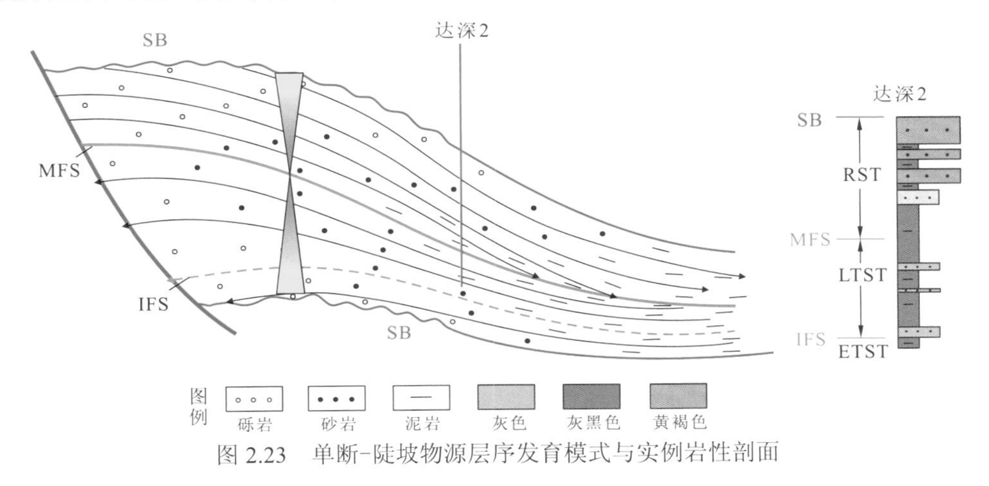

图 2.23 单断-陡坡物源层序发育模式与实例岩性剖面

3. 双断-双物源层序发育模式

双断-双物源是指存在两个控盆断裂，但往往其中一个起主要控制作用，物源来自两个不同的方向。该层序发育模式在所有的断陷湖盆地均可见到，特别是地堑型。在研究区，这种情况主要分布于南部，并且控盆断裂以徐西断裂为主，层序内沉积主要集中在由两个控盆断裂控制的盆地中心（图 2.24）。湖侵体系域发育时期，随着湖平面上升，粗粒沉积物开始向两侧上超，但缓坡带上超特征明显，泥岩主要发育于断陷湖盆中心，并在湖平面上升到最高时分布范围最广，但需要说明的是对于足够小的断陷湖盆，中心受粗粒物源影响，厚层泥岩往往不发育。随着湖平面下降（A/S<1），沉积物由盆缘开始向断陷湖盆中心推进，在盆缘可见剥蚀现象，并在断陷湖盆中心形成砂砾岩沉积（图 2.24），并且在湖平面下降到最低处时，可能还发育氧化环境产物。鉴于陡坡带物源的不稳定性及沉积特殊性，该层序内部稳定上升湖平面、最大湖平面及稳定下降湖平面通常通过缓坡带的资料予以确定。

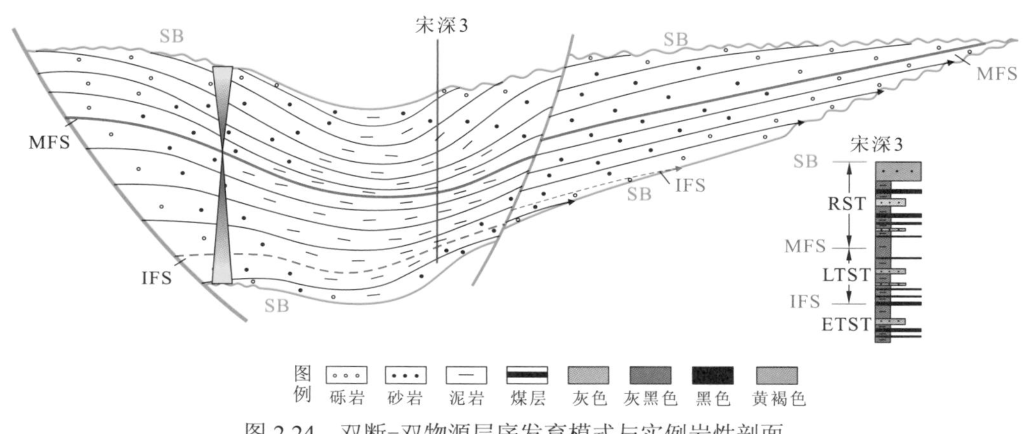

图 2.24　双断-双物源层序发育模式与实例岩性剖面

二、拗陷湖盆层序地层格架及发育模式

松辽盆地拗陷湖盆范围极大，整体上以发育河流-三角洲-湖泊沉积体系为主。要建立河流-三角洲-湖泊沉积体系区域层序地层格架不能仅仅采用岩性地层学（砂对砂、泥对泥）对比方法、特殊岩性（碳质泥岩、钙质结核古土壤、泥岩颜色突变面等）对比方法，还需要以高分辨率层序地层学理论为指导，在河流-三角洲沉积体系类型和沉积相构成识别的基础上，应用沉积过程-响应原理，通过分析构成河流的主要地貌单元在 A/S 动态变化过程中的地层学（地层叠加样式）与沉积学响应（相序与相组合特征）识别可容纳空间的变化旋回，进而明确基准面旋回变化特征，并通过区域对比建立层序地层格架。

为了阐述拗陷阶段不同时期的湖盆层序发育特征，本小节以三肇凹陷扶余油层、齐家—古龙凹陷葡萄花油层为研究实例，分析它们的层序地层格架，总结松辽盆地拗陷湖盆层序发育模式。

（一）三肇凹陷扶余油层层序地层格架

1. 层序划分方案

三肇凹陷位于松辽盆地中央拗陷带，在泉头组沉积时期整体以发育曲流河三角洲沉积为主。根据大庆油田对扶余油层的划分方案，中、长、短期基准面旋回界面发育特征，将扶余油层划分为 1 个长期基准面下降半旋回和 1 个长期基准面上升半旋回，分别对应于泉三段上部与泉四段。其中，泉三段上部长期基准面下降半旋回可进一步划分为 4 个中期基准面旋回，泉四段长期基准面上升半旋回可进一步划分为 3 个中期基准面旋回。基于短期基准面旋回结构样式及特征差异，扶余油层内部共可划分为 16 个短期基准面旋回（图 2.25）（邓庆杰 等，2018，2015a，2015b）。

2. 连井层序划分对比

根据三肇凹陷地层分布及沉积演化，选择横跨汇水区的南北向剖面分析三肇凹陷扶余油层层序发育特征（图 2.26）。

（1）Q_3-MSC1 发育时期：局部地区底部存在小范围的浅水三角洲沉积，沉积厚度较薄的灰绿色泥岩、灰色泥岩和紫红色泥岩，泥岩之上沉积厚度较薄的砂岩，为河道沉积产物。砂体的底部作为扶余油层的底界，地震反射界面为波谷或零相位。该时期为长期基准面下降初期，两个短期基准面旋回均为以上升半旋回为主的不完全对称型。

（2）Q_3-MSC2 发育时期：为长期基准面下降中期，气候总体比较干旱，拗陷湖盆面积有所缩小，此时河道较前一时期发育，沉积中心位于三肇凹陷中部和东部，底部地震反射界面为波谷或零相位。此时三肇凹陷扶余油层分为两个短期基准面旋回，主要为以上升半旋回为主的不完全对称型。

（3）Q_3-MSC3 发育时期：为长期基准面快速下降期，河道下切侵蚀作用增强，底部地震反射界面为波谷或零相位。该中期基准面旋回由两个短期基准面旋回构成，短期基准面旋回样式由以上升半旋回为主的不完全对称型向完全非对称型转变，随着基准面下降拗陷湖盆继续萎缩。

（4）Q_3-MSC4 发育时期：长期基准面快速下降到最低处，可容纳空间较小，此时三肇凹陷南部和北部发育大面积的曲流河相，河道规模发育到最大，下切侵蚀作用严重，河道砂体底部一般作为此中期基准面旋回的底界，底部地震反射界面为波谷或零相位。该中期基准面旋回包含三个短期基准面旋回，其结构以非对称型为主，在西部过渡为不完全对称型。

（5）Q_4-MSC1 发育时期：长期基准面下降到最低处后开始回升，可容纳空间小，河道规模大，下切侵蚀作用严重，河道砂体底部一般作为此中期基准面旋回底界，地震反射界面为波谷或零相位。该中期基准面旋回可分为两个短期基准面旋回，以非对称型为主，中、西部为以上升半旋回为主的不完全对称型。

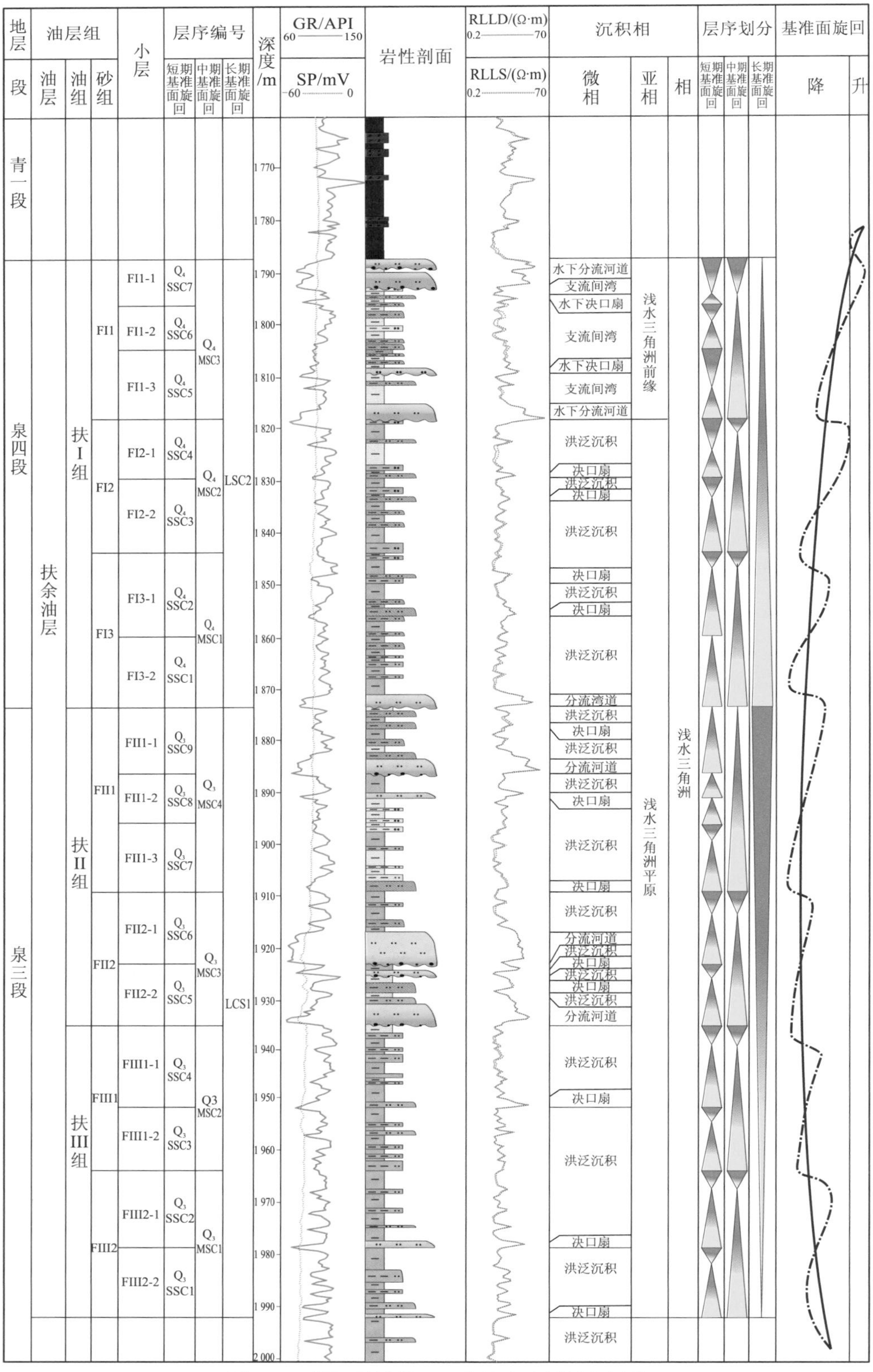

地层段	油层	油组	砂组	小层	短期基准面旋回	中期基准面旋回	长期基准面旋回
青一段							
泉四段	扶余油层	扶I组	FI1	FI1-1	Q_4 SSC7	Q_4 MSC3	LSC2
				FI1-2	Q_4 SSC6		
				FI1-3	Q_4 SSC5		
			FI2	FI2-1	Q_4 SSC4	Q_4 MSC2	
				FI2-2	Q_4 SSC3		
			FI3	FI3-1	Q_4 SSC2	Q_4 MSC1	
				FI3-2	Q_4 SSC1		
泉三段		扶II组	FII1	FII1-1	Q_3 SSC9	Q_3 MSC4	LCS1
				FII1-2	Q_3 SSC8		
				FII1-3	Q_3 SSC7		
			FII2	FII2-1	Q_3 SSC6	Q_3 MSC3	
				FII2-2	Q_3 SSC5		
		扶III组	FIII1	FIII1-1	Q_3 SSC4	Q3 MSC2	
				FIII1-2	Q_3 SSC3		
			FIII2	FIII2-1	Q_3 SSC2	Q_3 MSC1	
				FIII2-2	Q_3 SSC1		

图 2.25　松辽盆地肇 261 井扶余油层层序划分

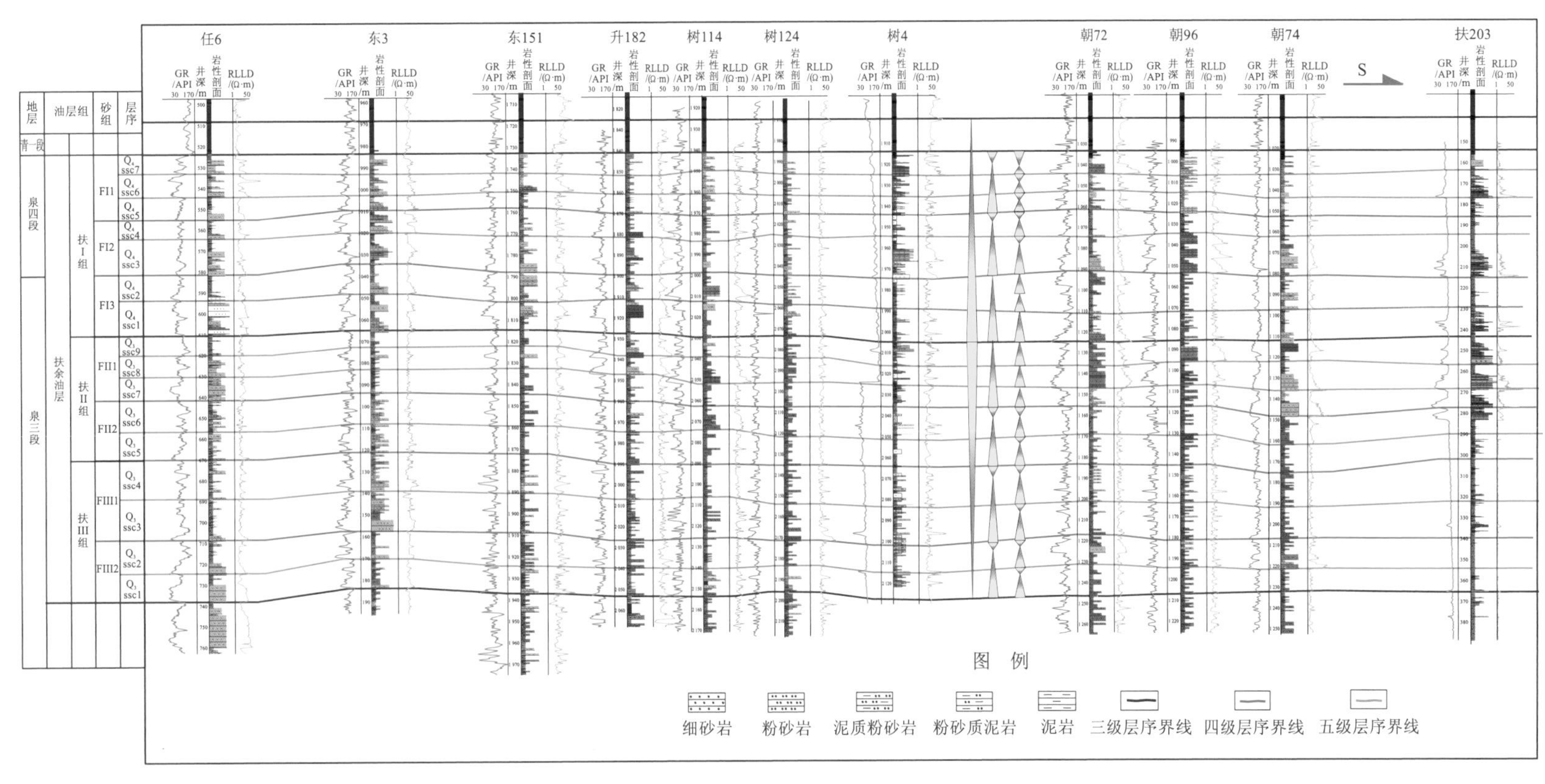

图 2.26 松辽盆地三肇凹陷扶余油层南北向层序对比剖面

（6）Q_4-MSC2 发育时期：为长期基准面逐渐上升中期，可容纳空间逐渐变大，河道规模逐渐变小，底部地震反射界面为波谷或零相位。此中期基准面旋回可分为两个短期基准面旋回，短期基准面旋回样式由非对称型向以上升半旋回为主的不完全对称型及对称型转变。随着基准面上升，河道逐渐向北、南部退积。

（7）Q_4-MSC3 发育时期：为长期基准面上升晚期，基准面上升到最高处，可容纳空间逐渐变大，拗陷湖盆面积逐渐变大。该中期基准面旋回分为三个短期基准面旋回，旋回样式以非对称型为主，且上升半旋回发育。随着基准面上升，拗陷湖盆范围更大，三角洲前缘河道主要呈孤立状，厚度薄，泥岩呈灰绿色，在该层顶部为青一段的黑色泥岩、油页岩沉积，为三级层序界面。

（二）齐家—古龙凹陷葡萄花油层层序地层格架

1. 层序划分方案

齐家—古龙凹陷位于松辽盆地长垣以西，姚一段葡萄花油层（PI）沉积时期主要发育曲流河、三角洲沉积。根据沉积序列、地震及测井响应，结合不同级别基准面旋回的界面特征，将葡萄花油层划分为一个长期基准面上升半旋回和三个中期基准面上升半旋回，并根据基准面旋回结构特征进一步划分为 8 个短期基准面旋回。齐家—古龙凹陷葡萄花油层层序划分如图 2.27 所示。

2. 连井层序划分对比

由于齐家—古龙凹陷在葡萄花油层沉积时期具有西北高、东南低的古地貌特征，为了明确该时期的层序地层格架，选取贯穿南北向的塔 251 井—敖 18 井的连井剖面分析区域层序地层格架。该南北向剖面共 14 口井，均钻遇姚家组，地层完整。结合地震剖面可对该剖面中期基准面旋回内部结构进行详细描述（图 2.28）。

（1）Y_1-MSC1 发育时期：为长期基准面上升初期，基准面上升速度缓慢，发育 SSC1、SSC2、SSC3 三个短期基准面旋回，均为以上升半旋回为主的不完全对称型与近乎完全对称型。底部沉积厚度较薄的浅灰色粉砂岩，河道冲刷面可作为葡萄花油层底界，地震反射界面为波峰。在齐家地区塔 251 井、龙 26 井区地震剖面可见明显的上超现象。Y_1-SSC1 发育时期，齐家—古龙凹陷葡萄花油层短期基准面旋回上部保存不完整，形成以上升半旋回为主的不对称型短期基准面旋回，底部冲刷突变面清晰，在齐家—古龙凹陷中部地层相对较厚，龙虎泡与茂兴地区地层缺失；Y_1-SSC2 由正韵律与反韵律叠加而成，形成近完全对称型的短期基准面旋回，基本继承了 SSC1 地层发育规律，中间厚南北薄；Y_1-SSC3 发育时期为中期基准面上升晚期，以向上变深非对称型短期基准面旋回为主，顶部发育稳定的灰绿色泥岩层，是划分中期基准面旋回界面的重要标志。单个砂体自下而上逐渐变细。

（2）Y_1-MSC2 发育时期：随着湖平面上升，拗陷湖盆面积逐渐变大，发育 SSC4、SSC5、SSC6 三个短期基准面旋回，均为以上升半旋回为主的不完全对称型。Y_1-SSC4 发育时期，仍处于弱补偿至欠补偿条件下，短期基准面旋回上部保存不完整，形成以上升半旋回为主的不完全对称型短期基准面旋回，底部冲刷突变面清晰；Y_1-SSC5 发育时期，北部河道规模较小，自下而上呈正韵律与反韵律叠加而成，形成近完全对称型的短

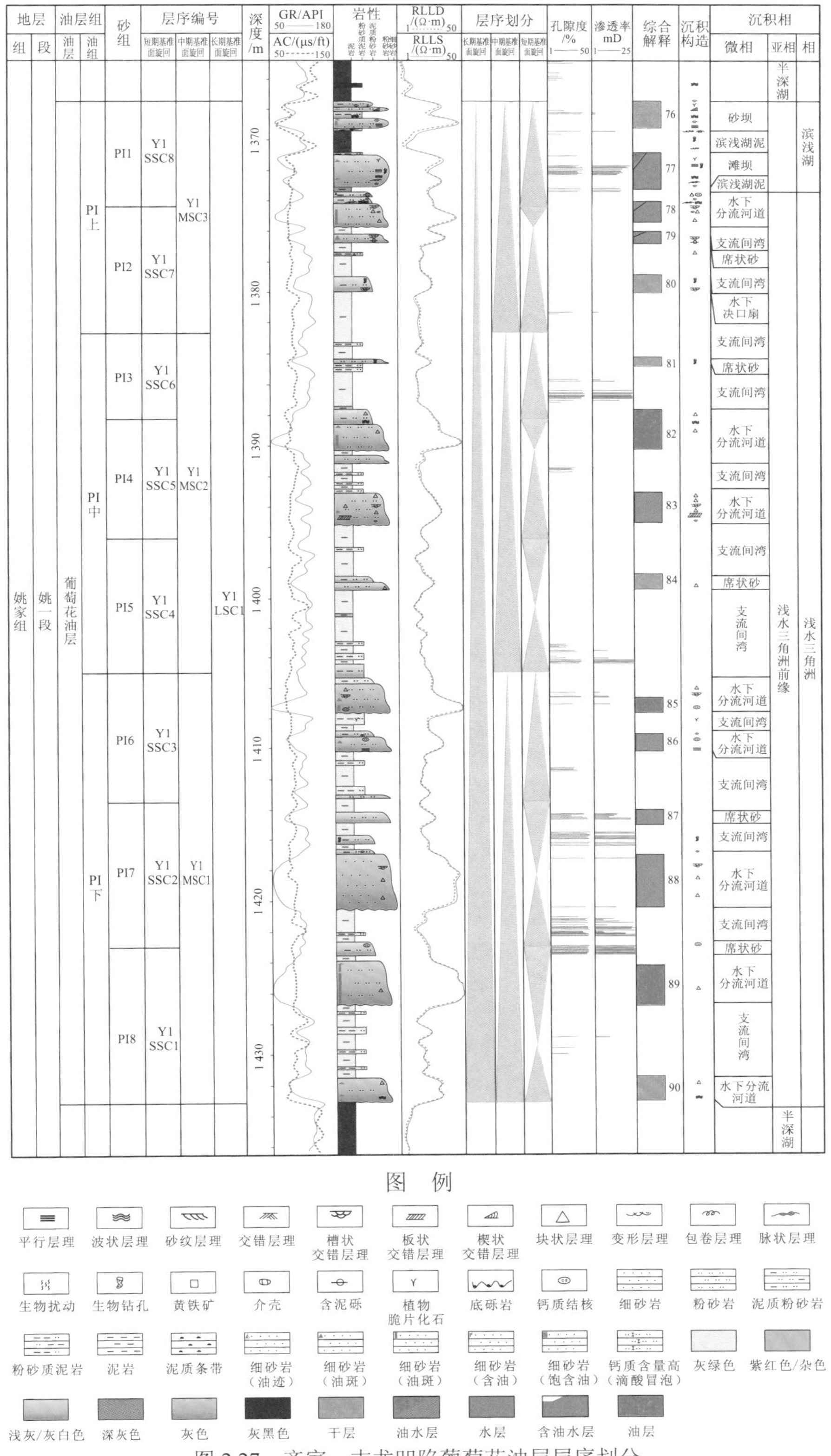

图 2.27　齐家—古龙凹陷葡萄花油层层序划分

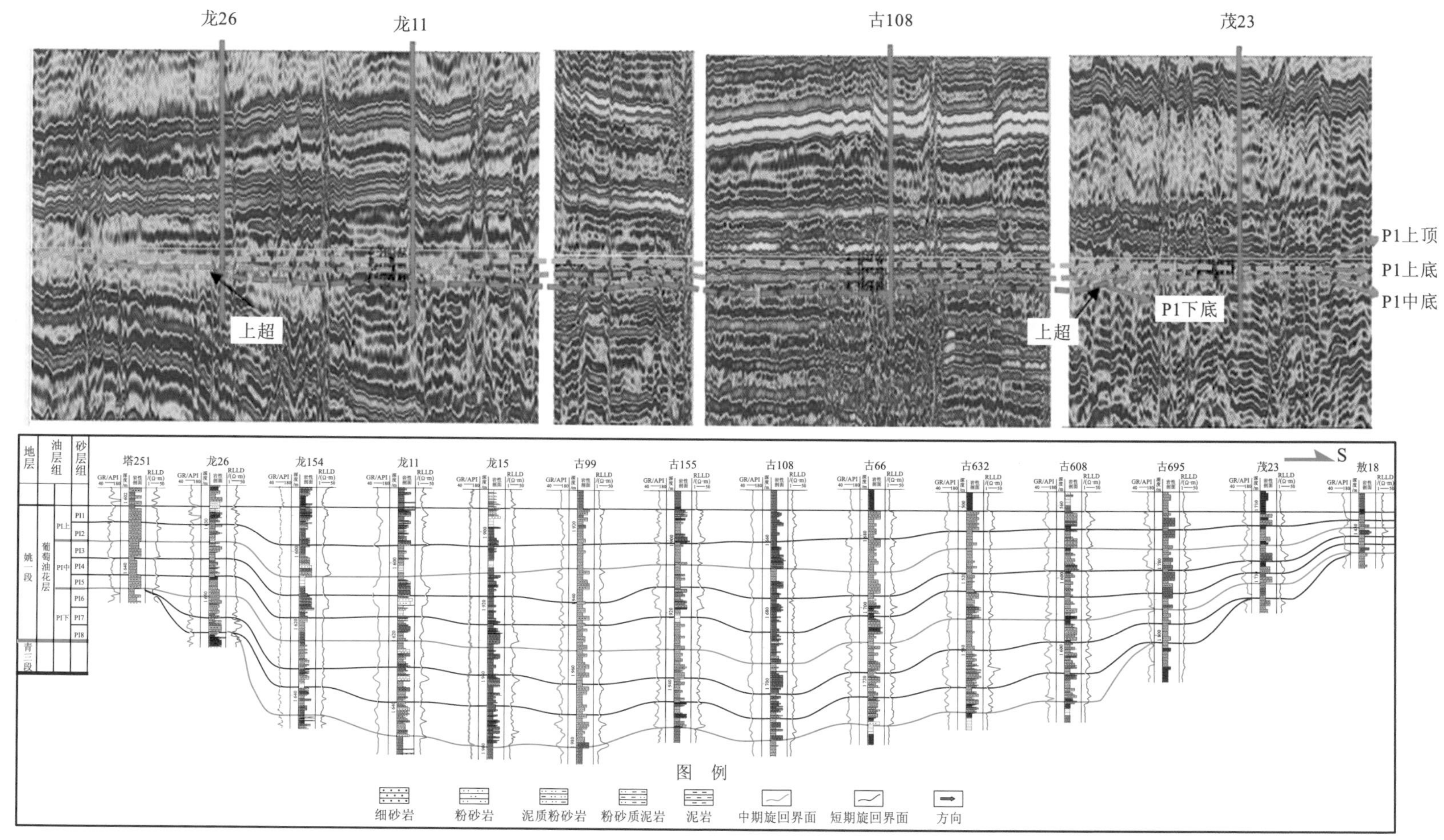

图 2.28　松辽盆地齐家—古龙凹陷葡萄花油层南北向连井井震结合层序对比剖面

期基准面旋回，基本继承了 SSC4 地层发育规律，中部古 632 井以南基本受西、东北部物源控制，河道厚度较稳定；Y_1-SSC6 发育时期为中期基准面上升晚期，由于该中期基准面上升速度较快导致可容纳空间递增，且由于北部供源持续减少，顶部发育的稳定灰绿色泥岩层是划分次级湖泛面的重要依据。以灰绿色泥岩为主，以向上变深的非对称型短期基准面旋回为主。

（3）Y_1-MSC3 发育时期：基准面持续上升至最高处，拗陷湖盆面积扩大，发育 SSC7、SSC8 两个短期基准面旋回，均以上升半旋回为主，下降半旋回多不发育。该时期地层全区广泛发育，沿东北部物源方向逐渐向南部变薄。Y_1-SSC7 发育时期，处于弱补偿至欠补偿条件下，在基准面上升时期沉积物供给量减少的状态下，形成以上升半旋回为主的不对称型短期基准面旋回，北部底部冲刷突变面清晰，在齐家—古龙凹陷中部地层相对较厚，南部湖泊沉积广泛发育；Y_1-SSC8 发育时期，为中期基准面上升晚期，由于该时期中期基准面上升速度较快导致可容纳空间递增，河道发育较少，逐渐向南部退积，顶部以姚二段底暗色泥岩为界，以向上变深的非对称型短期基准面旋回为主。

总体上，由于盆地周边环带状坡折带的出现，葡萄花油层（姚一段）层序地层呈现从盆地中心处向外围超覆、削截的现象，由西向东、从北到南中期基准面旋回地层厚度表现出薄-厚-薄的特征，高频单元则为少-多-少的特征。层序结构表现为长期基准面上升半旋回，底部存在局部削截，为构造坡折带作用而形成的不整合面。在长期基准面旋回划分基础上，按照盆地边缘不整合面和旋回界面进一步划分为三个中期基准面旋回，自下而上分别为 PI 下、PI 中、PI 上，均为上升半旋回。根据短期基准面旋回对比划分为 PI_1～PI_8 共 8 个短期基准面旋回（图 2.29）。

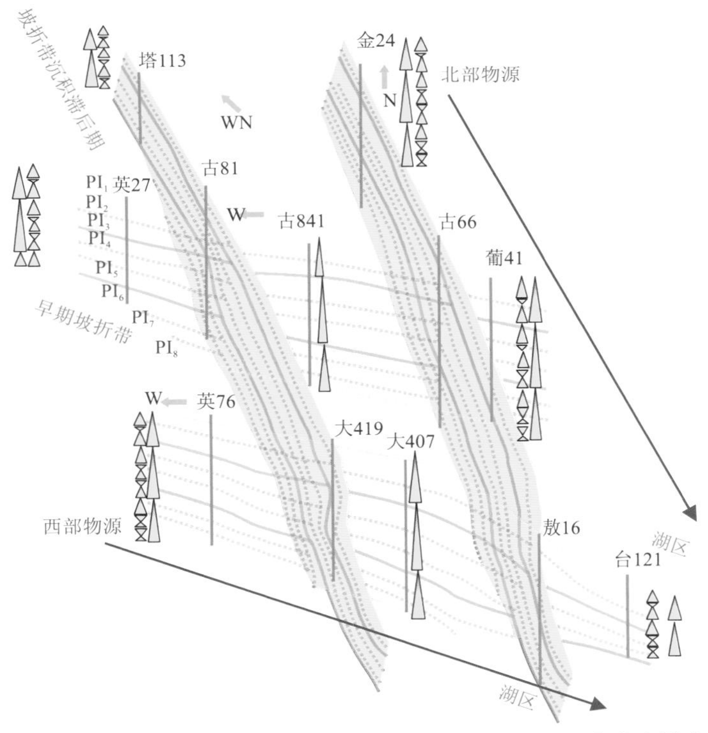

图 2.29　松辽盆地齐家—古龙凹陷葡萄花油层双物源层序发育模式

（三）拗陷湖盆层序发育模式

与断陷湖盆不同，拗陷湖盆往往是盆地深部整体性沉降而形成的，整个盆地地形相对平缓简单，盆地边缘缺少活动性控盆断裂，并且拗陷湖盆范围通常较大，沉降中心离物源区较远。因此，拗陷湖盆的层序发育模式与断陷湖盆相比也明显不同。松辽盆地拗陷阶段，湖泊基本连通一片，面积较大，达十几万平方千米，盆地基底相对平缓。前人依据经典层序地层学理论，根据盆地是否发育坡折带、能否识别初始湖泛面，将松辽盆地拗陷期的层序发育模式划分为具坡折带的层序发育模式和不具坡折带的层序发育模式。具坡折带、能够识别初始湖泛面的层序发育模式由低位体系域、湖侵体系域与高位体系域组成，与陆棚坡折的海相盆地相似。不具坡折带的层序发育模式划分为湖侵体系域和湖退体系域（张晨晨 等，2014；赵波 等，2008；邹才能 等，2006）。

然而，松辽盆地大部分区域缺乏明显的坡折带，并且在不同区域的拗陷湖盆边缘，坡折带特征及其沉积产物也显著不同，这不仅造成了拗陷湖盆相同时期不同地区层序发育模式的差异性，同时也为统一松辽拗陷湖盆层序地层格架和开展区域性层序对比带来了困难。采用高分辨率层序地层学理论，根据基准面旋回变化开展不同级次的基准面旋回划分可为统一拗陷湖盆层序划分与对比提供条件（图 2.30）（邓宏文 等，1996）。在大型陆相拗陷湖盆中应用高分辨率层序地层理论，主要优势在于：①地层的基准面识别是高分辨率层序地层学的核心，在层序对比中不依靠环境及古地貌的变化，不需要海、湖平面的变化及位置，不需要以海、湖平面为参照面，可以以多级次频率同时运用于陆相拗陷湖盆；②依据 A/S 的变化规律，来识别和划分不同级次基准面旋回界面，可以建立长期、中期基准面旋回层序来分析拗陷湖盆范围内层序对比和盆地模拟，也可以建立短期、超短期基准面旋回层序来进行油气藏开发阶段油藏级规模的储层表征和小层对比；③在不同的沉积环境和层序地层中，不同级次基准面旋回内部相域一般构成二分特征，且由特定的沉积环境决定，不一定符合低位体系域、湖（海）侵体系域、高位体系域组成的地层发育模式。

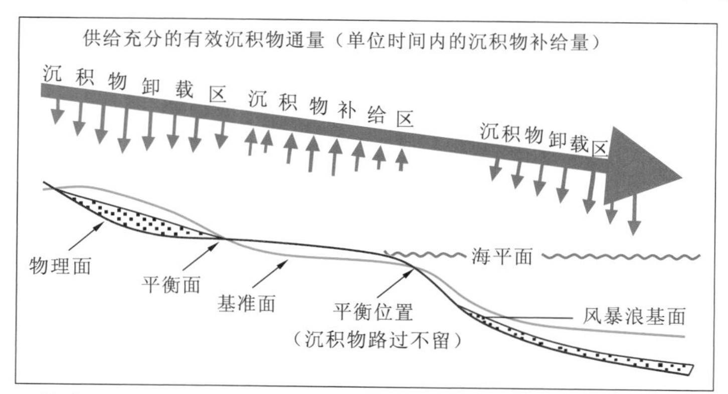

图 2.30　基准面、可容纳空间和反映可容纳空间与沉积物供给平衡时的地貌单元

高分辨率层序地层学研究的核心是确定基准面旋回变化，基准面旋回变化时，其 A/S 随之变化，导致相同沉积体系沉积物得到分配，其沉积物的岩石结构及保存程度、地层堆积样式、相序及相类型也相应发生变化。因此，根据不同环境下的基准面旋回变化及旋回结构发育特征，可总结松辽盆地拗陷湖盆高分辨率层序发育模式及沉积序列（图 2.31）。

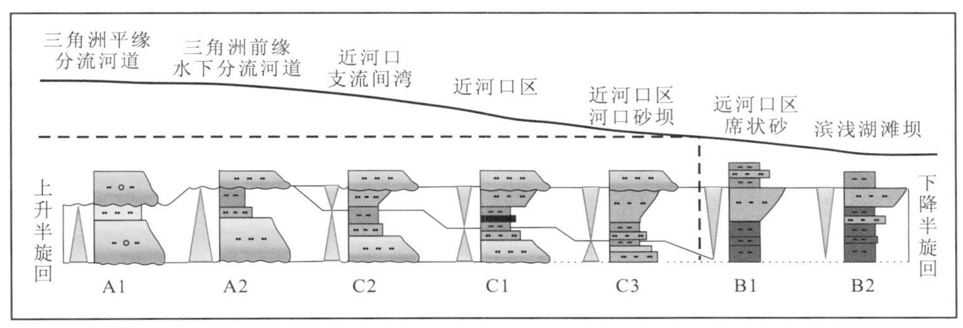

图 2.31　松辽盆地拗陷湖盆高分辨率层序发育模式及沉积序列

在该层序发育模式下，河流、三角洲平原区域基准面上升时，可形成由河道与洪泛沉积组成的上升半旋回沉积序列，而基准面下降往往导致地层剥蚀，不接受沉积，使得靠近物源的陆上层序基准面旋回结构以非对称型的上升半旋回为主；在河湖交汇区，基准面上升可形成河道（河口砂坝）-支流间湾沉积序列，基准面下降可形成支流间湾-河口砂坝沉积序列，从而构成近似对称型的完整基准面旋回层序；在远离物源的拗陷湖盆中心地带，由于基准面上升，拗陷湖盆处于饥饿状态，缺乏沉积，而基准面下降使湖泊中心物源供给量持续增加，便形成了下细上粗的反旋回层序（图 2.31）。基于这一层序发育模式，通过分析沉积环境，统计不同基准面旋回的结构特征，可有效开展陆相拗陷湖盆区域高分辨率层序划分与对比。

第三节　层序发育控制因素

起源于海相盆地的层序地层学理论之所以能够运用到陆相湖盆，是因为陆相湖盆异旋回沉积作用与受控于海平面变化的海相盆地沉积作用具有相似性。但与海相盆地相比，陆相湖盆范围通常较小，受构造与气候的影响大，具有近物源和多物源、湖平面升降频繁、坡折带欠发育等特征（操应长，2005；冯有良 等，2004，2000；胡受权 等，2000），这表明陆相湖盆的层序发育控制因素与海相盆地相比有所差异。与此同时，陆相湖盆也具有不同类型，如松辽盆地早期形成的断陷湖盆和中期形成的拗陷湖盆，它们的盆地结构及成因机制明显不同，导致不同类型的湖盆层序发育控制因素也存在显著差异。

一、断陷湖盆层序发育控制因素

构造、全球性海平面变化、物源供给及气候变化等被认为是控制层序形成和演化的关键因素，但这 4 个因素的主次地位及其所起到的作用并不一致。与海相盆地相比，断陷湖盆范围明显过小，气候变化、构造、物源供给等任何一个因素的改变都将引起湖平面及湖泊范围的显著变化，进而控制陆相断陷湖盆层序发育。因此，陆相断陷湖盆层序发育的成因机制不同于海相盆地。

（一）构造

构造是层序发育的重要控制因素之一，与海平面变化共同影响可容纳空间的变化。在陆相断陷湖盆中，构造因素不仅直接控制盆地可容纳空间的变化，而且盆地的产生、发展及演化都与构造因素密切相关。同时，构造因素还会通过改造地貌特征等方式，间接影响剥蚀速率、沉积物类型、沉积物供给速率。因此，构造因素对陆相断陷湖盆层序发育的影响比海相盆地更加显著（王华 等，2010；冯有良 等，2004；解习农 等，1996）。

1. 幕式构造运动与层序构成

构造运动的多期次和旋回性是地球表层构造运动的一个基本特征。前人研究表明，断陷湖盆的发育与控盆断裂活动密切相关，而控盆断裂活动并非呈匀速变化，在盆地演化的不同阶段，控盆断裂活动的强度存在差异，强活动期、弱活动期与休眠期导致控盆断裂活动具有阶段性和旋回性（陈贤良 等，2014；操应长，2005；解习农 等，1996）。断陷湖盆构造运动的幕次性决定盆地发育的阶段性，也控制盆地层序的级别与规模。一般而言，控制断陷湖盆形成和消亡的构造运动具有持续时间长、波及范围广的特点，通常对应于 I 级层序，以层序界面与区域性大规模的角度不整合为特征，上下界面极为明显。控盆断裂活动强度的期次性通过控制断陷湖盆范围及沉降速率，控制着 II 级层序的发育，通常对应于断陷湖盆不同的断陷阶段。

松辽盆地深层断陷地层实际上就是一个一级层序，对应于每个断陷的形成、发展与消亡，而断陷的存在过程实际上又是多幕构造运动的结果，每一幕构造运动期形成的地层对应的也是盆地的二级层序（图 2.32）。如火石岭组初始裂陷期对应于一个二级层序，以火山岩及粗粒碎屑岩沉积为主；沙河子组强烈断陷期对应于一个二级层序，以辫状河三角洲、扇三角洲和湖泊沉积为主；营城组裂陷萎缩期也对应于一个二级层序，以辫状河三角洲和湖泊沉积为主。由此可见，断陷湖盆的幕式构造运动基本上控制着盆地一、二级层序的发育。另外，三级层序的发育也与幕式构造运动有关，只是还会受古气候及物源的综合影响。

2. 构造古地貌与层序构成

断陷湖盆的构造古地貌特征也对层序发育具有显著的控制作用。一般而言，根据断陷湖盆内的构造古地貌特征可划分为陡坡带、缓坡带和中央凹陷带三个部分，部分还可划分出中央隆起带。在不同的构造位置，由于构造背景、构造性质等存在差异，不同构造带的层序发育模式也存在差异（图 2.33）（蔡全升 等，2017；王华 等，2010）。

在断陷湖盆中，控盆断裂的持续活动，往往导致断裂附近地形落差较大，形成坡折带及陡坡区，并且坡折带之上发育规模较大的湖缘下切谷，下切谷的形成及充填与层序的形成及演化关系密切。一般陡坡的断裂坡折带沉积物粒度粗、沉积厚度大，多为扇体沉积，且在层序演化的不同时期，扇体沉积特征存在差异：湖平面较低时发育扇三角洲或洪积扇沉积，形成深切谷；湖平面较高时发育扇三角洲或湖泊沉积，深切谷充填粗粒沉积。

地层单元			底界年龄/Ma	层序边界	层序边界属性	岩相剖面	层序单元划分			构造演化阶段	
统	组	段					一级	二级	三级		
下白垩统					裂后不整合面 T_3						
	登楼库组	四、三	106		T_4^2		II	II_1		断-拗转换幕	热沉降阶段
		二、一									
	营城组	四、三	116	SB7	构造不整合面（断-拗转换）T_2		I	I_2	SQk_1yc^2	萎缩幕	多幕断陷阶段
		二、一		SB6					SQk_1yc^1		
	沙河子组	三、四	122	SB5	构造不整合面（挤压反转）T_4^1			I_1	SQk_2sh^2	断陷二幕	
		一、三		SB4					SQk_2sh^1		
	火石岭组	二	130	SB3	构造不整合面（幕式拉张）T_4^2			I_0	SQJ_3h^2	断陷一幕	
		一		SB2					SQJ_3h^1		
				SB1	构造破裂不整合面 T_5						
变质古生界及前古生界			156								

图 2.32　松辽盆地幕式构造运动与层序构成

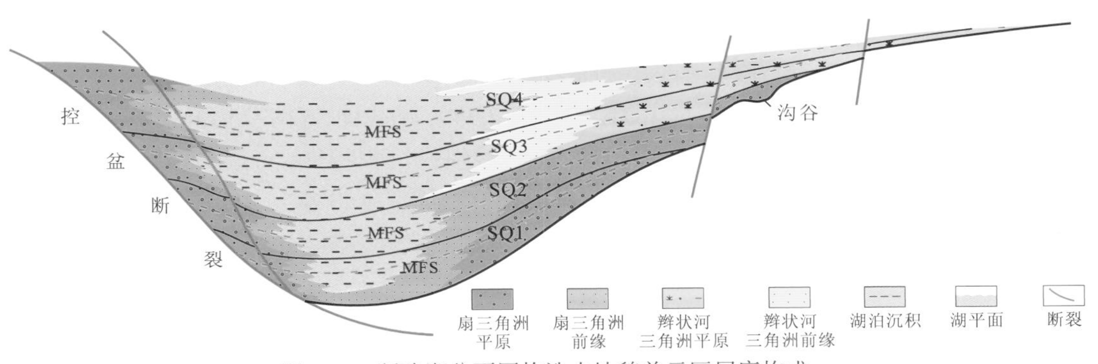

图 2.33　断陷湖盆不同构造古地貌单元区层序构成

在非控盆断裂发育区，断陷湖盆还发育大规模的缓坡带，这些区域可能会有同沉积断裂发育，可能存在或不存在明显坡折带。与陡坡带相比，缓坡带地形坡降呈现渐变的特征，特别是在断裂萎缩期。缓坡区对湖平面的升降变化响应明显，且相带分布宽，随着湖平面的升降变化，相带也随之发生快速迁移。一般而言，在缓坡带沉积厚度小，沉积物粒度细，以发育河流、辫状河三角洲沉积为主，河流的下切作用不明显，随着湖平面的上升，可见明显的地层上超现象。

当断陷湖盆范围较大时，还存在明显的中央凹陷带。与陡、缓坡带不同，中央凹陷带在湖平面较低时是以低位扇沉积为主，随着湖平面上升过渡为以深湖和浅湖沉积为主，当湖平面上升至最高处后逐渐下降时，可见三角洲不断前积。

（二）物源供给

与海相盆地相比，湖相盆地范围小得多，且相对距离供给物源的母岩区更近，物源区面积与沉积盆地面积的比值要比海相盆地大得多，沉积物供给速率和堆积速率都相对海相盆地大得多，粒度也相对较粗，因此在湖相盆地中由沉积物供给速率所引起的湖平面升降变化和对可容纳空间变化速率的影响相对海相盆地要强烈得多，对层序发育的控制也更加明显。

以断陷湖盆为例，假定构造沉降速率和气候变化为常数，沉积物供给速率变化主要对长期和中期基准面旋回层序或三级和四级层序发育具控制作用，沉积物供给速率变化影响的可容纳空间变化速率机制对层序发育控制有三种情况（操应长，2005）：①当沉积物供给速率大于可容纳空间的增加速率时，湖盆发育过补偿沉积，导致可容纳空间负增长，意味着湖盆发生萎缩，岸线向盆地中心推进，发育进积序列，层序界面开始形成；②当沉积物供给速率小于可容纳空间增加速率时，湖盆发育欠补偿沉积，盆地可容纳空间增加，湖盆扩张，岸线向陆地方向后退，发育退积序列，通常可见最大湖泛面；③当沉积物供给速率近似等于可容纳空间增加速率时，湖盆发育正常沉积，可容纳空间及湖平面保持稳定，发育加积序列。然而，在一个层序中，层序结构并不是完全一致的，有时可以二分，有时可以三分，有时甚至可以四分，不同的层序结构分法取决于湖盆资料及地貌特征，最关键在于不同演化阶段的沉积物供给速率与湖盆可容纳空间之间的关系，而沉积物供给本身也受古构造及物源的影响。

除物源供给对层序发育有影响外，物源供给方向对层序沉积充填样式也有显著的控制作用。以徐家围子断陷北部宋站洼槽为例，宋站洼槽不仅受到东西短轴物源体系的影响，同时也受到长轴物源体系的影响（图 2.34）。在短轴方向双物源体系供给下表现为两侧发育三角洲沉积序列，凹陷中部为湖泊细粒沉积特征，两侧可见不整合面及下切河谷，而在长轴向物源体系供给下表现为断陷湖盆中心多为粗粒沉积，两侧特别是缓坡一侧为湖泊细粒沉积的特征，随着断陷湖盆可容纳空间的减少，两侧发育典型的上超沉积。

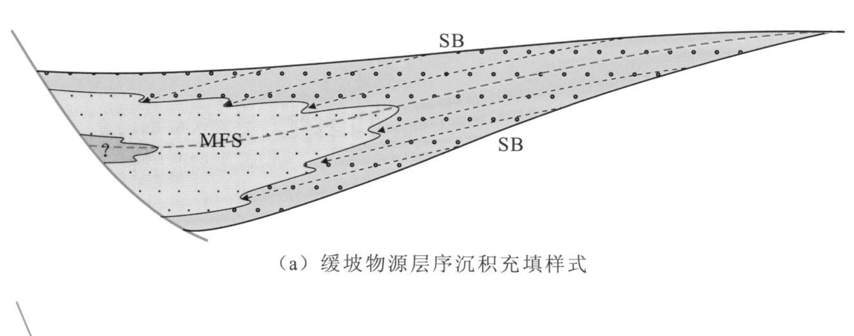

（a）缓坡物源层序沉积充填样式

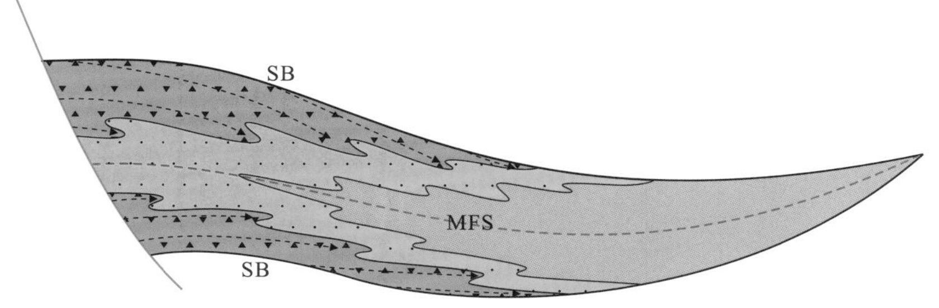

（b）陡坡物源层序沉积充填样式

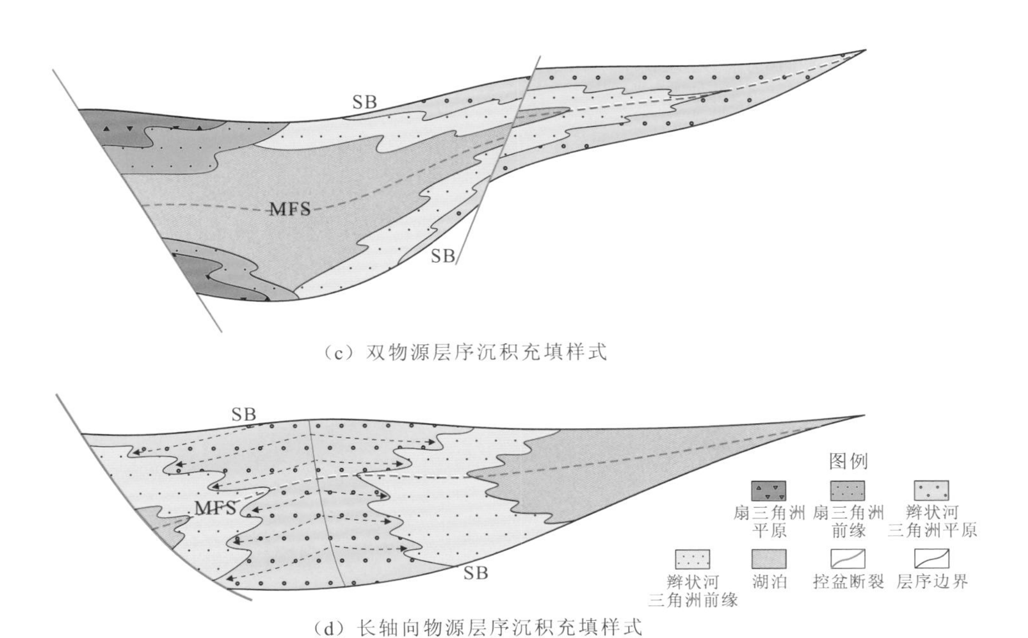

（c）双物源层序沉积充填样式

（d）长轴向物源层序沉积充填样式

图 2.34　不同物源体系下的断陷湖盆层序沉积充填样式

（三）气候变化

对于陆相断陷湖盆，气候变化对层序发育的控制主要通过控制风化作用的强度、降水量及蒸发量等，进一步引起物源供给、湖平面和可容纳空间变化，其作用机制可分为间接机制与直接机制两类（操应长，2005；朱筱敏，2000）。

气候变化控制陆相断陷湖盆层序发育的直接机制是气候变化控制区域降水量与蒸发量的平衡状况，引起湖平面的升降变化，进而控制层序地层的叠置样式和沉积相的分布。气候变化具有旋回性，在一个气候变化周期内，对可容纳空间与层序发育控制过程为：气候变化早期，气候干旱，蒸发量和渗流量很大，而降水量很小，湖泊面积较小，湖平面很低，水下可容纳空间减少，以河流洪泛平原沉积为主；气候变化中期，气候逐渐变潮湿，使得物源供给和水量供给都在不断增加，湖平面升高，水下可容纳空间的增加速率大于物源供给速率，湖泊面积逐渐扩大，沉积呈退积式向湖盆边缘上超，发育湖泊扩张体系域，以退积序列为主。但在干旱的气候背景下，即使湖泊扩张、体系域发育时，区域降水量也可能只是略微大于蒸发量和渗流量之和，因此湖泊扩张速率、扩张范围都不大；气候变化晚期，开始由潮湿向干旱过渡，区域降水量与渗流量基本相当，湖泊范围不再扩大，水下可容纳空间的增加速率与物源供给速率基本相等，湖平面基本保持不变，以加积序列为主；随后气候变得干旱，湖泊蒸发量增大并超过了区域降水量，可容纳空间增加速率小于物源供给速率，断陷湖盆收缩，以进积序列为主，最后导致断陷湖盆边缘遭受侵蚀，形成层序界面。

气候变化控制断陷湖盆层序发育的间接机制是气候变化控制物源区的风化作用强度，从而影响物源供给，实现控制层序发育。外界输入到断陷湖盆中的碎屑沉积物成分主要由物源区的母岩组成、气候变化及区域的古地貌特征共同决定，在其他两个条件稳定的情况下，气候变化是物源供给的主要控制因素。气候变化控制着风化作用的类型、地表水系的发育及植被的生长，进而影响沉积物的类型和多少、沉积物的搬运方式及主导的沉积作用等。一般在炎热、干旱的气候条件下，物源区物理风化作用强烈，粗碎屑物源丰富，湖平面相对较低，湖水浅且湖域窄，以冲积扇或扇三角洲沉积为主。该条件下形成的各级层序单元厚度较大，但分布面积较小，进积-加积作用显著。相反地，在温暖、潮湿的气候条件下，物源区以化学风化作用为主，物源以细碎屑组分和化学组分为主，湖平面相对较高，湖水深且湖域宽，易形成湖相悬浮沉积及化学岩沉积。该条件下形成的各级层序单元厚度不大，但分布面积较大，加积-退积作用显著。然而，在松辽盆地深层断陷湖盆，由于湖盆范围小，构造运动过于显著，难以详细分析气候变化对层序发育的控制作用，由气候变化引起的高频层序旋回变化并不明显，极易受到其他层序发育控制因素的干扰。

（四）相对湖平面变化

湖平面升降是古气候与古构造的综合响应，不仅控制层序旋回的形成，还控制着层序的结构特征。干旱气候条件下，湖泊蒸发量大于注入量，相对湖平面下降；反之，潮湿气候条件下，湖泊注入量大于蒸发量，湖平面上升，这种气候变化引起的湖平面升降被称为湖平面真升降（气候型湖平面变化）。在构造运动过程中，构造应力场作用导致周缘山体抬升、盆地基底沉降造成湖平面变化称为湖平面视升降（构造型湖平面变化）。不同成因的相对湖平面变化也控制着不同级次层序的形成。气候周期性变化的驱动力来自米兰科维奇旋回，其波动周期小于 0.1 Ma，因此由气候变化控制的高频湖平面升降旋回控制着高频层序单元的发育。与区域构造运动的幕次性或控盆断裂活动的期次性相对应的构造型湖平面变化频次通常较低，控制着低频层序单元的发育。

然而，在实际的湖平面升降旋回中，相对湖平面变化受气候变化、构造、物源供给等因素的影响，导致湖平面升降旋回具有多样性。因此在一个层序的形成、发育和消亡的演化过程中，湖平面并非完全遵循理想的正弦曲线变化。

对此，操应长（2005）在《断陷湖盆层序地层学》一书中对层序体系域发育模式进行了总结，将一个层序内体系域的构成称为层序地层结构，根据一个三级层序内体系域发育的数量，将层序划分为一分层序、二分层序、三分层序和四分层序，总结出断陷湖盆中三级层序存在的 4 种结构类型，每一种结构类型的三级层序不但体系域构成不同，而且其所对应的相对湖平面变化特征也存在差异，可能呈不完整或不规则的曲线变化，如在一个相对湖平面变化旋回中缺失低位稳定阶段，或者缺失快速下降阶段等，相应阶段的沉积也不发育或缺失，也就是说相应的体系域也不发育或缺失，导致不同层序内的体系域构成也可能存在差异。

总之，构造、气候变化及物源供给是控制断陷湖盆层序发育的关键因素，而构造是最主要的控制因素。三者之中任一因素变化都可以引起断陷湖盆湖平面的升降，进而导致湖盆层序发育特征和叠加样式发生变化。

二、拗陷湖盆层序发育控制因素

前人研究表明，拗陷湖盆层序发育控制也主要受构造、气候变化、物源供给及相对湖平面变化等因素的控制。然而，与断陷湖盆不同，拗陷湖盆通常范围较大，湖泊面积广，缺乏强烈的断裂活动，构造沉降相对稳定，导致在拗陷湖盆中不同因素对层序发育的控制机制也有所差异（胡明毅 等，2010；赵波 等，2008；邹才能 等，2006；顾家裕，1995）。一般认为，气候变化与相对湖平面变化对拗陷湖盆的层序发育控制机制与断陷湖盆层序发育控制机制基本一致；但构造对拗陷湖盆层序发育的控制作用明显较弱，同时在应用高分辨率层序地层学理论中更强调可容纳空间和物源供给变化对层序发育的控制。

（一）构造

在断陷湖盆中，构造对层序发育的控制主要强调的是幕式构造、断裂活动及古地貌对层序发育的影响。在拗陷湖盆中，除盆地基底超长期幕式沉降控制长期基准面旋回外，拗陷湖盆的沉降通常具有长期性和相对均一性，因此构造因素对拗陷湖盆低级层序发育的控制主要是构造古地貌的制约。

拗陷湖盆构造古地貌除盆中隆起和洼陷外，就是盆缘斜坡。盆缘斜坡不仅是沉积物的过路区也是沉积区，而盆缘斜坡的差异主要体现在是否发育坡折带，也就是具坡折带的斜坡和不具坡折带的斜坡两类，这两种斜坡地貌单元对层序界面的形成及内部沉积体系构成的影响存在明显差异。具坡折带的斜坡在湖平面下降过程中，由于较高地形差受河道下切作用的影响，更容易形成深切谷，而在坡脚沉积斜坡扇等粗粒沉积体系，构成拗陷湖盆低水位沉积体系和易于识别的不整合层序界面。随着湖平面上升，深切谷逐渐被充填并且沉积物越过坡折带逐渐上超，形成可识别的初始湖泛面。在不具坡折带的斜坡区，由于地形平缓，湖平面下降导致大范围的暴露或沉积相迁移，但并不会形成大规模的下切谷。而随着湖平面上升，层序界面之上就见不断的上超现象，由于缺乏明显的坡折带，初始湖泛面无法有效识别。因此，在经典层序地层学理论的应用中就会出现两种不同的层序结构，具坡折带的斜坡可划分为低位斜坡、湖侵体系域与高位体系域，而不具坡折带的斜坡则只能划分为湖侵体系域与湖退体系域。

（二）可容纳空间与物源供给变化

由于拗陷湖盆地貌单元的差异性，应用经典层序地层学理论划分层序往往存在体系域识别对比的困难，更多地采用高分辨率层序地层学理论划分层序，使其区域对比具有统一性。

高分辨率层序地层学理论核心强调的是在基准面旋回变化过程中，由于可容纳空间与沉积物供给变化，相同体系域中沉积物发生体积再分配作用，导致沉积物堆砌样式、沉积相类型及相序、岩石结构、保存程度发生变化（图 2.35）（邓宏文 等，1996）。

一般来说，可容纳空间与物源供给可以控制可容纳空间中沉积物的堆积速率、保存程度和内部结构特征。当 $A/S>1$ 时，基准面上升，位于地表之上的基准面上升所形成的沉积序列取决于可容纳空间的增加速率、沉积物堆积速率、沉积相类型及湖平面升降变化。位于湖平面之上的基准面上升就会造成沉积水体不断加深，趋于形成向上变细的沉积序列；当 $A/S\approx1$ 时，基准面保持不变，趋于形成粒度不变的沉积序列，不同区域的沉积过程保持稳定；当 $A/S<1$ 时，基准面下降，当基准面位于地表之下并进一步下降时，侵蚀作用的潜在速率将不断增大，但实际侵蚀速率还受母岩类型、风化侵蚀作用强度及

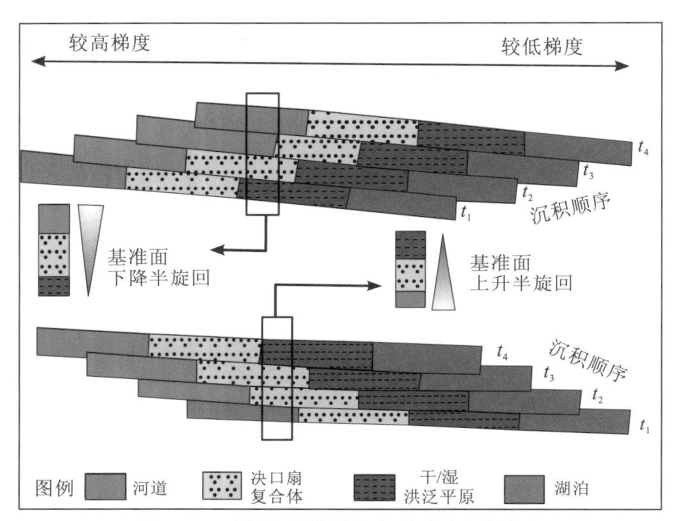

图 2.35　基准面升降与沉积物迁移分配

风化产物搬离地表的多种地质作用的影响，位于湖平面之上的基准面下降就会造成沉积水体不断变浅，趋于形成向上变细的沉积序列。

此外，可容纳空间与物源供给还控制不同区域基准面的升降及旋回结构。如松辽盆地三肇凹陷扶余油层，根据可容纳空间与物源供给变化，可将扶余油层划分为向上变深的非对称型短期基准面旋回（A 型）与向上变深复变浅的对称型短期基准面旋回（C 型）两大类（图 2.36）。A 型发育在曲流河沉积体系中，由基准面上升半旋回组成，层序的底界为冲刷面，分为低可容纳空间（A1、A2）和高可容纳空间（A3）三种亚类。C 型主要发育在浅水湖泊-三角洲沉积体系中。按基准面上升半旋回和下降半旋回中相对保存的地层厚度变化状况，分为以上升半旋回为主的不完全对称型短期基准面旋回（C1）、完全-近完全对称型短期基准面旋回（C2）和以下降半旋回为主的不完全对称型短期基准面旋回（C3）。这些不同的旋回结构都是可容纳空间与物源供给协同变化的结果。

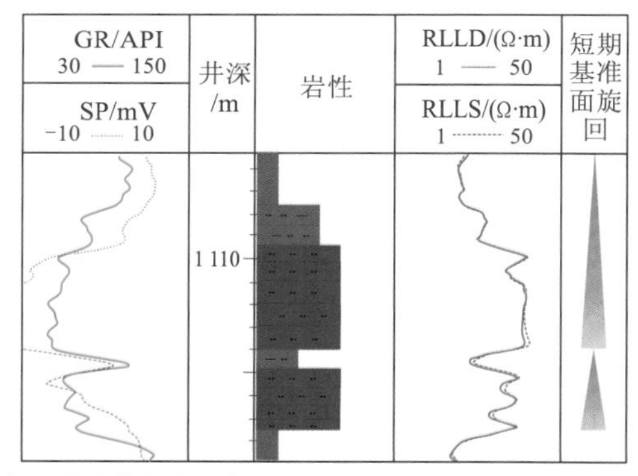

低可容纳空间向上变深非对称型短期基准面旋回（A1）

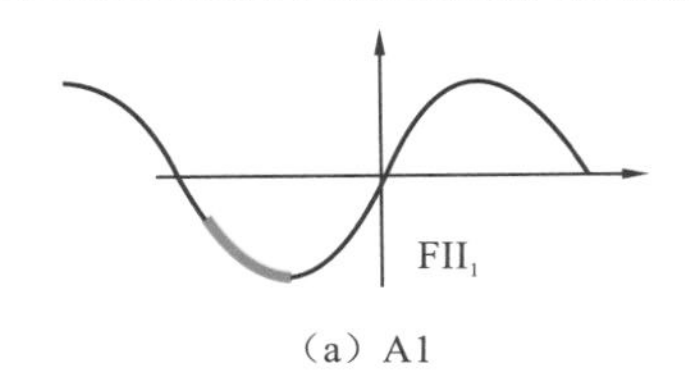

（a）A1

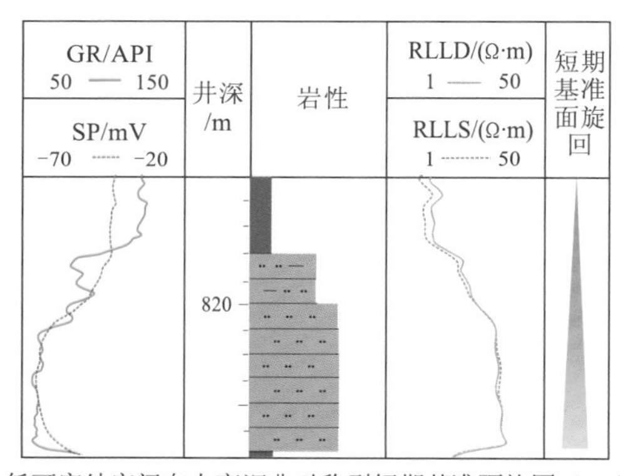

低可容纳空间向上变深非对称型短期基准面旋回（A2）

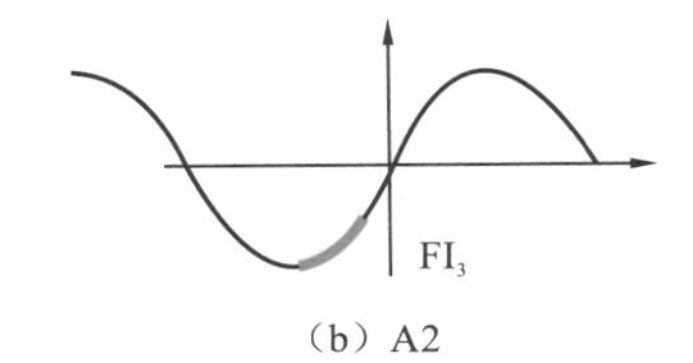

（b）A2

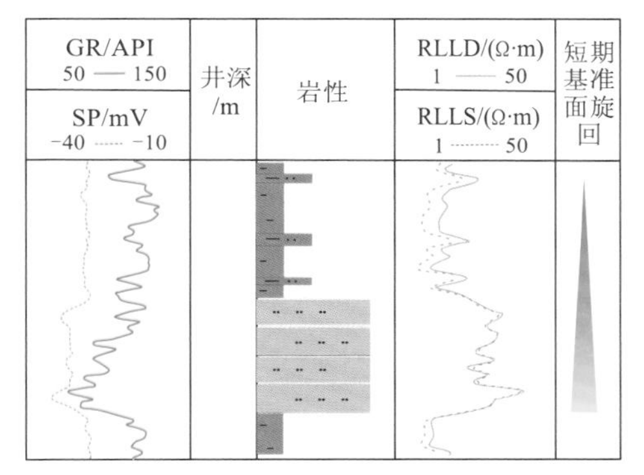

高可容纳空间向上变深非对称型短期基准面旋回（A3）

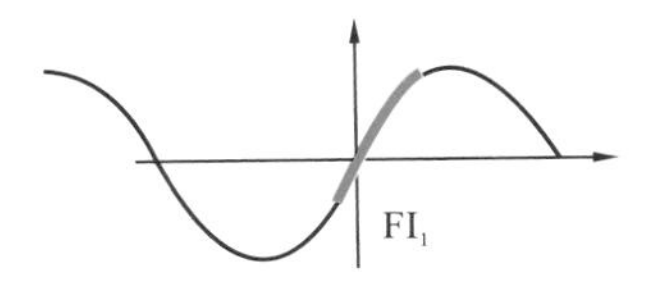

（c）A3

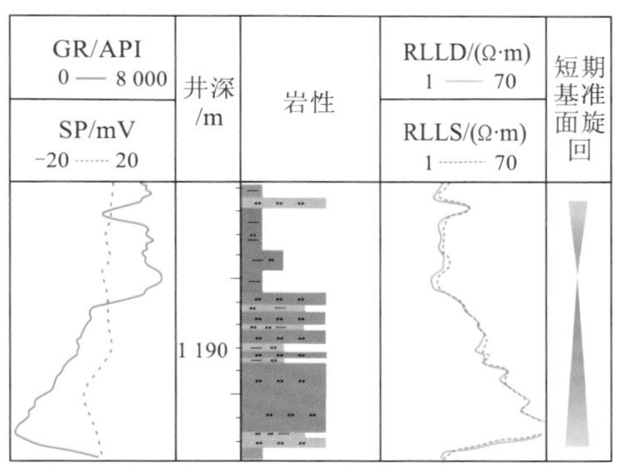

以上升半旋回为主的不完全对称型短期基准面旋回（C1）

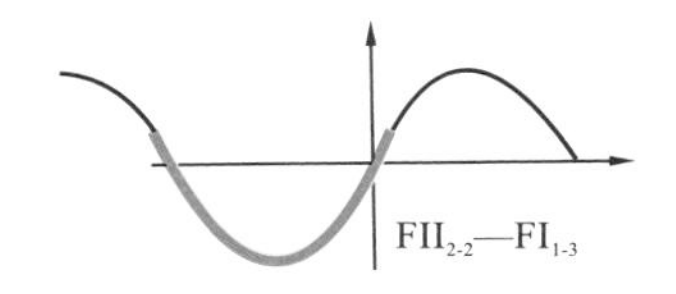

（d）C1

GR/API 50 — 150
SP/mV -40 ····· -10
井深/m
岩性
1 020
RLLD/(Ω·m) 1 — 50
RLLS/(Ω·m) 1 ······ 50
短期基准面旋回

完全-近完全对称型短期基准面旋回（C2）

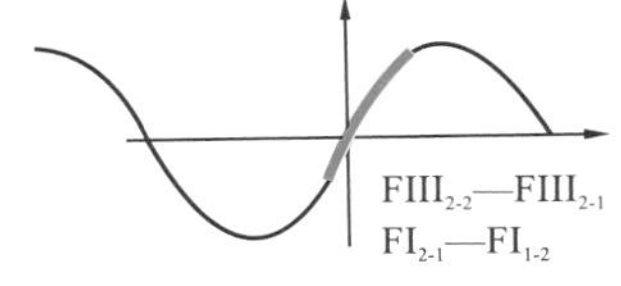

（e）C2

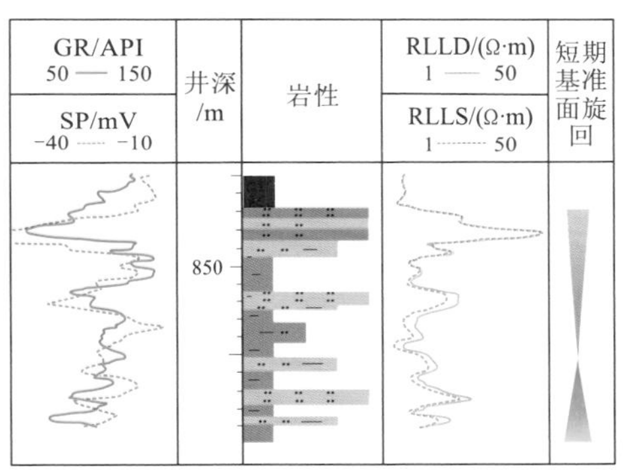

以下降半旋回为主的不完全对称型短期基准面旋回（C3）

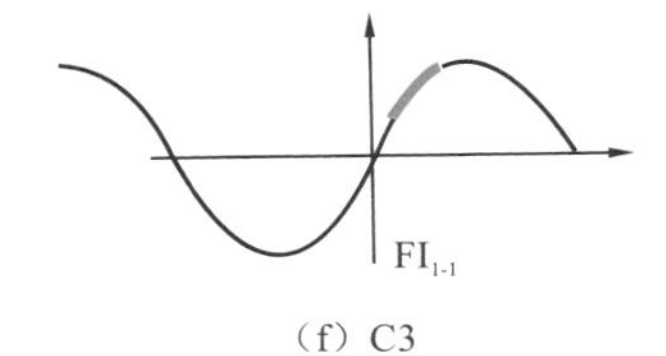

（f）C3

图 2.36　松辽盆地三肇凹陷扶余油层基准面旋回结构及特征

第三章 断陷-拗陷湖盆沉积体系及演化模式

第一节 沉积体系类型及特征

一、沉积体系类型

（一）断陷湖盆

断陷湖盆在沉积充填演化过程中往往分布多种类型的沉积相，并且在不同构造部位沉积体系发育特征不尽相同。通过对松辽盆地断陷湖盆取心井的精细岩心观察，并结合录井、测井及地震响应特征分析，松辽盆地断陷湖盆主要发育扇三角洲相、辫状河三角洲相、湖泊相三种沉积相，局部发育近岸水下扇和火山沉积。根据沉积环境及相应沉积岩及火山岩的颜色、成分、结构、构造、垂向序列等，可进一步划分为若干沉积亚相和沉积微相类型（表3.1）。

表3.1 松辽盆地断陷湖盆沉积相类型划分

沉积相	沉积亚相	沉积微相	岩性特征
扇三角洲	扇三角洲平原	分流河道	以厚层中-细砾岩为主，砾石混杂堆积，多呈次棱角状
		河漫滩	以泥岩为主，夹少量砂砾岩，砾石以棱角状为主，煤层欠发育
		泥石流	黄褐色泥质支撑漂浮状砾岩，砾石大小混杂、磨圆差
	扇三角洲前缘	水下分流河道	沉积物粒度较扇三角洲平原分流河道细，泥质杂基相对较少，砂质沉积增多
		支流间湾	以暗色泥岩为主，夹薄层粉细砂岩沉积
		河口砂坝	灰色粉-细砂岩、泥质粉砂岩，泥质含量较低
		远砂坝	以灰色粉砂岩、泥质粉砂岩为主，厚度薄
辫状河三角洲	辫状河三角洲平原	分流河道	以中-细砾岩或粗砂岩为主，砾石多呈次圆状
		河漫沼泽	以泥岩为主，部分夹薄层煤或粉砂岩
		越岸沉积	以泥岩为主，夹薄层砂砾岩
	辫状河三角洲前缘	水下分流河道	以细砾岩或砂岩为主，砾石磨圆为次圆状，厚度相对较薄
		支流间湾	以暗色泥岩为主，夹少量粉细砂岩
		河口砂坝	以砂砾岩为主，砾石较小，见反旋回沉积
		席状砂	以粉-细砂岩为主，见反旋回沉积

续表

沉积相	沉积亚相	沉积微相	岩性特征
湖泊	滨浅湖	滨浅湖泥	以泥岩为主，煤层相对发育，常见炭化泥岩
		滩坝	以粉细砂岩为主，见反旋回沉积
	半深湖		以暗色泥岩为主
近岸水下扇	扇根		混杂块状砾岩，见弱递变层理
	扇中		中-细砾岩，砾石间充填暗色杂基，见递变层理
	扇端		具浊积岩发育特征
火山沉积			多为沉凝灰岩、凝灰质角砾岩或蚀变安山岩

（二）坳陷湖盆

坳陷湖盆中西部及周缘形成了诸多的沉积体系，每个沉积体系均从物源区向湖盆中心供给砂砾、砂和泥等碎屑物质，依次发育曲流河相、浅水三角洲相、湖泊相，并进一步划分为若干沉积亚相和沉积微相类型（表 3.2）。这些相带沿着坳陷湖盆周围围绕着半深湖-深湖亚相呈环带状展布。

表 3.2　松辽盆地坳陷湖盆沉积相类型划分

沉积相	沉积亚相	沉积微相	岩性特征
曲流河	河床	曲流河道	以粉-细砂岩为主，厚度较大，具明显的二元结构
	堤岸	天然堤	沉积物粒度较浅水三角洲平原分流河道细，泥质杂基相对较少，砂质沉积增多
		决口扇	以粉砂岩、泥质粉砂岩沉积为主，厚度较薄
	河漫滩	冲积平原	以泥岩、粉砂质泥岩为主，厚度较大
浅水三角洲	浅水三角洲平原	分流河道	以细砂岩、粉砂岩、泥质粉砂岩为主，具正粒序特征
		洪泛沉积	以泥岩、粉砂质泥岩为主
		天然堤	以粉砂质泥岩、泥质粉砂岩为主，发育砂纹层理、波状层理等
		决口扇	以粉砂岩和泥质粉砂岩为主
	浅水三角洲前缘	水下分流河道	以细砂岩、粉砂岩、泥质粉砂岩为主，河道规模较小
		水下决口扇	以粉砂岩、泥质粉砂岩为主
		支流间湾	以泥岩、粉砂质泥岩为主
		席状砂	薄层粉砂岩、泥质粉砂岩与泥岩互层（<1 m）
		河口砂坝	粉砂岩、泥质粉砂岩，下部为泥岩或粉砂质泥岩，见反旋回沉积

续表

沉积相	沉积亚相	沉积微相	岩性特征
湖泊	滨浅湖	滨浅湖泥	以杂色泥岩为主，夹薄层粉砂岩
		滩坝	以泥质粉砂岩为主，下部为泥岩或粉砂质泥岩，呈透镜状
	半深湖-深湖	半深湖-深湖泥	以暗色泥岩为主

二、扇三角洲相特征

扇三角洲沉积是沉积物在地势高、坡降大的地貌背景下由高地快速推进到稳定水体中所形成的，通常发育于断陷湖盆陡坡带和同沉积断裂发育区。岩性以杂色、黄褐色、灰色砂砾岩、砂岩和黄褐色、灰色、黑色泥岩为主，煤层不发育。由于扇三角洲沉积物搬运距离短，堆积速度快，沉积砾岩具有典型的混杂堆积特征，其砾石磨圆差，以次棱角状为主，砾石间以泥质杂基充填为特征（图 3.1）。另外在砂砾岩底部还可见被快速掩

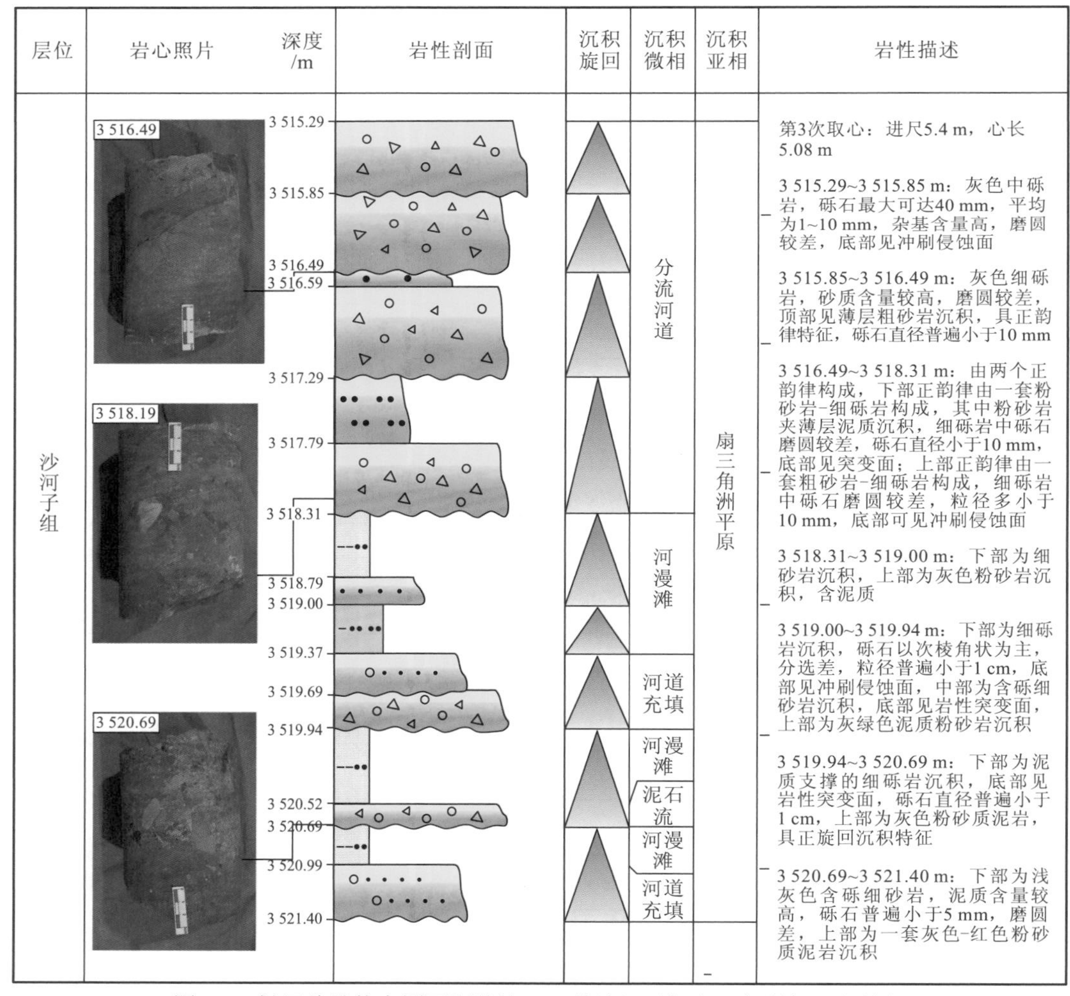

图 3.1　松辽盆地徐家围子断陷达深 3 井沙河子组扇三角洲相沉积特征

埋的植物化石，反映突发性的事件性沉积。根据沉积特征，将扇三角洲相细分为扇三角洲平原亚相、扇三角洲前缘亚相和前扇三角洲三个亚相。由于前扇三角洲亚相已经进入滨浅湖-半深湖区，岩性为深灰色泥岩夹少量砂岩、粉砂岩等，与湖泊相不易区分，在本小节中，扇三角洲相仅划分为扇三角洲平原亚相和扇三角洲前缘亚相两种类型。

（一）扇三角洲平原亚相

扇三角洲平原亚相岩性是扇三角洲相的陆上部分岩性与冲积扇相岩性的过渡，松辽盆地梨树断陷内主要分布在断陷湖盆同沉积断裂一侧，主要由分流河道微相、泥石流微相和河漫滩微相构成（图 3.2）。

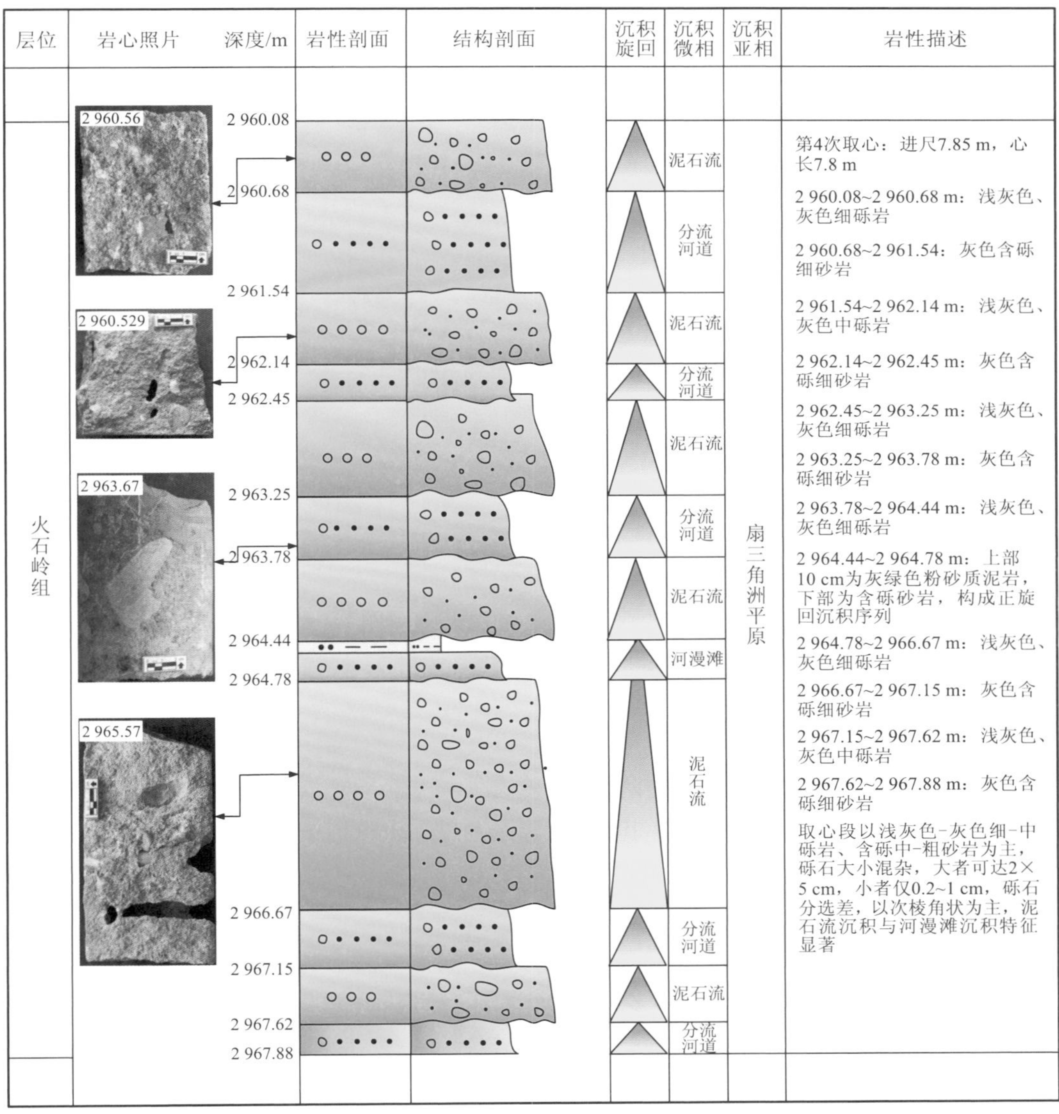

图 3.2　梨树断陷苏家屯洼槽苏家 2 井火石岭组扇三角洲相沉积特征

1. 泥石流微相

泥石流微相在扇三角洲平原发育较多，其岩性主要以黄褐色泥质支撑漂浮状砾岩为主。局部厚度较大，可达 30 m。其测井曲线表现为齿化的中-高幅箱形、钟形。

2. 分流河道微相

分流河道微相在扇三角洲平原发育较多，岩性一般由灰色砂砾岩、细砂岩、粉砂岩组成，厚度在 5～20 m，一般具有上细下粗的正旋回沉积序列。其测井曲线表现为微齿化的箱形、钟形。

3. 河漫滩微相

河漫滩微相位于分流河道间或单个扇体间的低洼地区，其沉积物颗粒整体较细，岩性以泥岩为主，局部夹薄层砂岩、砂砾岩。泥岩颜色一般为灰色、灰绿色，局部出现紫红色。其测井曲线多表现为高 GR 值低幅齿状线形，局部突变为低 GR 值，薄层砂砾岩具指状测井响应特征。

（二）扇三角洲前缘亚相

扇三角洲前缘为扇三角洲的水下部分，是扇三角洲沉积最活跃的部分，其沉积物岩性主要为含砾砂岩、粉细砂岩，夹深灰色、灰黑色泥岩，呈不等厚互层。砂砾岩厚度最大为 10 m，通常为 2～5 m。扇三角洲前缘亚相可分为水下分流河道、支流间湾、河口砂坝、远砂坝等微相。

1. 水下分流河道微相

水下分流河道是陆上分流河道在水下的延伸部分，其沉积特征与陆上分流河道相似。沉积物粒度明显偏细，主要由灰色砂砾岩、粉砂岩、泥质粉砂岩组成。整体表现为下粗上细的正韵律特征。其测井曲线表现为齿化的中-高幅箱形、钟形。

2. 支流间湾微相

支流间湾位于水下分流河道的两侧，主要由灰色、深灰色、灰黑色泥岩、粉砂质泥岩组成，夹有薄层灰色粉细砂岩。其测井曲线表现为 GR 低幅齿状线形。

3. 河口砂坝微相

河口砂坝一般位于水下分流河道的前方，处于河口分叉的位置，多沿着水流方向向湖盆中央发展。沉积物粒度较细，多为灰色粉-细砂岩、泥质粉砂岩，泥质含量较低。其测井曲线表现为高幅漏斗形。

4. 远砂坝微相

远砂坝位于扇三角洲前缘前方的较远部位，沉积物较河口砂坝粒度细，岩性主要为灰色粉砂岩、泥质粉砂岩（图 3.3）。沉积厚度很薄，约为 1 m。其测井曲线表现为中低幅指状。

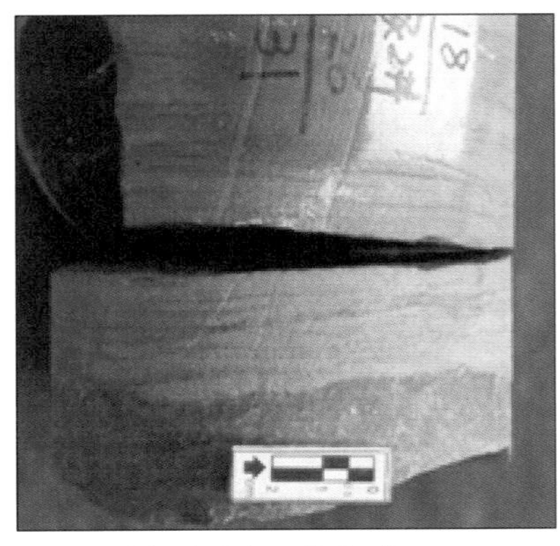

（a）远砂坝粉砂岩，苏家2井，2 789.94 m

（b）远砂坝粉细砂岩，苏家2井，2 789.90 m

图 3.3　梨树断陷苏家屯地区远砂坝微相岩心特征

三、辫状河三角洲相特征

辫状河三角洲相是断陷湖盆缓坡带最为常见的一种沉积体系，代表相对近源的粗碎屑沉积。与扇三角洲和正常三角洲相比，辫状河三角洲物源距离介于两者之间，在沉积盆地的长轴方向和短轴方向均可发育，以短轴方向更为发育。岩性主要为灰色、黄褐色或杂色砂砾岩、灰色或黑色泥岩和煤层，其中砾岩多为细砾岩，可见少量中砾岩，砾石磨圆普遍以次圆状为主且空隙多被砂质充填（图 3.4），部分砾石具定向排列特征。砂岩主要为粗砂岩和中砂岩，部分含有少量砾石。泥岩中煤层较为发育，但煤层发育规模较小，单层厚度普遍小于 1 m。

根据砂砾岩发育规模、泥岩颜色及煤层发育特征，辫状河三角洲相可分为辫状河三角洲平原亚相和辫状河三角洲前缘亚相。辫状河三角洲前缘亚相沉积厚度较小，粒度较扇三角洲前缘亚相细，为中砂级沉积；辫状河三角洲平原亚相在盆地处于抬升或萎缩阶段时较为发育。

（一）辫状河三角洲平原亚相

辫状河三角洲平原亚相砂岩和砾岩发育规模大，连续沉积厚度可达数十米，成像测井中可见大中型交错层理，主要发育分流河道微相、河漫沼泽微相和越岸沉积微相。

1. 分流河道微相

分流河道微相处于沉积序列的上部，发育辫状河三角洲平原亚相的主力砂体，其岩性以砂砾岩为主，可见明显的冲刷侵蚀面，其测井曲线表现为中幅钟形，齿化强烈。

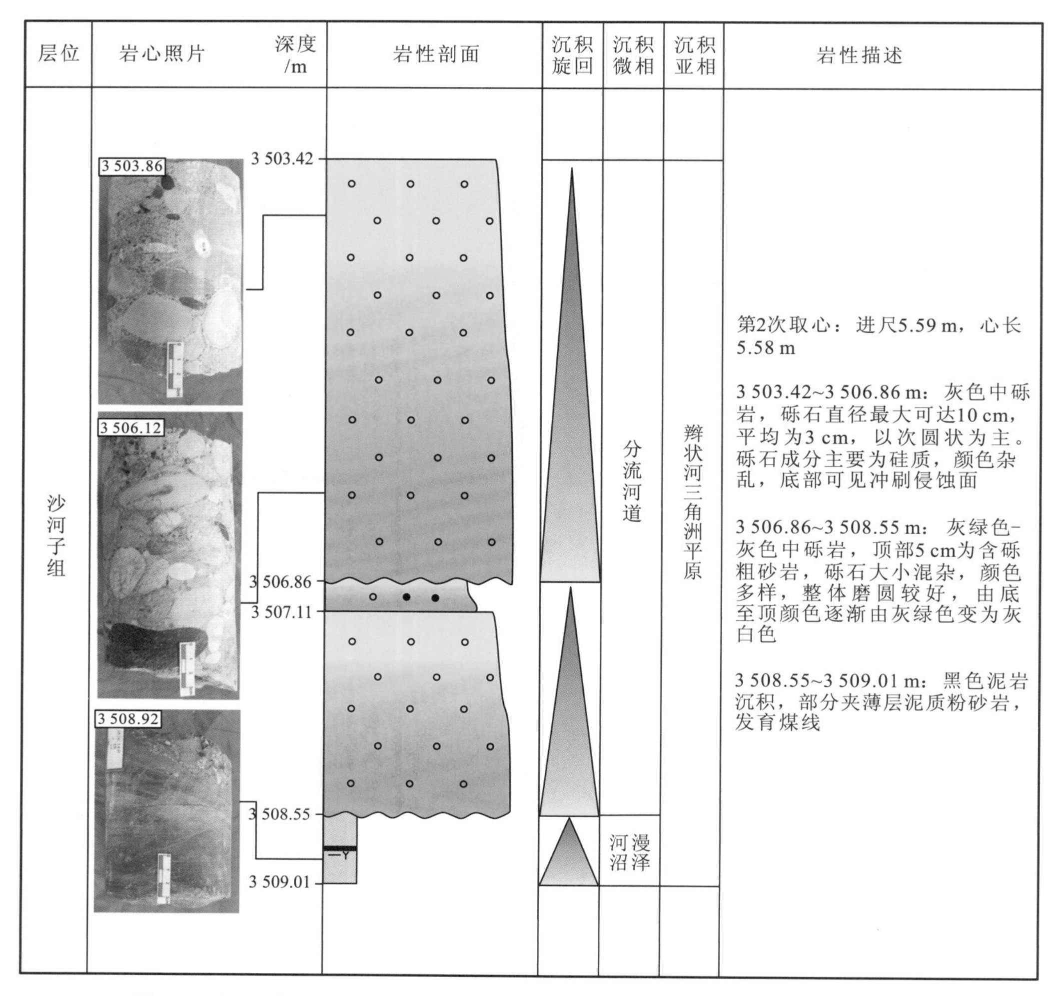

图 3.4　松辽盆地徐家围子断陷达深 14 井沙河子组辫状河三角洲相沉积特征

2. 河漫沼泽微相

河漫沼泽微相岩性以灰色泥岩或薄层煤为主，其测井曲线表现为低幅齿状线形。

3. 越岸沉积微相

越岸沉积于分流河道间洼地边缘，岩性以泥岩为主，夹薄层砂砾岩，其测井曲线表现为低幅齿状线性。

（二）辫状河三角洲前缘亚相

辫状河三角洲前缘亚相砂岩和砾岩多呈灰色，发育规模相对较小，沉积物粒度更细，以砂岩沉积为主，且频繁与泥岩互层，泥岩颜色以黑色、灰黑色为主，煤层少见。主要发育水下分流河道微相、支流间湾微相、河口砂坝微相和席状砂微相。

1. 水下分流河道微相

水下分流河道微相沉积物粒度明显较扇三角洲平原水下分流河道亚相细，岩性以细砾岩和砂岩夹灰色为主，砂岩单层厚度为 2～3 m。其测井曲线表现为典型的箱形，但规模较小。

2. 支流间湾微相

支流间湾处于水下分流河道的两侧，沉积物为水下河道改道、被冲刷保留下来或沉积的较细粒物质，以悬浮沉积为主，岩性有深灰色、灰黑色泥岩、粉砂质泥岩。其测井曲线表现为较平滑的线形。

3. 河口砂坝微相

河口砂坝微相岩性自下而上常表现为由泥质粉砂岩、粉砂岩、细砂岩、含砾细砂岩组成的下细上粗的反旋回韵律。受季节性影响，可能有泥质夹层。其测井曲线表现为明显的漏斗形，是河口砂坝微相的一个典型识别标志。

4. 席状砂微相

席状砂微相沉积物较河口砂坝微相粒度细，主要为灰色粉细砂岩或泥质粉砂岩，并含有少量的黏土和细砂，沉积厚度很薄，其测井曲线表现为低幅指状线形。

四、曲流河相特征

曲流河相是拗陷湖盆主要的沉积相类型之一，其总体特征为：①冲积平原微相泥岩发育，曲流河道砂体微相发育，但造成泥质沉积比河道砂体更发育，形成典型的“泥包砂”的“二元结构”；②冲积平原微相泥岩颜色以紫红色、杂色为主，表明沉积环境为氧化环境，并且泥岩厚度较大，发育块状层理；③缺少古生物化石，但生物钻孔较发育，见植物根系、干裂、大量虫孔、扰动构造；④曲流河道微相中发育的层理规模较大。依据不同的沉积环境，将曲流河相分为河床亚相、堤岸亚相和河漫滩亚相。

（一）河床亚相

河床亚相主要发育曲流河道微相（图 3.5），沉积物粒度一般较粗，岩性以细砂岩及粉砂岩为主，分选较好。不发育侧积体，以加积体为主。单层砂体呈中-厚层型、条带状，横剖面呈不对称的透镜状，上平下凹。

垂向沉积层序自下而上发育含泥砾砂岩、细砂岩、粉砂岩、泥质粉砂岩、粉砂质泥岩、红色或杂色泥岩；沉积构造自下而上发育底部冲刷侵蚀面、小型板状交错层理、槽状交错层理、平行层理、楔状交错层理、块状层理等。总体上从岩性、粒度、层理上都可以反映出自下而上水动力条件逐渐减弱的特征，这正是由曲流河道中心→堤岸→冲积平原的曲流河道侧向迁移形成的垂向沉积层序。

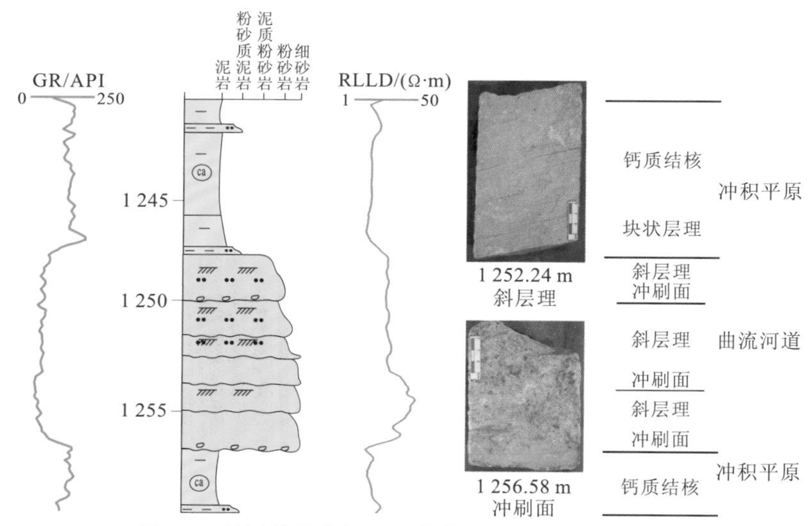

图 3.5　松辽盆地北部民 8 井曲流河道微相沉积序列

（二）堤岸亚相

堤岸亚相发育天然堤和决口扇两种微相类型，在剖面上较为发育。

1. 天然堤微相

由紫红色、灰绿色中-薄层泥质粉砂岩与紫红色泥岩、粉砂质泥岩组成频繁的薄互层。泥质粉砂岩发育小型交错层理及砂纹层理，部分层面见流水波痕。粉砂质泥岩则发育水平层理和不规则波状层理。其测井响应特征为：GR 测井曲线低负异常与中等负异常频繁交替出现，RLLD 测井曲线显示齿化特征。天然堤微相在拗陷湖盆曲流河相中较为发育。

2. 决口扇微相

决口扇沉积为一种突发性事件，多与洪水作用有关，是河道向前推进过程中发生决口的产物。决口扇微相岩性由粉砂岩、泥质粉砂岩组成，底部一般见冲刷构造，剖面上整体显示正旋回沉积特征，下部发育块状层理，其上可见砂纹层理，GR 及 RLLD 测井曲线常表现为高幅指状、漏斗状（图 3.6）。

（三）河漫滩亚相

河漫滩亚相岩性以泥岩、粉砂质泥岩夹中-薄层泥质粉砂岩为主。泥岩单层厚度为数米至十余米，层理以波状层理、砂纹层理、块状层理为主。泥岩中可见钙质结核发育，大小不一、不规则分布，常见炭化的植物根系化石。

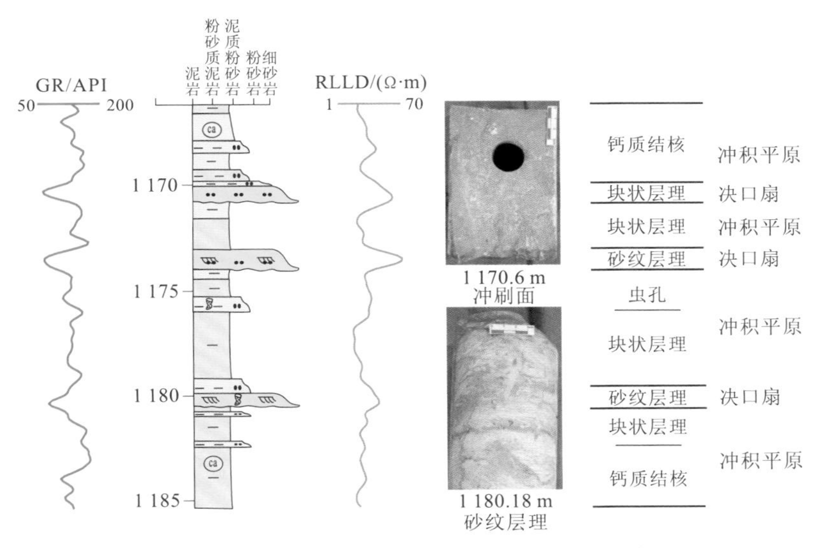

图 3.6　松辽盆地北部民 71 井决口扇微相沉积序列

五、浅水三角洲相特征

松辽盆地发育的三角洲类型主要为浅水三角洲，由浅水三角洲平原亚相和浅水三角洲前缘亚相构成。浅水三角洲平原长期处于水面以上，只有当季节性、周期性湖平面上升时，可短期处于水下环境，在沉积剖面上的局部层段可见水下的沉积特征，但厚度十分有限。浅水三角洲前缘亚相受河流和湖泊的双重作用及处于稳定的水下还原环境，不同于仅受河流作用且长期处于氧化环境的浅水三角洲平原亚相。

（一）浅水三角洲平原亚相

浅水三角洲平原亚相是浅水三角洲相的陆上部分，长期暴露于强氧化-弱还原的沉积环境。岩性以灰白色、灰色细砂岩、粉砂岩、泥质粉砂岩，紫红色、杂色粉砂质泥岩、泥岩为主。其与曲流河相的区别在于曲流河道砂体沉积物粒度细，层理规模小，河道规模小等。不同位置对应不同的沉积响应，浅水三角洲平原亚相进一步细分为分流河道微相、决口扇微相、天然堤微相和洪泛沉积微相。

1. 分流河道微相

分流河道是浅水三角洲平原的骨架部分，沉积类型与曲流河道相似，岩性以灰白色、灰色细砂岩、粉砂岩和泥质粉砂岩为主，分选较好，底部具大小不一的冲刷泥砾（大小为 0.2～1 cm）。发育块状层理、槽状交错层理、楔状交错层理、板状交错层理等。分流河道微相沉积厚度较曲流河道微相小，为 2～10 m，夹层发育更频繁，测井曲线表现为中-高幅箱形、钟形，齿化严重，反映多期次较强的水动力沉积环境，GR 测井曲线表现为圣诞树形（图 3.7）。

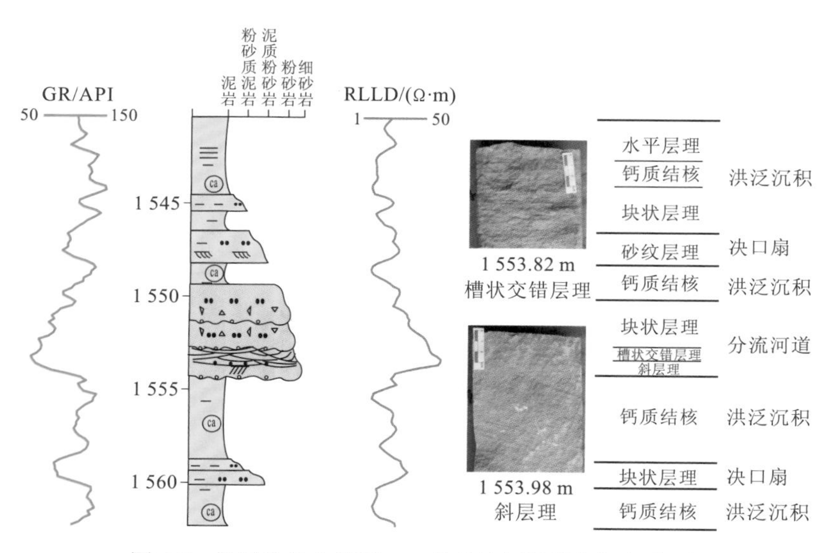

图 3.7　松辽盆地北部茂 505 井分流河道微相沉积序列

2. 决口扇微相

决口扇为突发性洪水期沉积产物，位于分流河道决口处，呈扇形，岩性以浅灰色泥质粉砂岩、粉砂岩为主。厚度较小，为 0.5～2 m，局部地区其底部可见小型的冲刷面，发育小型交错层理、波状层理、砂纹层理，在洪水期可顺着决口形成决口河道，在扇根处特征明显。其测井曲线表现为中幅指状、漏斗形，底部可见明显突变特征（图 3.8）。

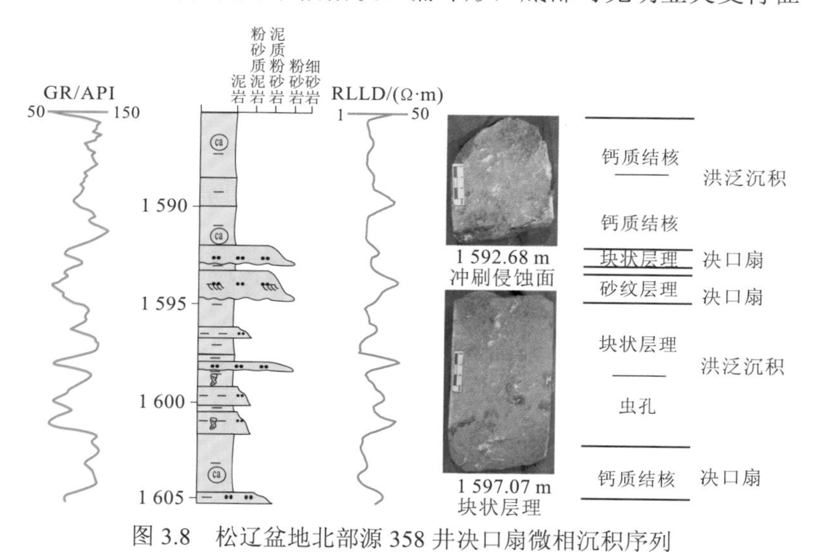

图 3.8　松辽盆地北部源 358 井决口扇微相沉积序列

3. 天然堤微相

天然堤为分流河道两岸的沉积物，岩性为紫红色粉砂质泥岩和浅灰色泥质粉砂岩互层，厚度为 1～2 m，下部为小型槽状交错层理，上部可见波状层理、砂纹层理，与生物有关的垂直和水平钻孔及扰动构造较发育，在单井上一般位于分流河道微相之上。

4. 洪泛沉积微相

洪泛沉积微相为浅水三角洲平原亚相最为发育的沉积微相，以紫红色、杂色泥岩、粉砂质泥岩为主。泥岩厚度较厚，为几米到十几米，常见炭化的植物根系化石，钙质结核发育。其测井曲线表现为弱齿状、线形。

（二）浅水三角洲前缘亚相

浅水三角洲前缘亚相发育水下沉积物，其主要特征为：①泥岩、粉砂质泥岩为灰色、灰绿色，属还原环境沉积物；②沉积物粒度较浅水三角洲平原亚相细，岩性以粉砂岩为主，河道砂体层理规模较小；③还原环境下自生矿物较发育，如黄铁矿、菱铁矿等；④水下决口扇微相较发育；⑤河口砂坝微相不发育。浅水三角洲前缘亚相主要可分为水下分流河道微相、水下决口扇微相及支流间湾微相，席状砂微相与河口砂坝微相常欠发育。

1. 水下分流河道微相

水下分流河道是浅水三角洲平原分流河道水下延伸部分，水下分流河道分叉更为频繁，河道砂体厚度为 2～8 m，规模较小，岩性较细，以悬浮沉积为主，主要为灰色、灰白色细砂岩、粉砂岩和泥质粉砂岩。底部泥砾少见，河道相对弯曲，每期砂体底部也有侵蚀冲刷或突变面，但规模较小。总体具有正韵律特征。与浅水三角洲平原亚相相比，水下分流河道微相具有粒度较细，冲刷泥砾较少的特点。GR 测井曲线形态表现为：水下分流河道微相一般呈钟形或圣诞树形，少量为箱形（图 3.9）。

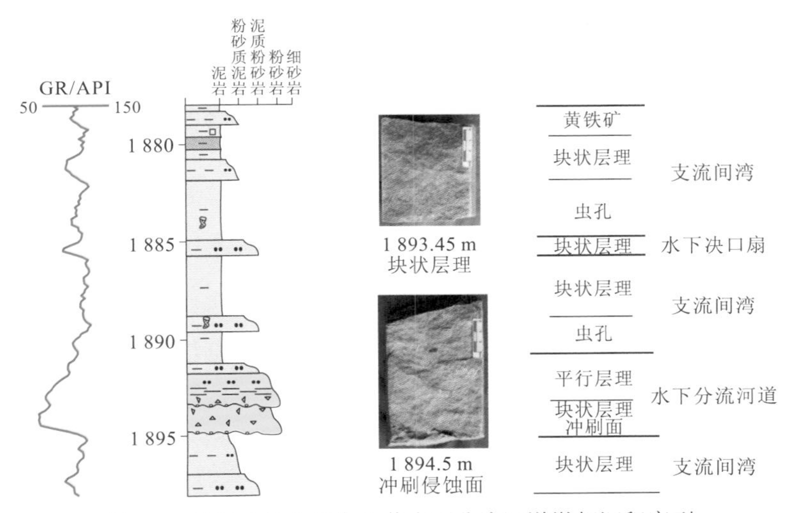

图 3.9　松辽盆地北部台 9 井水下分流河道微相沉积序列

2. 水下决口扇微相

水下决口扇为水下分流河道决口形成的产物，较陆上决口扇厚度更小，为 1～2 m，发育波状层理、小型槽状交错层理、块状层理等，GR 测井曲线表现为指状或漏斗形（图 3.10）。

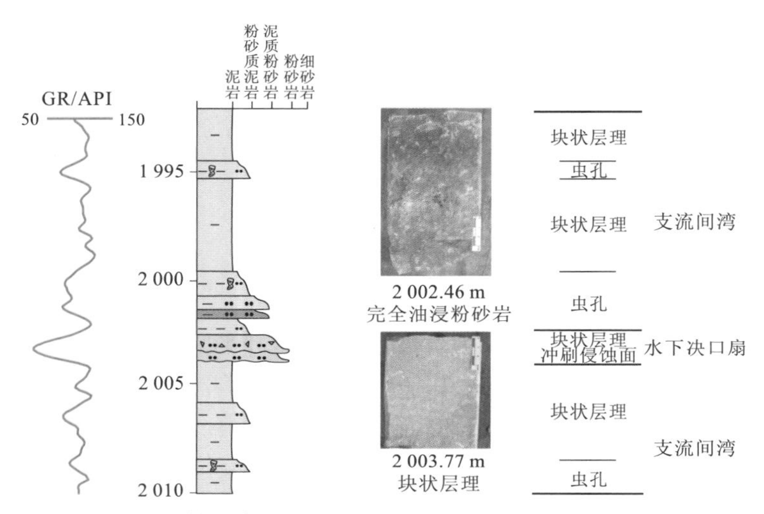

图 3.10 松辽盆地北部州 43 井水下决口扇微相沉积序列

3. 支流间湾微相

岩性主要以显示还原环境的灰色和灰绿色泥岩、粉砂质泥岩为主，黄铁矿较发育，生物扰动、生物钻孔较发育。层理以块状层理较为发育，GR 测井曲线表现为低幅弱齿状。

4. 席状砂微相及河口砂坝微相

席状砂与河口砂坝沉积通常是由浅水三角洲前缘河道砂体受波浪改造和湖水顶托作用形成。然而，在浅水湖盆中，由于湖浪作用较弱，河流作用明显，河口砂坝微相及席状砂微相欠发育，仅在湖平面上升较高时期可见少量席状砂微相及河口砂坝微相。

六、湖泊相特征

（一）断陷湖盆

断陷湖盆中湖泊相主要发育于深断裂带内，并常沿着陡坡带呈条带状展布。由于易受到短轴方向物源的影响，湖相泥岩中通常存在较大厚度的粗粒沉积，但分布范围较为局限。在断陷湖盆湖泊相中可发育滨浅湖亚相与半深湖亚相，滨浅湖亚相根据岩性特征可细分为滩坝和滨浅湖泥两种微相类型（图 3.11）。

滩坝微相以粉-细砂岩为主，测井曲线上显示为小型箱形、钟形或指状，成像测井上可见薄层亮色高阻条带。滨浅湖泥沉积构成了湖泊相的主要沉积产物，岩性以灰色泥岩或炭化泥岩夹薄煤层为特征，煤层厚度普遍不超过 1 m，测井曲线上泥岩 GR 值明显偏高，煤层具典型的低密度特征，在成像测井上表现为具水平层理的暗色泥岩夹平滑亮色高阻条带煤层。在地震剖面上，由于湖泊沉积水动力较弱，沉积物多为垂向加积，其对应的地震相主要表现为席状平行或席状披盖反射等特征。

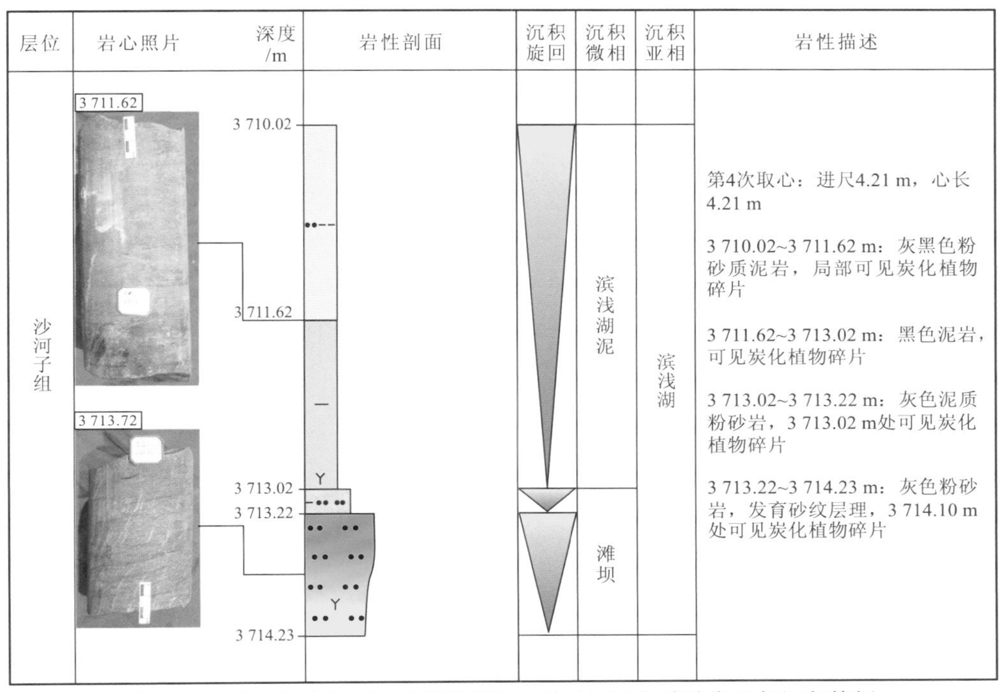

图 3.11　松辽盆地徐家围子断陷宋深 3 井沙河子组滨浅湖亚相沉积特征

（二）拗陷湖盆

拗陷湖盆中湖泊相主要是指叠加在断陷湖盆之上远离三角洲的常年覆水的沉积环境，范围广，沉降中心相对统一，包括滨浅湖亚相和半深湖-深湖亚相。滨浅湖亚相可划分为滩坝与滨浅湖泥两种微相，主要由泥岩、粉砂质泥岩、薄层生物碎屑岩、鲕粒灰岩及粉砂岩组成（图 3.12）。在局部地区薄互层沉积中，常见水平层理、波状层理、压扁层

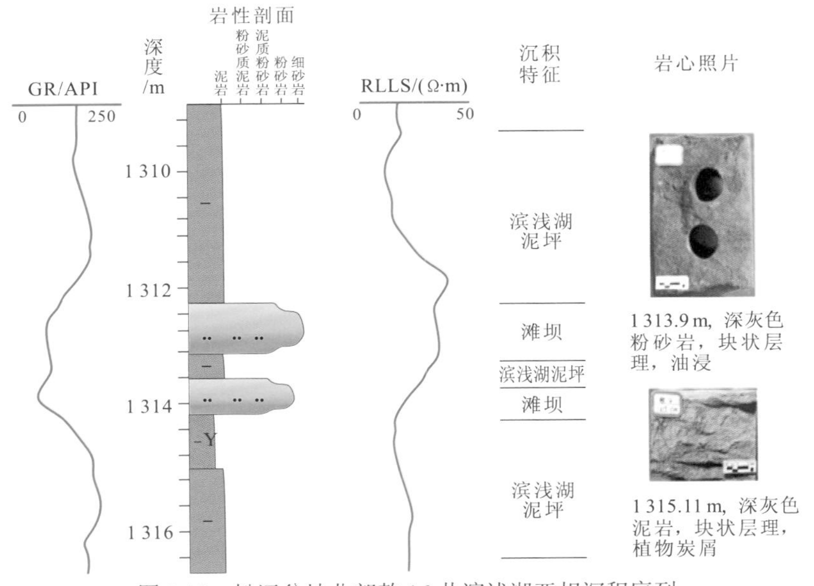

图 3.12　松辽盆地北部敖 16 井滨浅湖亚相沉积序列

理，还发育干裂构造及虫孔、虫迹等，含成层的介形类、叶肢介、较多的植物根系化石。如果砂质供应充分或先前存在的三角洲砂体被湖浪、沿岸流等搬运及改造的情况下可以形成富砂的沉积物，即滩坝，砂体呈长条状隆起或面积较大的片状，在垂向上可与滨浅湖泥、浅水三角洲前缘叠置。滩坝以粉砂岩、泥质粉砂岩为主，上、下部沉积物粒度较细，中部沉积物粒度较粗，构成透镜状，可见块状层理、包卷层理，测井曲线表现为低幅漏斗形。

第二节　不同构造背景下沉积相展布特征

一、断陷湖盆沉积相展布特征

（一）徐家围子断陷北部宋站洼槽沙河子组断陷湖盆沉积相展布特征

1. 区域构造沉积背景

徐家围子断陷位于松辽盆地北部，毗邻中央古隆起，为近南北向展布的箕状断陷构造单元，面积约为 4 000 km^2，目前是松辽盆地深层天然气勘探的热点地区。徐家围子断陷内部构造上主要划分为“三隆三凹一斜坡”，即安达凹陷、杏山凹陷、薄荷台凹陷、宋站凸起、升平—兴城凸起、丰乐凸起及东部斜坡带的条带状小型断陷区。

前人研究表明徐家围子断陷主要形成于晚侏罗世—早白垩世早期，其形成过程与太平洋板块向西伯利亚板块的俯冲活动密切相关。与其他断陷湖盆一样，徐家围子断陷的形成演化过程根据断陷活动强度可分为初始断陷、强烈断陷及断陷萎缩三个阶段，分别对应于火石岭组沉积时期、沙河子组沉积时期及营城组沉积时期，在不同构造时期所形成的产物也不尽相同（蔡全升 等，2017；张尔华 等，2010；张元高 等，2010）。其中沙河子组沉积时期，随着区域板块俯冲速度增大，拉张应力进一步增强，徐西控盆断裂等活动加剧，使得徐家围子地区进入强烈断陷阶段，在东西短轴方向物源供给下，形成一套厚层的陆相碎屑岩沉积，部分区域沉积厚度超过 2 000 m。

2. 单井沉积相分析

在岩心精细观察与描述的基础上，结合测井相分析，对徐家围子断陷北部宋站洼槽的宋深 4 井沉积相进行分析。

宋深 4 井位于徐家围子断陷北部宋站洼槽南部东侧缓坡带上，该井钻穿沙河子组，总厚度为 843 m，深度范围在 2 579～3 422 m（图 3.13）。该井上部与营城组大套厚层砂砾岩接触，下部与火石岭组火山岩接触。岩性上主要为灰色或杂色砾岩、砂岩、泥岩和薄煤层，粒度上呈现由下至上逐渐变细的特征。GR 与 RLLD 等测井曲线对应的大套厚层砂砾岩响应特征不明显，多呈高幅齿状，密度测井曲线在上部可见异常低响应。该井总体上表现为由扇三角洲相向辫状河三角洲相再向湖泊相逐渐过渡的特征，层序地层格架内的主要沉积特征如下。

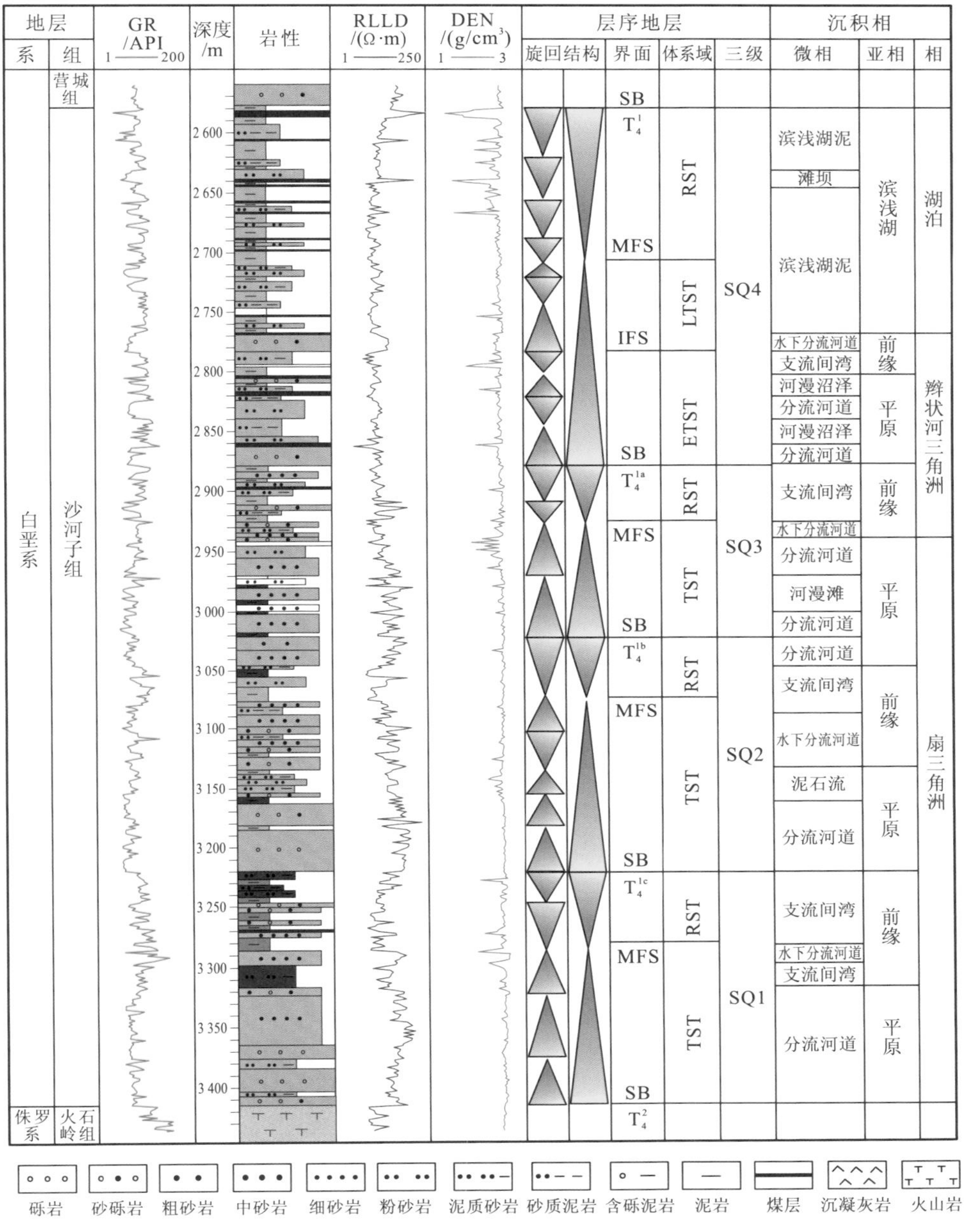

地层		GR /API 1——200	深度 /m	岩性	RLLD /(Ω·m) 1——250	DEN /(g/cm³) 1——3	层序地层				沉积相		
系	组						旋回结构	界面	体系域	三级	微相	亚相	相

白垩系；营城组；沙河子组；侏罗系；火石岭组

深度/m：2 600，2 650，2 700，2 750，2 800，2 850，2 900，2 950，3 000，3 050，3 100，3 150，3 200，3 250，3 300，3 350，3 400

界面：SB，T_4^1，MFS，IFS，SB，T_4^{1a}，MFS，SB，T_4^{1b}，MFS，SB，T_4^{1c}，MFS，SB，T_4^2

体系域：RST，LTST，ETST，RST，TST，RST，TST，RST，TST

三级：SQ4，SQ3，SQ2，SQ1

微相：滨浅湖泥，滩坝，滨浅湖泥，水下分流河道，支流间湾，河漫沼泽，分流河道，河漫沼泽，分流河道，支流间湾，水下分流河道，分流河道，河漫滩，分流河道，分流河道，支流间湾，水下分流河道，泥石流，分流河道，支流间湾，水下分流河道，支流间湾，分流河道

亚相：滨浅湖，前缘，平原，前缘，平原，前缘，平原，前缘，平原

相：湖泊，辫状河三角洲，扇三角洲

砾岩　砂砾岩　粗砂岩　中砂岩　细砂岩　粉砂岩　泥质砂岩　砂质泥岩　含砾泥岩　泥岩　煤层　沉凝灰岩　火山岩

图 3.13　松辽盆地徐家围子断陷北部宋站洼槽宋深 4 井沙河子组沉积特征

SQ1 发育时期，单井上表现为以正旋回为主的不对称旋回结构。岩性以灰色砂砾岩和暗色泥岩为主，粒度由粗变细再轻微变粗。层序底部覆盖在火石岭组火山岩之上，顶部泥岩与上部层序砂砾岩呈突变接触。大套砂砾岩对应的 GR 与 RLLD 测井曲线箱状响应不明显，多为高幅齿状，说明泥质沉积物较多，属于扇三角洲平原河道充填与泥石流混杂堆积，层序上部暗色泥岩夹薄层砂岩指示水下沉积环境。因此该井在 SQ1 发育时期的沉积序列属于扇三角洲平原与扇三角洲前缘亚相的沉积物，主要为水下分流河道、支流间湾微相。

SQ2 发育时期，单井上的层序旋回结构与 SQ1 相类似，为三级层序不对称旋回结构。

岩性以灰色砂砾岩和暗色泥岩为主，粒度整体上仍具有由粗到细的特征。底部大套砂岩和砾岩对应的 GR 与 RLLD 测井曲线箱状响应不明显，为高幅齿状，说明泥质沉积物较多，属于近源的扇三角洲沉积。向上相对厚度较薄的砂岩开始发育，但常与泥岩伴生，为扇三角洲的河漫滩沉积或泥石流沉积，取心资料显示 3 154 m 处存在特征明显的黄褐色扇三角洲泥石流沉积。上部黑色泥岩与砂岩则应属于扇三角洲前缘沉积。总之，该套层序形成时的沉积环境与 SQ1 发育时期相类似，主要为分流河道、泥石流、水下分流河道和支流间湾微相。

SQ3 发育时期，层序旋回结构仍为不对称结构，但沉积物粒度与 SQ2 和 SQ1 发育时期相比明显变细，特别是 SQ3-RST 发育时期。SQ3-TST 发育时期，砂岩较为发育，但 GR 与 RLLD 测井曲线箱状响应不明显，为高幅齿状，应属于扇三角洲平原沉积。SQ3-RST 发育时期，泥岩发育程度明显增加，砂岩较薄，另外还可见湖退时期的薄煤层沉积，其在密度测井曲线上具有异常低响应，说明该时期存在扇三角洲相向辫状河三角洲相迁移的趋势。总之，SQ3 发育时期单井上沉积体系由扇三角洲沉积向辫状河三角洲沉积转化。

SQ4 发育时期，三级层序旋回结构趋于对称，整个层序上以泥岩和煤层为主，砂岩和砾岩主要发育于 SQ4 下部，但这些砂砾岩的箱状响应特征较为明显，说明水动力条件相对稳定。该层序划分为三个体系域，下部 ETST 反映早期断陷湖盆处于相对稳定的低水位时期，发育辫状河三角洲平原分流河道和河漫沼泽沉积；向上 LTST 发育时期，水体加深，但沉积环境相对稳定，以滨浅湖泥沉积为主。RST 发育时期，随着水体变浅，湖泊可能出现沼泽化，煤层开始大量发育，并最终在顶部被营城组砂砾岩覆盖。

总体上，该井在单井沉积相上表现为由扇三角洲相向辫状河三角洲相再向湖泊过渡的特征，三级层序旋回结构向上逐渐完整，下部三个三级层序的 RST 体系域剥蚀较为严重，煤层在顶部发育较多，说明随着断陷湖盆不断发育，构造环境趋于相对稳定，并且纵向上砂砾岩发育特征表明该区逐渐远离物源供给的主过路区。

3. 连井剖面沉积相展布分析

选择自西向东依次穿过达深 303 井、达深 2 井和达深 15 井的东西向剖面分析连井沉积相特征。整条连井剖面横跨西部陡坡区、中部深凹区和东部缓坡区，各区层序发育和沉积相展布特征存在明显差异（图 3.14）。

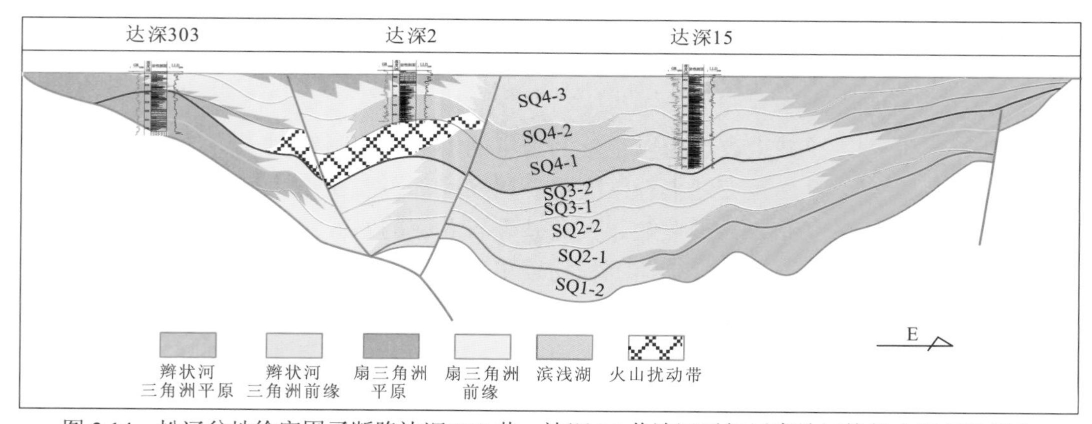

图 3.14 松辽盆地徐家围子断陷达深 303 井—达深 15 井沙河子组层序地层格架内沉积相展布

以达深 2 井为界，在东部缓坡区，层序发育相对完整，仅 SQ1-1 完全剥蚀缺失，沉积相展布特征表明，东部缓坡区主要发育一套辫状河三角洲-滨浅湖沉积体系，其中 SQ1-2—SQ3-2 发育时期，横向上，自东向西表现为辫状河三角洲平原亚相-辫状河三角洲前缘亚相的稳定过渡，其中辫状河三角洲前缘沉积不断向东部盆地边界进积，显示沉积水体缓慢变深的沉积过程；SQ4-1—SQ4-2 发育时期，横向上，自东向西表现为辫状河三角洲平原亚相-辫状河三角洲前缘亚相-滨浅湖亚相的稳定过渡，辫状河三角洲平原沉积范围不断向盆地中心延伸，并逐渐在盆地中心汇聚；SQ4-3 时期，东部缓坡区整体以辫状河三角洲沉积为主，其中辫状河三角洲平原沉积继续向盆地中心推进，中早期的滨浅湖沉积逐渐过渡为辫状河三角洲前缘沉积。

在达深 2 井以西控盆断裂陡坡区，层序发育不完整，SQ1-1、SQ1-2、SQ3-1 在达深 2 井区附近尖灭。沉积相展布特征表明，西部陡坡区整体以一套扇三角洲-滨浅湖沉积为主，其中 SQ2-1—SQ2-2 发育时期，横向上，自西向东表现为扇三角洲平原亚相-扇三角洲前缘亚相的稳定过渡，其中扇三角洲沉积不断向盆地中心进积，沉积范围不断扩大；SQ3-2 发育时期，扇三角洲前缘沉积继续向盆地中心进积，沉积范围扩大，扇三角洲平原沉积不断向后退积，沉积范围缩小，显示水体较深的沉积环境；SQ4-1 发育时期，地层在达深 303 井区附近尖灭，自西向东发育扇三角洲平原亚相-扇三角洲前缘亚相-火山沉积相，其中扇三角洲平原沉积继续向后退积，沉积范围进一步缩小，火山岩的发育表明该时期徐家围子断陷整体构造运动较为强烈，火山活动开始活跃；SQ4-2 发育时期，沉积范围相对较大，自西向东依次发育扇三角洲平原亚相-扇三角洲前缘亚相-滨浅湖亚相；SQ4-3 发育时期，主要发育一套扇三角洲沉积，横向上，向东与辫状河三角洲前缘亚相汇聚。纵向上，在达深 2 井区附近，由早期的滨浅湖亚相逐渐过渡为扇三角洲前缘亚相。

总的来看，连井剖面上沉积相东西分异特征明显，东部缓坡区整体以广泛发育辫状河三角洲相为特征，横向上各沉积时期，沉积相平稳过渡，纵向上辫状河三角洲平原表现先退积再进积的沉积过程；西部陡坡区则以广泛发育扇三角洲相为特征，扇三角洲前缘沉积不断向盆地中心进积，沉积范围扩大，且局部发育火山扰动带，反映了较为活跃的构造运动和火山活动；中部深凹区沉积水体相对较深，局部发育滨浅湖亚相。东部和西部沉积体系在中部地区发生汇聚。

4. 沉积相平面展布特征

1）SQ1 发育时期沉积相平面展布

SQ1 发育时期徐家围子地区进入强烈断陷阶段，受徐西断裂活动影响，断陷大规模发生，但在不同的区域断陷程度有所差异，具体表现为沉积区的宽窄不一和沉积厚度的差异（图 3.15）。

SQ1-TST 发育时期，由于处于强烈断陷初期，断陷区沿主控断裂（徐西断裂）南北向展布且分布范围较窄，盆地主要受到东部物源供给影响，并且在盆地东北部可见与断裂有关的沟谷体系，它们应属于盆地早期沉积物的重要运输通道。盆地西部物源相对较弱，且在盆地南部可能发育部分近岸水下扇沉积。由于该时期物源近，搬运距离短且供给较为充足，再加上盆地分布范围小，使得该时期的沙河子组无论是在西部陡坡区还是东部缓坡区都以扇三角洲相为主，湖泊相仅在局部发育。SQ1-RST 发育时期盆地范围随

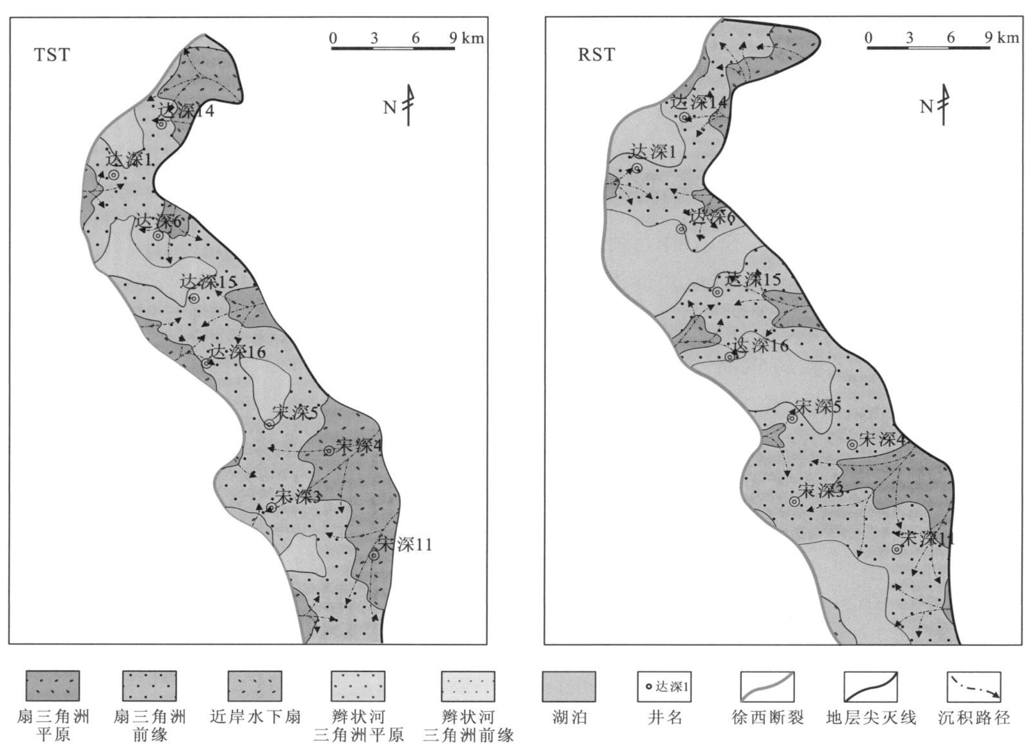

图 3.15 松辽盆地徐家围子断陷北部沙河子组 SQ1 沉积相平面展布图

着徐西断裂的活动存在一定程度的扩张，但总体的沉积格局没有变化，仍然以东部物源为主，西部物源呈点状分布，湖泊相分布范围有所扩大，可能与盆地范围的扩大存在关联。总之，SQ1 发育时期由于盆地范围小，短轴方向物源供给充足，无论是东部缓坡区还是西部陡坡区都以扇三角洲相为主，湖泊相多局限于靠近徐西断裂的盆地中心。

2）SQ2 发育时期沉积相平面展布

SQ2 发育时期，徐西断裂持续活动，盆地范围逐渐扩大，沉积中心逐渐向西迁移，东部缓坡区地貌单元不断扩张。该时期的沉积相平面展布继承了 SQ1 发育时期的沉积格局，整体上仍以扇三角洲相为主，但在局部又存在差异（图 3.16）。

SQ2-TST 发育时期，盆地沉积体系分布与 SQ1-RST 发育时期相比具有相似性，以东部物源为主，但西部短轴方向物源开始发育，主要发育扇三角洲相，湖泊相多沿着徐西断裂分布，范围较小。SQ2-RST 发育时期，东、西部物源普遍发育，并随着湖平面相对开始下降，三角洲相不断向盆地中心推进，在盆地东北部开始发育辫状河三角洲相，在地震上可见同相轴连续较好的前积反射，湖泊相主要分布于受物源影响较小的盆地中心。总之，该时期盆地沉积体系仍以扇三角洲沉积为主，辫状河三角洲相的出现说明盆地范围扩大，物源搬运距离逐渐变远，湖泊相分布仍较为局限。

3）SQ3 发育时期沉积相平面展布

SQ3 发育时期，随着徐西断裂持续活动，盆地范围进一步扩大，徐家围子断陷北部沙河子组的沉积环境也开始出现变化，表现为东部缓坡区逐渐以辫状三角洲相为主，扇三角洲相则集中分布于西部陡坡区（图 3.17）。

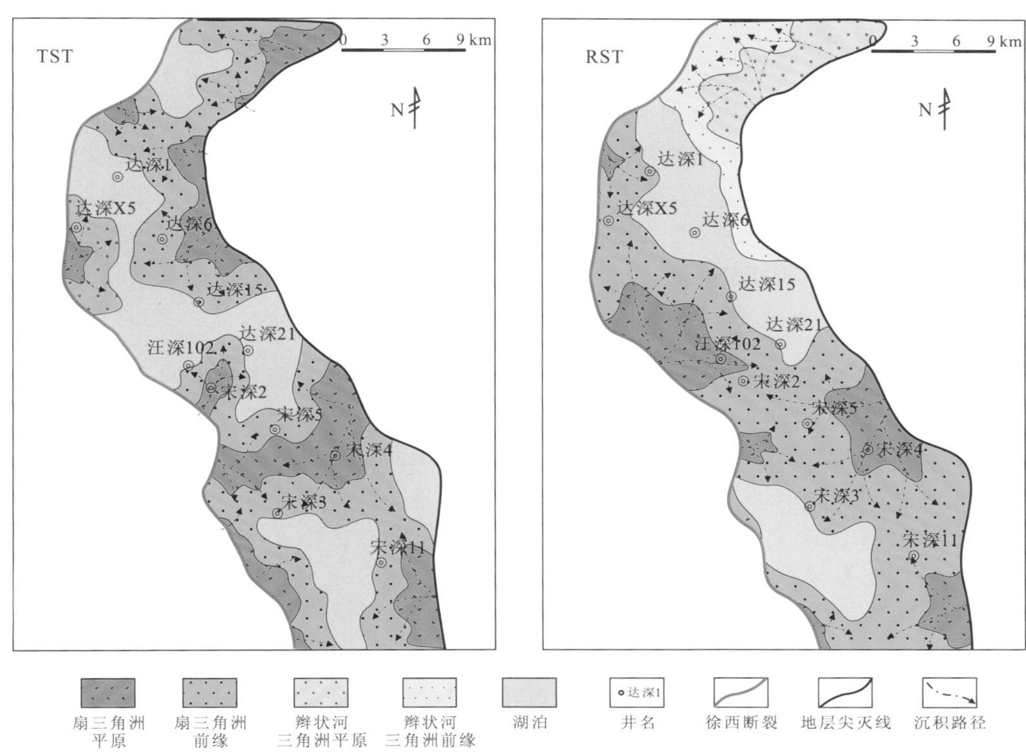

图 3.16 松辽盆地徐家围子断陷北部沙河子组 SQ2 沉积相平面展布图

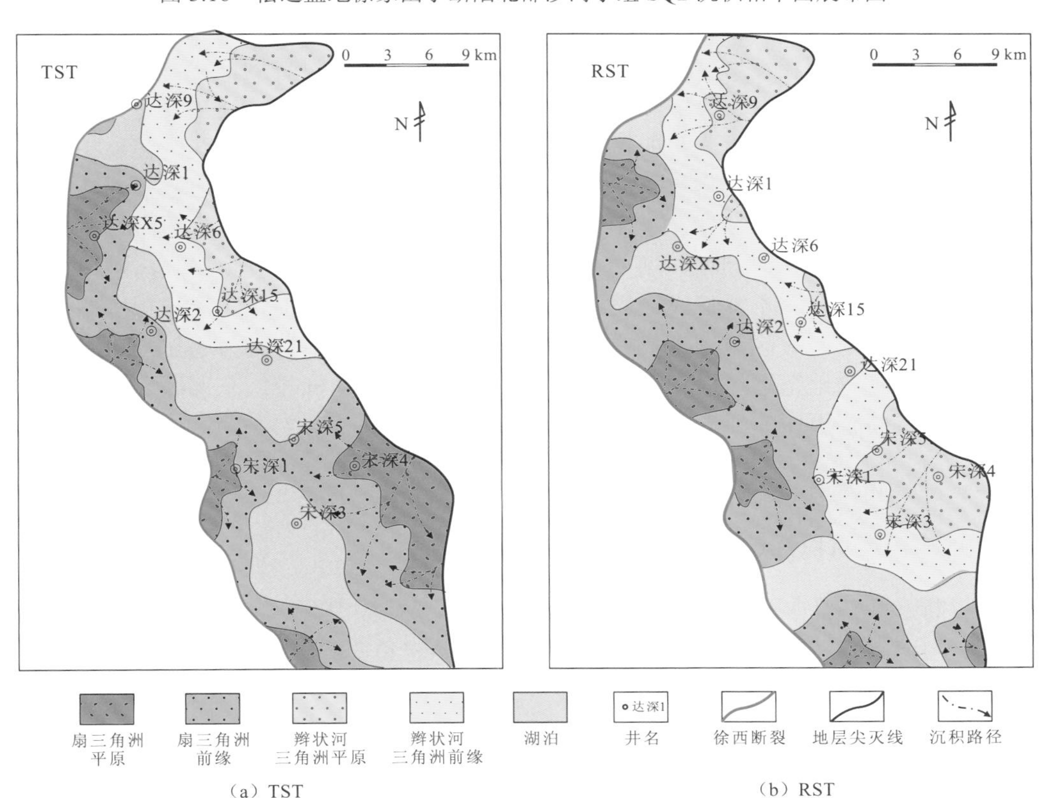

(a) TST　　(b) RST

图 3.17 松辽盆地徐家围子断陷北部沙河子组 SQ3 沉积相平面展布图

SQ3-TST 发育时期，盆地继承了 SQ2-RST 发育时期的沉积格局，盆地主体以扇三角洲相为主，东北部发育辫状河三角洲相，东西双向物源供给充足。由于湖平面快速上升，西部扇三角洲呈向岸后退趋势，湖泊相集中于盆地中心并呈南北向展布。SQ3-RST 发育时期，不同地貌单元上的沉积相分异特征开始变得明显，东部缓坡区开始整体以辫状河三角洲相为主，西部陡坡区则以扇三角洲相为主，且受湖平面下降的影响，沉积物从东西两个方向向盆地推进，湖泊沉积区域较为局限。总之，与 SQ2 发育时期相比，SQ3 发育时期开始出现沉积相分异，但受物源供给影响，湖泊相分布仍较为局限。

4）SQ4 发育时期沉积相平面展布

SQ4 发育时期，沉积相在不同构造单元上的分异特征更为明显。SQ4-ETST 发育时期，受火山活动的影响，盆地北部发育火山岩沉积，主要集中在达深 X5 井以东地区，在地震剖面上常常可见火山通道，并且这些火山通道延伸至营城组，说明这些火山喷发活动在沙河子组沉积后期还持续存在。三角洲沉积体系具有东西分异的特征，东西向物源均存在，湖泊相在北部的达深 15 井区和南部的宋深 3 井区附近发育，湖泊相分布局限，可能是湖平面上升早期低位徘徊的结果（图 3.18）。

SQ4-LTST 发育时期，盆地范围明显扩大，说明断裂活动持续、相对湖平面不断上升，使得盆地沉积区扩张，该时期湖泊相在盆地范围内连成一体，三角洲沉积减少，并且西部扇三角洲相呈带状沿着中南部陡坡区分布，辫状河三角洲沉积范围小。到 SQ4-RST 发育时期，受湖平面下降的影响，盆地东部辫状河三角洲相与西部扇三角洲相大量发育，并不断向盆地中心推进，使得湖泊相分布范围明显减小，特别是物源供给集中区减小。大套厚层三角洲砂砾岩不断向盆地中心推进，部分直接覆盖在 SQ4-LTST 发育时期广泛发育的湖相泥岩之上，这种沉积序列在单井上常可看到，它可为后期的油气成藏提供良好的条件。总之，SQ4 发育时期盆地东西沉积相分异特征越发显著，湖泊相分布范围也呈现由小变大再变小的特征，这一解释也与体系域划分方案的初衷相吻合。

通过层序地层格架内沉积体系平面分布研究可以发现，徐家围子断陷北部沙河子组的沉积演化具有显著的规律性：早期盆地范围小，物源近，沉积物搬运距离短，岩石成熟度低，主要发育扇三角洲相，湖泊相受多个短轴方向物源影响发育局限；随着断陷活动持续加强，盆地范围不断扩大，表现为东部缓坡区范围迅速扩张，沉积相展布开始出现分异特征，东部缓坡区过渡为辫状河三角洲相，西部陡坡区过渡为扇三角洲相，并且在强烈断陷末期盆地范围达到最大，西部陡坡区发育扇三角洲相、东部缓坡区发育辫状河三角洲相的特征更明显，湖泊相也更为发育（Cai et al.，2017）。

（二）梨树断陷北坡火石岭组—营城组断陷湖盆沉积相展布特征

1. 区域构造沉积背景

梨树断陷是自早白垩世以来发育而成的箕状断陷盆地，其形成演化过程受控于整个松辽盆地的构造运动，基底岩性以变质程度较高的片麻岩和变质砂岩为主。梨树断陷内共发育两期断裂系统：其一为早期发育的基底控盆断裂，如桑树台断裂、小宽断裂与皮家断裂，该类断裂均为盆内同沉积断裂；其二为形成于嫩江组沉积末期的断裂，该时期形成的断裂带均不是同沉积断裂，不控制沉积。前人依据控盆断裂作用结果，将梨树断陷划分为桑树台洼陷带、东部斜坡带、中央构造带、北部斜坡带和怀德次洼带 5 个三级构造单元。

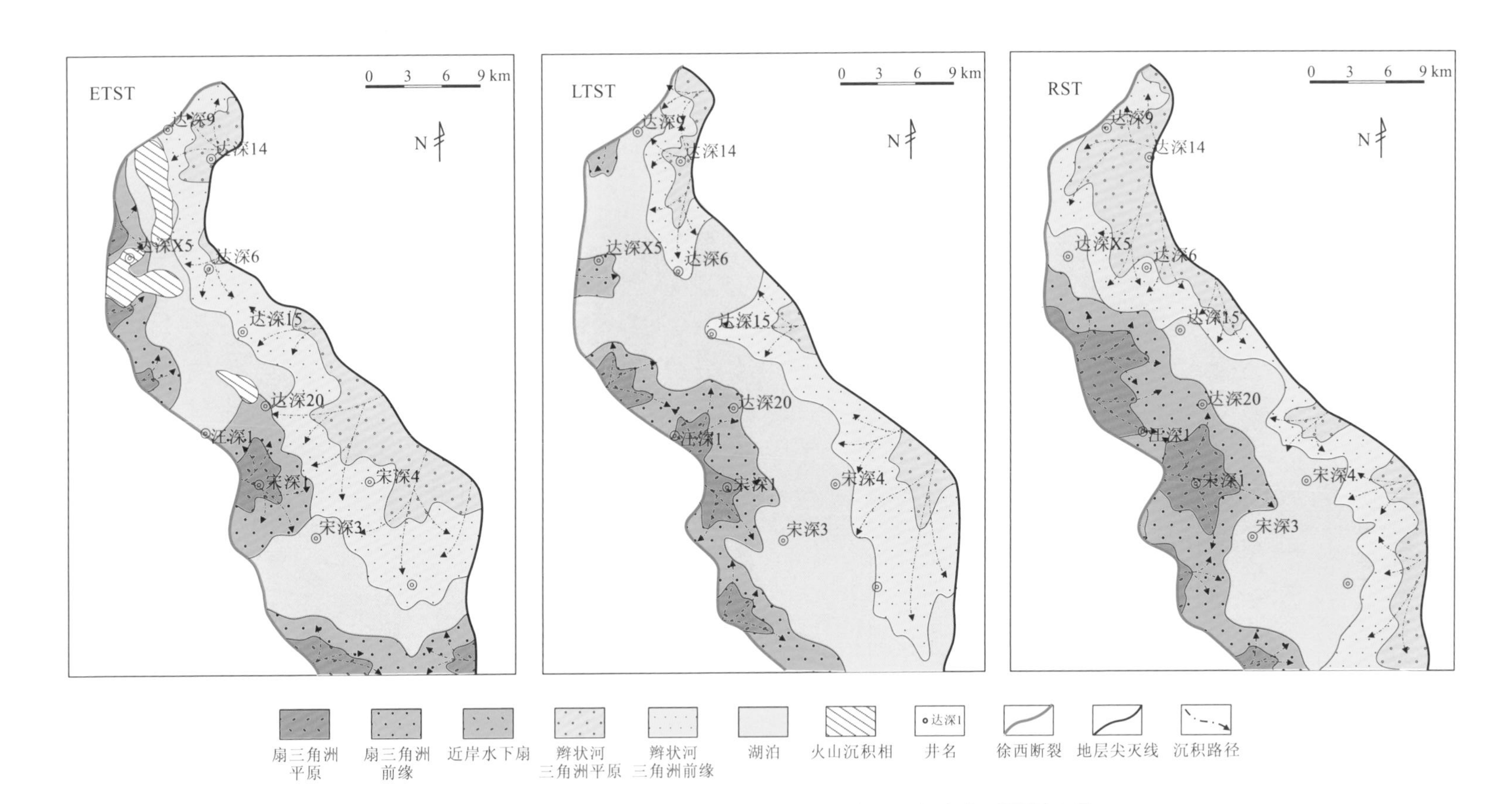

图 3.18　松辽盆地徐家围子断陷北部沙河子组SQ4沉积相平面展布图

梨树断陷北坡位于梨树断陷北缘，呈东西向弧形展布，面积为 1 100 km^2。在长期的斜坡背景下，由于受皮家断裂、苏家屯断裂带和八屋断裂带的影响，自西向东依次形成西部苏家屯洼槽、中部杨大城子凸起和东部怀德洼槽三个区块，具有西陡东缓、西深东浅、平直少褶的地貌特征。作为松辽盆地内一个深层断陷盆地，梨树断陷的地层结构样式整体上受控于整个松辽盆地的形成与演化，在局部上又有其自身的一些特点（杨文杰 等，2020，2019）。梨树断陷北坡火石岭组对应于初始裂陷阶段，沙河子组—营城组对应于强烈断陷阶段，登楼库组对应于断-拗转换期，它们构成了梨树断陷的主要发育阶段。

2. 连井剖面沉积相展布分析

1）苏家 16 井—十屋 2 井

该连井沉积相剖面位于梨树断陷苏家屯洼槽，剖面方向为北西—南东向，自西向东依次经过苏家 16 井、苏家 4 井、苏家 20 井、苏家 2-19 井、苏 4 井、梨 2 井和十屋 334 井，该剖面过井数量较多，单井地质资料丰富，不同井区单井层序与沉积相发育也存在一定差异，该剖面各层序发育完整，自下而上分别对各层序发育时期连井剖面沉积相展布特征进行分析（图 3.19）。

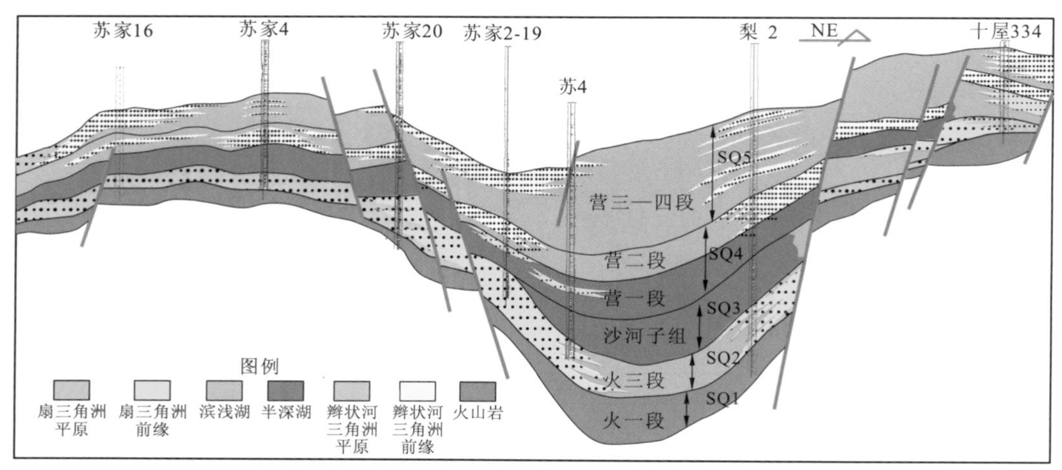

图 3.19　梨树断陷苏家屯洼槽苏家 16 井—十屋 334 井火石岭组—营城组连井剖面沉积相图

剖面上 SQ1 发育时期火一段主要为一套火山岩，横向展布稳定，在苏家屯洼槽中部凹陷带厚度最大。

SQ2 对应火三段，不发育火二段，缺少湖侵体系域，主要发育扇三角洲沉积体系，扇三角洲相可划分为扇三角洲平原和扇三角洲前缘两种亚相，扇三角洲平原亚相主要分布在断阶带高部位，仅在中部凹陷带发育小范围湖泊沉积。该层序大面积发育扇三角洲相，砂砾岩体连通性较好，西部断阶带上苏家 16 井、苏家 4 井、苏家 20 井和苏家 2-19 井均位于扇三角洲沉积体系中，东部断阶带梨 2 井和十屋 334 井也发育在同一扇三角洲沉积体系中。

SQ3 在苏家屯洼槽发育较局限，向西受桑树台断裂的制约，主要分布于中部凹陷带和东部断阶带，该时期沉积相类型主要为湖泊相，且主要发育半深湖亚相，东部断阶带小范围发育扇三角洲沉积体系。反映该时期苏家屯洼槽发生较大的构造抬升，沉积范围较火石岭组沉积时期明显减小，且沉积体系的分布受断裂控制显著。

SQ4 对应营一段和营二段，营一段沉积范围较沙河子组沉积时期显著扩大，存在一个水体加深的过程，大面积发育半深湖亚相，仅在东部断阶带发育滨浅湖和扇三角洲相，该时期也是苏家屯洼槽烃源岩主要发育时期，营二段较营一段沉积时期则呈现出湖退进积的趋势，水体明显变浅，中部凹陷带由半深湖亚相变成滨浅湖亚相，并开始发育辫状河三角洲沉积体系，未见扇三角洲沉积体系，反映苏家屯洼槽构造运动开始减弱、地势变缓。

SQ5 对应营三段—营四段，SQ5 湖侵体系域以滨浅湖沉积为主，三角洲沉积少见，上部湖退体系域扇三角洲沉积特征明显，在苏家 16 井、苏家 2-19 井和十屋 334 井区附近可见大套的辫状河三角洲沉积，也反映该时期三角洲物源体系较多，陆源物质供给充足。

2）杨 12 井—杨 8 井

该井沉积相剖面位于梨树断陷怀德洼槽，剖面方向为近东西向，自西向东依次经过杨 12 井、杨 17 井和杨 8 井，该剖面构造运动特征复杂，凹陷带两侧均发育断裂，凹陷带右侧为控制该区沉积作用的控盆断裂，同时，该区沉积相展布及演化也较复杂，自下而上分别对各层序发育时期连井剖面沉积相展布特征进行分析（图 3.20）。

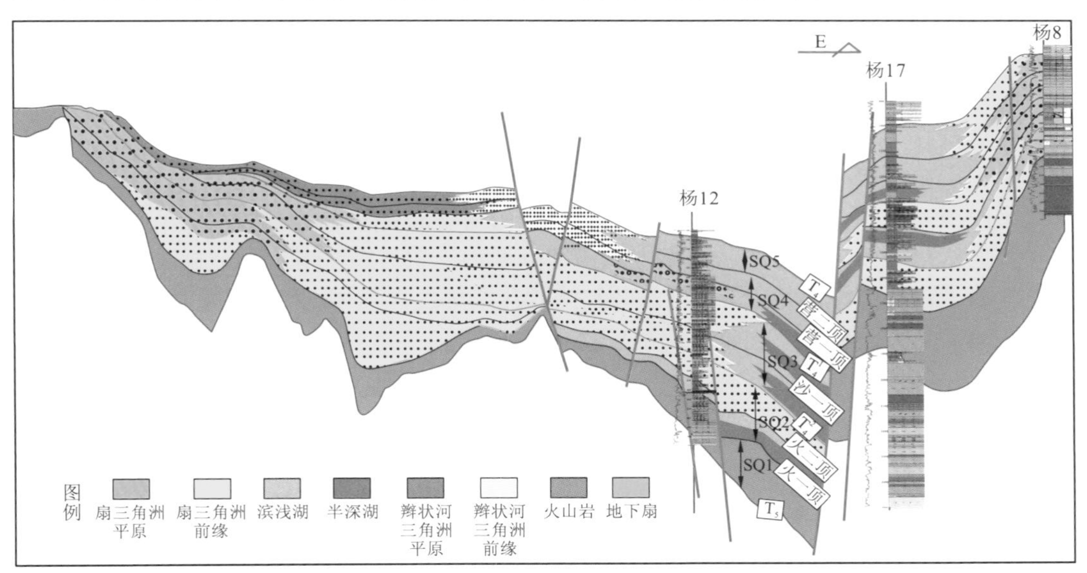

图 3.20 梨树断陷怀德洼槽杨 12 井—杨 8 井火石岭组—营城组连井剖面沉积相图

剖面上 SQ1 发育时期火一段主要为一套火山岩，横向展布稳定，在怀德洼槽东部断阶带厚度最大。

SQ2 对应火二段和火三段，二分体系域发育完整，该层序湖侵体系域火二段在中部凹陷带发育半深湖-滨浅湖沉积，西部缓坡带上发育扇三角洲沉积体系，而东部断隆带上不发育该层序。SQ2 上部湖退体系域火三段大面积发育扇三角洲沉积体系，剖面上显示火三段沉积时期怀德洼槽全区发育扇三角洲相，沉积物主要从西部和东部两个方向向中部凹陷带强烈进积。

SQ3 在该区可以识别出其最大湖泛面，将 SQ3 划分为湖侵体系域-湖退体系域，分别对应沙一段和沙二段。沙一段和沙二段沉积体系横向展布特征总体相似，主要为中部凹陷带发育半深湖-滨浅湖沉积，两侧坡折带为物源方向，发育扇三角洲沉积体系，其中沙一段水体范围较大，在东部断阶带上也发育湖泊沉积。

SQ4 发育时期盆地范围显著扩大（图 3.20）。在湖侵体系域发育时期，湖平面逐渐上升，扇三角洲沉积范围显著减小，湖泊沉积范围明显扩大。杨 12 井区开始发育近岸水下扇沉积，水下扇体在剖面上呈透镜状，沉积范围局限。湖退体系域发育时期，怀德洼槽水体明显变浅，半深湖亚相不再发育，西部缓坡带开始发育辫状河三角洲相，较上一时期向盆地推进。东部断隆带上，仍继承扇三角洲沉积，但是沉积范围较小。

SQ5 对应营三段—营四段，可识别出最大湖泛面，整体上该层序沉积体系特征变化不大，主要是继承营二段沉积格局，东部断隆带发育扇三角洲沉积、中部凹陷带发育湖泊沉积、西部缓坡带发育辫状河三角洲沉积，但是在最大湖泛面附近存在一次湖侵退积过程。

3. 沉积相平面展布特征

1）火石岭组（SQ1—SQ2）

SQ1 发育时期处于梨树断陷形成的初始裂陷早期，统一的盆地还没有形成，梨树断陷在区域拉张应力作用下于西部地区发育近南北向展布的桑树台断裂，且被中部三组基底断裂分割，形成几个规模小、彼此分隔、相互独立的小断陷。此时期发育大规模火山活动，岩性主要为火一段火山岩、凝灰岩、火山角砾岩。

SQ2 发育早期，随着控盆断裂的持续活动，小断陷基本连通，四周物源供给充足。该时期由于小断陷与物源区间的距离短、高差大，所以发育近物源碎屑岩沉积，主要发育火二段扇三角洲-湖泊沉积体系（图 3.21）。梨树断陷北部、怀德洼槽的东南部及西北部发育扇三角洲砂砾岩沉积；苏家屯洼槽则以湖泊沉积为主，扇三角洲相发育范围小，仅发育扇三角洲前缘亚相；杨大城子凸起西北和东部发育扇体，大面积发育半深湖沉积；怀德洼槽西部大面积发育扇体，南部发育水下扇。

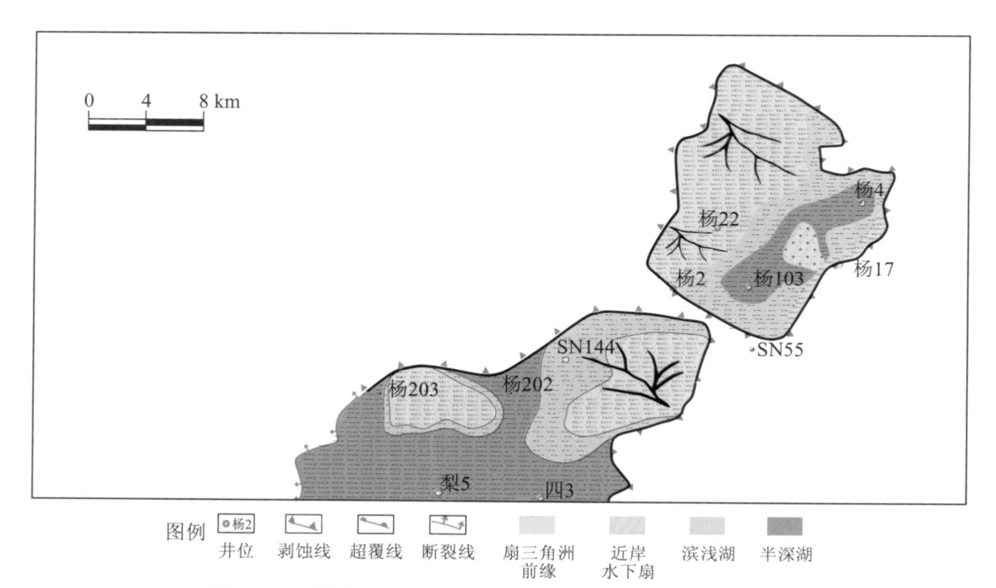

图 3.21　梨树断陷北坡 SQ2 发育早期沉积相平面展布图

SQ2 发育晚期处于梨树断陷的初始裂陷末期，随着控盆断裂的持续活动及湖平面的下降，梨树断陷北坡扇三角洲沉积体系向盆地中心强烈进积，该时期梨树断陷北坡主要发育火三段扇三角洲相，在扇三角洲近端发育冲积扇相，湖泊相发育范围十分局限，仅在苏家屯洼槽中部发育小面积湖泊沉积，盆地周围大面积发育扇三角洲沉积；杨大城子斜坡区也发育扇三角洲沉积，主要从北部和东部向盆地推进；怀德洼槽西部和东部扇三角洲物源扩大，湖泊相仅在中部小范围有分布。该时期梨树断陷北坡具有明显的湖退进积特征，湖泊沉积少见，扇三角洲相广泛发育（图 3.22）。

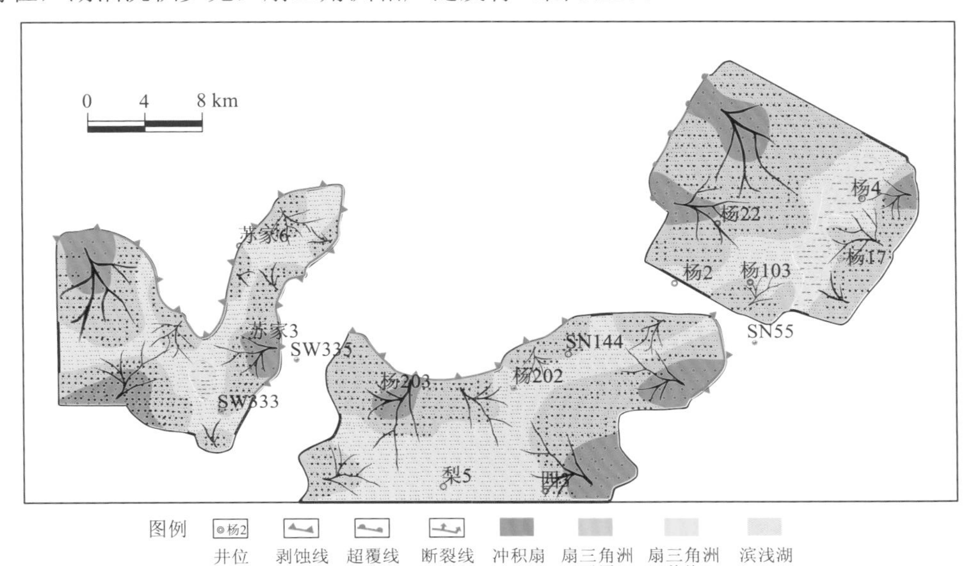

图 3.22　梨树断陷北坡 SQ2 发育晚期沉积相平面展布图

2）沙河子组（SQ3）

SQ3 发育时期，梨树断陷北坡沉积范围显著扩大，主要是由于构造沉降作用加强，使梨树断陷北坡范围进一步扩张。SQ3 发育时期，苏家屯洼槽桑树台断裂以东地区广泛堆积厚层沉积物，断裂以西不发育沉积，形成单断式箕形盆地，靠近断裂一侧以半深湖亚相为主，而缓坡带一侧发育扇三角洲相；杨大城子斜坡带大面积发育半深湖亚相，仅在东部、东北部一带发育扇三角洲相。怀德洼槽总体上继承 SQ2 沉积格局，只是四周沉积物向盆地中心进积（图 3.23）。

3）营城组（SQ4—SQ5）

SQ4 发育时期处于梨树断陷北坡快速裂陷中期，该时期构造运动持续控制盆地的沉积与演化，梨树断陷北坡地层大面积连片发育。沉积相平面展布图上，SQ4 发育早期总体上继承沙河子组沉积格局，主要沉积相类型及其物源方向未发生较大变化。其中，苏家屯洼槽西部开始大面积发育半深湖沉积，反映 SQ4 发育早期梨树断陷北坡发生了一次大规模的水进过程，该区呈现出中部大面积湖泊沉积、四周小范围扇三角洲沉积的特征；杨大城子斜坡带物源仍以东北部为主，扇三角洲沉积范围略微缩小；怀德洼槽整体上也继承沙河子组沉积格局，近岸水下扇在东北部发育（图 3.24）。

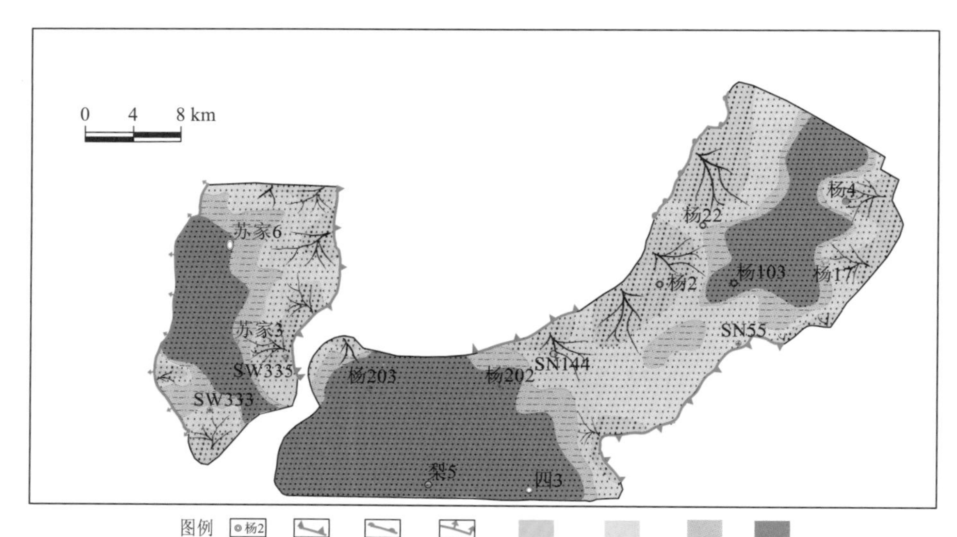

图 3.23 梨树断陷北坡 SQ3 发育时期沉积相平面展布图

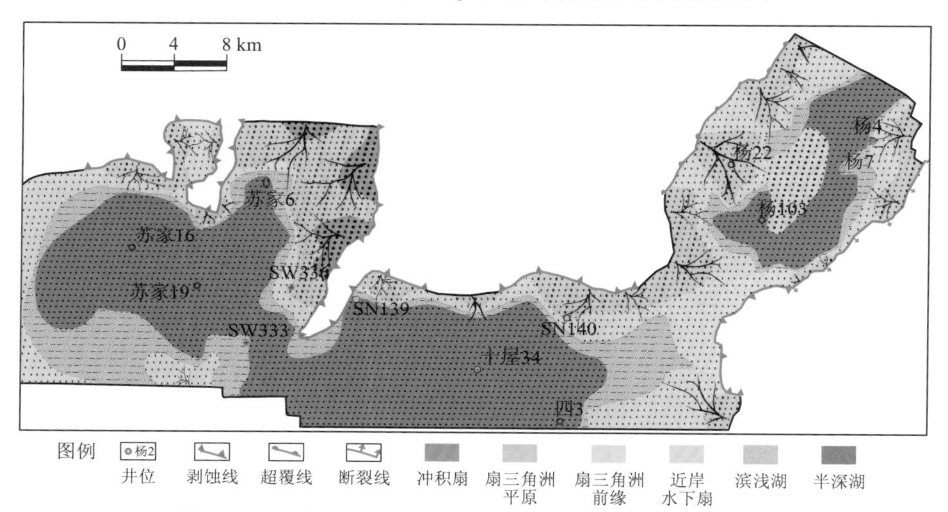

图 3.24 梨树断陷北坡 SQ4 发育早期沉积相平面展布图

SQ4 发育晚期沉积特征较早期发生较大的变化，总体上为一次湖退进积过程，同时，沉积体系受梨树断陷北坡地形的改变发生转换，扇三角洲沉积开始变为辫状河三角洲沉积。在苏家屯洼槽，湖泊沉积快速萎缩，四周主要以辫状河三角洲沉积为主，北部辫状河三角洲向盆地方向推进较远；杨大城子斜坡带辫状河三角洲沉积体系也开始广泛向南部低洼带进积，主要以辫状河三角洲前缘沉积为主，较扇三角洲延伸更远，湖泊沉积被辫状河三角洲前缘沉积分割，沉积范围局限；怀德洼槽西部缓坡带沉积相变换为辫状河三角洲相，辫状河三角洲前缘远端不再发育近岸水下扇沉积，东部断隆带地形坡度较大，沉积体系仍以扇三角洲沉积为主，中部凹陷带发育的湖泊沉积分割东西两种沉积体系（图 3.25）。

SQ5 发育时期处于快速裂陷末期，构造运动平缓，水体深度总体较浅，总体上继承 SQ4 发育晚期的沉积格局，但辫状河三角洲沉积范围略有扩大。辫状河三角洲沉积主要

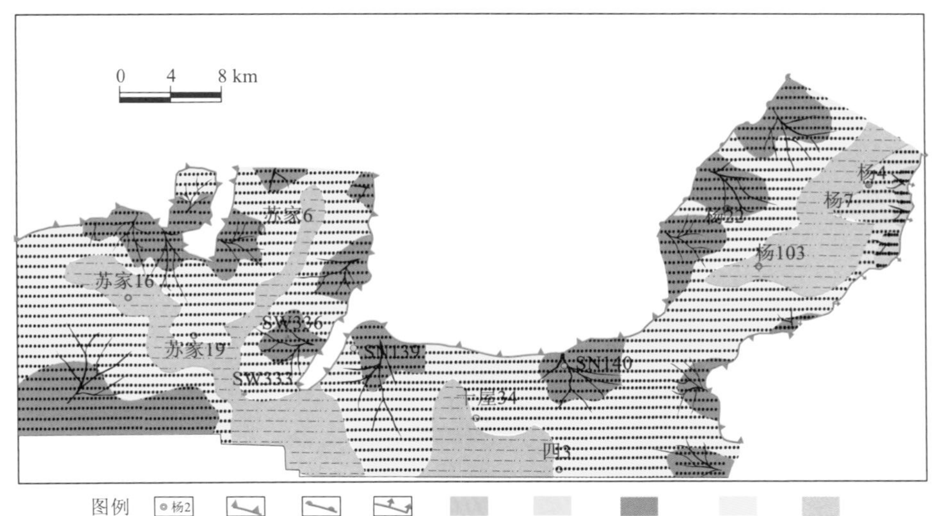

图 3.25　梨树断陷北坡 SQ4 发育晚期沉积相平面展布图

从西北、西南和东部三个方向向苏家屯洼槽中部凹陷带推进，且东北方向的辫状河三角洲前缘亚相开始连片发育；杨大城子斜坡带辫状河三角洲沉积范围较 SQ4 发育晚期明显扩大，辫状河三角洲前缘亚相十分发育，在该区东部连片发育，湖泊相仅分布在西南断裂带附近和十屋 34 井以南；在怀德洼槽，SQ5 发育时期沉积特征与 SQ4 发育晚期一致，沉积相持续分异，中部凹陷带湖泊沉积范围变化较小，西北部大面积发育辫状河三角洲沉积，东南部以扇三角洲沉积为主。

二、拗陷湖盆沉积相展布特征

（一）三肇凹陷扶余油层拗陷湖盆沉积相展布特征

1. 区域构造沉积背景

三肇凹陷是松辽盆地中央拗陷带内的一个二级构造单元，受几条主要断裂的围限，平面上具有三角形的几何形态，其中扶余油层沉积时期正属于松辽盆地稳定拗陷阶段。在断裂基底的控制下，该区形成了“三隆两凹”的构造格局，主要包括升平鼻状隆起、宋芳屯鼻状隆起、尚家鼻状隆起、永乐凹陷及徐家围子凹陷 5 个三级构造单元。拗陷发育时期，三肇地区构造以沉降为主，整体构造较为简单。

2. 单井沉积相分析

卫 212 井位于三肇凹陷西北部，扶余油层主体上表现为浅水三角洲沉积，主要发育浅水三角洲平原和浅水三角洲前缘亚相（图 3.26）。岩性主要为紫红色、灰色或灰绿色泥岩、粉砂质泥岩、泥质粉砂岩、粉砂岩和少量细砂岩，砂岩以河道沉积砂体为主，局部河道砂体发生油浸呈褐色。GR 测井曲线表现为中-高幅钟形、箱形或指状和低幅平线形，均表现为锯齿状，光滑线形少见，表明当时沉积水体波动频繁。

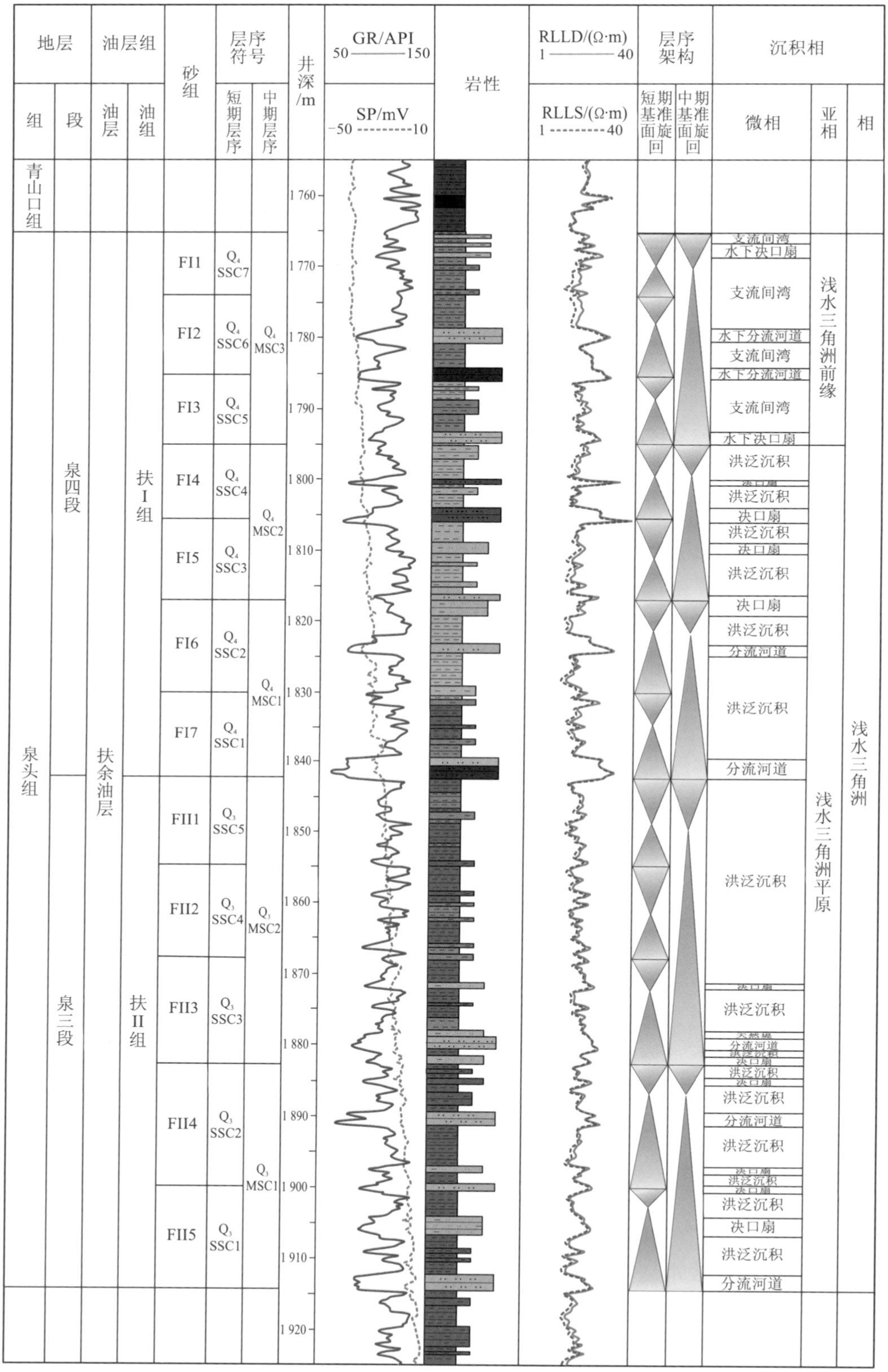

地层		油层组		砂组	层序符号		井深/m	GR/API 50—150 SP/mV −50----10	岩性	RLLD/(Ω·m) 1—40 RLLS/(Ω·m) 1----40	层序架构		沉积相		
组	段	油层	油组		短期层序	中期层序					短期基准面旋回	中期基准面旋回	微相	亚相	相
青山口组							1 760								
泉头组	泉四段	扶余油层	扶I组	FI1	Q_4 SSC7	Q_4 MSC3	1 770						支流间湾、水下决口扇、支流间湾	浅水三角洲前缘	浅水三角洲
				FI2	Q_4 SSC6		1 780						水下分流河道、支流间湾、水下分流河道		
				FI3	Q_4 SSC5		1 790						支流间湾、水下决口扇		
				FI4	Q_4 SSC4	Q_4 MSC2	1 800						洪泛沉积、决口扇、洪泛沉积、决口扇	浅水三角洲平原	
				FI5	Q_4 SSC3		1 810						洪泛沉积、决口扇、洪泛沉积		
				FI6	Q_4 SSC2	Q_4 MSC1	1 820						决口扇、洪泛沉积、分流河道		
				FI7	Q_4 SSC1		1 830 1 840						洪泛沉积、分流河道		
	泉三段		扶II组	FII1	Q_3 SSC5	Q_3 MSC2	1 850						洪泛沉积		
				FII2	Q_3 SSC4		1 860								
				FII3	Q_3 SSC3		1 870 1 880						决口扇、洪泛沉积、天然堤、分流河道、洪泛沉积、决口扇、洪泛沉积、决口扇		
				FII4	Q_3 SSC2	Q_3 MSC1	1 890						洪泛沉积、分流河道、洪泛沉积		
				FII5	Q_3 SSC1		1 900 1 910 1 920						决口扇、洪泛沉积、决口扇、洪泛沉积、决口扇、洪泛沉积、分流河道		

图 3.26　卫 212 井沉积相综合柱状图

卫 212 井扶余油层自上而下划分为两个油层组：FI、FII。本小节在五级层序格架内，对 FI 和 FII 两个油层组进行细分，可进一步划分为 12 个砂组，其中 FI 细分为 FI1、FI2、FI3、FI4、FI5、FI6、FI7，对应 7 个五级层序：Q_4-SSC7、Q_4-SSC6、Q_4-SSC5、Q_4-SSC4、Q_4-SSC3、Q_4-SSC2、Q_4-SSC1；FII 细分为 FII1、FII2、FII3、FII4、FII5，对应 5 个五级层序：Q_3-SSC5、Q_3-SSC4、Q_3-SSC3、Q_3-SSC2、Q_3-SSC1。

FII5 沉积时期，沉积水体较浅，发育浅水三角洲平原亚相，可进一步划分为分流河道、洪泛沉积和决口扇三种沉积微相。岩性主要为紫红色泥岩、粉砂质泥岩，灰色泥质粉砂岩和粉砂岩。砂岩厚度中等，单层厚度为 1.0～2.2 m，分流河道砂体不是很发育。GR 测井曲线表现为中-高幅钟形和箱形，微齿状；SP 测井曲线平缓，表现为中-低值；RLLD 测井曲线表现为中-低幅齿状。

FII4 沉积时期，主体仍然为一套浅水三角洲平原亚相沉积。岩性主要为紫红色泥岩，灰色、浅灰色泥质粉砂岩和粉砂岩，砂岩总厚度较 FII5 有所减小，单层厚度较薄，总体上表现为“泥包砂”的特征。GR 与 RLLD 等测井曲线形态表现为中-低幅齿状，在砂体发育层段表现为高幅齿状。

FII3 沉积时期，剖面上可见分流河道、天然堤、洪泛沉积和决口扇 4 种沉积微相。岩性以发育紫红色泥岩夹薄层砂岩为特征，局部发育灰绿色泥岩。砂岩单层厚度较薄，为 0.8～1.53 m，发育较薄的分流河道砂体，总体上表现为“泥包砂”的特征。砂体发育层段在 GR 与 RLLD 等测井曲线上表现为中幅钟形齿化特征。

FII2 沉积时期，区域整体上发育浅水三角洲平原亚相沉积，以大段紫红色夹少量灰绿色泥岩、粉砂质泥岩为特征，砂体不发育，属于洪泛沉积。GR、RLLD 等测井曲线形态表现为中-低幅齿状。

FII1 沉积时期，继承了 FII2 的沉积特征，整段岩性为灰绿色、紫红色泥岩和粉砂质泥岩，紫红色泥岩较为普遍，为气候较为干旱条件下的浅水三角洲平原洪泛沉积产物。GR、SP 及 RLLD 等测井曲线表现为中-低幅齿状。

FI7 沉积时期，沉积水体稳定较浅，浅水三角洲平原亚相发育。岩性以广泛发育的紫红色泥岩夹灰绿色泥岩、粉砂质泥岩及灰色、浅灰色粉砂岩为特征。砂岩总厚度相对下伏砂组有所增加，单层砂体厚度较厚，高达 3 m，局部砂体发生油浸呈褐色，油浸砂体厚度为 1.2 m，砂体类型以分流河道砂体为主。洪泛沉积层段 GR、RLLD 等测井曲线表现为低幅齿状，而河道砂体部位 GR、RLLD 等测井曲线表现为中-高幅钟形齿状。

FI6 沉积时期，主体为一套浅水三角洲平原亚相沉积，可主要划分为分流河道、洪泛沉积两种沉积微相，决口扇微相发育程度较弱。岩性主要为紫红色、灰色泥岩，浅灰色泥质粉砂岩和粉砂岩。河道砂体相对发育，累计砂体总厚度较厚，单层砂体厚度为 0.7～2.5 m。砂体发育层段 GR、RLLD 等测井曲线表现为中-高幅箱形、钟形，具齿化特征。

FI5 沉积时期，岩性主要为大段紫红色泥岩、粉砂质泥岩，局部可见紫红色泥质粉砂岩，主体为浅水三角洲平原亚相沉积，发育洪泛沉积和决口扇两个沉积微相，分流河道砂体不发育。GR、RLLD 等测井曲线表现为中-低幅齿状。

FI4 沉积时期，区域沉积环境以浅水三角洲平原为主，可进一步划分为分流河道、洪泛沉积和决口扇三种沉积微相。岩性主要为紫红色泥岩、粉砂质泥岩，褐色油浸粉砂岩。砂体类型以河道砂体为主，沉积厚度为 2 m 左右。GR、RLLD 等测井曲线表现为中-低幅齿状，砂体发育层段表现为高幅扁钟形。

FI3 沉积时期，随着湖平面逐渐上升，沉积环境由浅水三角洲平原向浅水三角洲前缘过渡，水下分流河道、水下决口扇和支流间湾微相发育。岩性主要为灰绿色泥岩、粉砂质泥岩，灰色粉砂岩，水下分流河道和决口扇砂岩单层厚度较薄，普遍小于 2 m，总体上表现为“泥包砂”的特征。GR、RLLD 等测井曲线表现为中-低幅齿状，见少量扁钟形。

FI2 沉积时期，沉积水体继续加深，主体为一套浅水三角洲前缘沉积，可进一步划分为水下分流河道、水下决口扇、支流间湾两种沉积微相类型。岩性主要为灰绿色泥岩、粉砂质泥岩，灰色、褐色粉砂岩。砂岩总厚度较 FI3 有所增加，单层厚度中等，为 1.8～2.2 m，以水下分流河道砂体为主。河道砂体发育层段 GR、RLLD 等测井曲线表现为中-高幅钟形、扁钟形，具微齿化特征。

FI1 沉积时期，沉积水体较前一时期进一步加深，但主体以浅水三角洲前缘亚相为主，可进一步划分为支流间湾和水下决口扇两种主要沉积微相类型，河道发育程度明显减弱。岩性主要为灰绿色泥岩、粉砂质泥岩，夹灰色泥质粉砂岩。

3. 连井剖面沉积相展布分析

选择南北向穿过卫 17 井—肇 29 井的连井剖面解析扶余油层层序地层格架内沉积相展布特征。从图 3.27 可以看出，纵向上 FII5—FI5 整体表现为以浅水三角洲平原沉积为主，FI4—FI1 整体以浅水三角洲前缘沉积为主，显示三肇凹陷自下而上水体逐渐变深的湖侵过程。

连井剖面上，FII5 沉积时期主要受南部物源的控制，发育一套浅水三角洲平原沉积，地层分布稳定，河道砂体仅在中部发育，单层厚度约为 2 m；FII4—FII3 沉积时期同样以南部物源为主，主体均以一套浅水三角洲平原沉积为主，河道砂体较少发育，分布比较局限，仅在太 23 井区和肇 13 井区发育，部分单层砂体厚度相对变大，高达 6 m；FII2 沉积时期仍以受南部物源控制为主，主体为浅水三角洲平原沉积，南部和北部河道砂体不发育，以泥岩、粉砂质泥岩为主，中部河道砂体发育，单层砂体厚度较大，最高可达 7.5 m；FII1 沉积时期主要受到南部物源的控制，以浅水三角洲平原沉积为主，地层分布稳定，河道砂体较为发育，单层砂体厚度为 3 m 左右。南部肇 114 井区和肇 29 井区发育一套不连续河道砂体，单层砂体厚度为 1.5～3.2 m。

FI7 沉积时期主要受到南、北两个方向的物源控制，主要发育浅水三角洲平原沉积，地层分布稳定，河道砂体发育但连续性差，单层砂体厚度为 2 m 左右，南部发育一套不连续的河道砂体，单层厚度可达 6.2 m；FI6 沉积时期同样以浅水三角洲平原沉积为主，但在卫 17 井—卫 16 井区和太 122 井区发育浅水三角洲前缘沉积，反映沉积水体开始加深；FI5 沉积时期继承了 FI6 的沉积格局，整体仍以浅水三角洲平原沉积为主，受北部物源的控制，浅水三角洲前缘沉积范围有所扩大；FI4 沉积时期主要受北部物源的控制，沉积水体进一步加深，大部分区域开始向浅水三角洲前缘转化，南部河道砂体发育少，北-中部砂体相对发育但厚度较薄；FI3 沉积时期继承了 FI4 的沉积格局，沉积水体进一步加深，整个区域以浅水三角洲前缘沉积为主，河道砂体基本不发育；FI2 沉积时期主要受到南、北两个方向物源的控制，中部发育一套相对较连续的河道砂体，单层砂体最

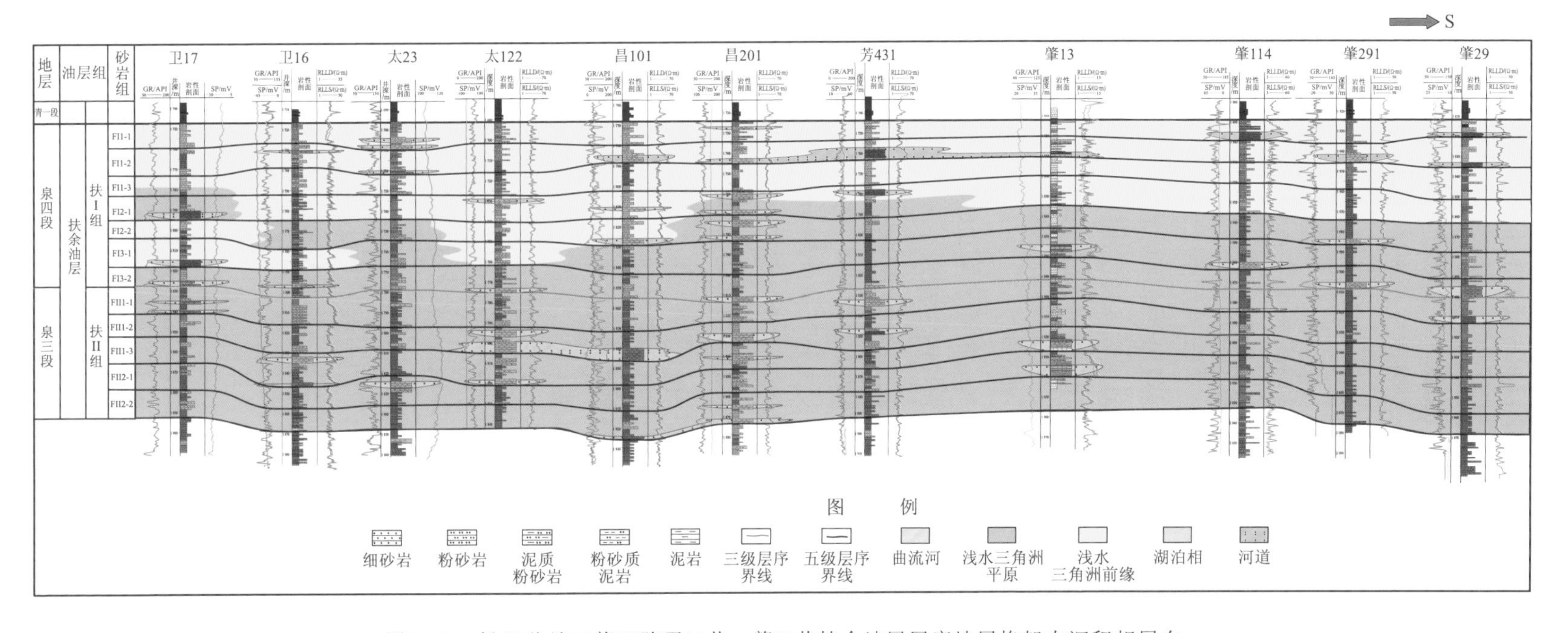

图 3.27 松辽盆地三肇凹陷卫17井—肇29井扶余油层层序地层格架内沉积相展布

厚达 6.8 m。FI1 沉积时期特征与 FI2 沉积时期差别不大，受相同方向物源的控制，河道砂体厚度普遍较薄。

总的来说，三肇凹陷扶余油层主要受南、北两个物源控制，不同沉积时期物源方向不同，沉积水体由浅变深，形成了一套浅水三角洲平原-浅水三角洲前缘的退积序列。

4. 沉积相平面展布特征

根据单井沉积相划分，结合连井剖面层序地层格架内沉积相展布规律，对三肇凹陷扶余油层各层序内的沉积相平面展布特征进行详细研究。三肇凹陷沉积相平面展布具有几个特点：①河道总体呈南北向展布；②三肇凹陷受到南北两个方向的物源控制，不同小层物源方向不同；③三肇凹陷河道呈现出分流河道的特点，即河道表现出弯曲度较大，河道开叉、合并现象极其发育，同时河道容易发生决口，形成决口扇沉积。结合垂向的沉积演化，自下而上详细分析 FII5、FII1、FI5 与 FI1 4 个砂组平面展布特征。

1）FII5 沉积相平面展布

FII5 沉积时期三肇凹陷主要为浅水三角洲平原亚相沉积，在三肇凹陷北部及东北部部分地区发育浅水三角洲前缘亚相沉积（图 3.28）。

如图 3.28 所示，三肇凹陷在该时期主要受南部物源的控制，共发育 6 条主河道，河道整体呈南北向展布，河道宽度从南部浅水三角洲平原向北部浅水三角洲前缘逐渐减小。三肇凹陷内河道摆动较为剧烈，频繁发生分叉与合并，形成多条分支河道，交织呈网状，其中以西部地区分叉-合并频率较高。由于河道大量分叉、合并，部分自南部注入的河道从东部的升 167 井区附近流出，部分可能从西部的太 107 井区、太 302 井区流出。但总体上自南部注入的河道主要从北部流出。浅水三角洲平原亚相中，河道由南向北逐渐变窄，河流分叉现象普遍，尤其在昌德地区、肇 35 地区和葡 47 地区，河道的分叉-合并频率最高，水流方向复杂，形成的河道砂体弯曲度大，并发育大量的决口扇沉积。其沉积物颜色则以紫红色为主，局部可能出现少量的灰色、灰绿色，反映水上氧化的沉积环境。而浅水三角洲前缘亚相在三肇凹陷内发育范围较小，其河道宽度明显比浅水三角洲平原窄。沉积物粒度明显变细，浅水三角洲平原中河道多在此发生汇聚，从北部流出。河道砂体弯曲度同样较大，发育水下决口扇沉积。沉积物颜色多以灰绿色-灰色为主，反映水下还原的沉积环境。

由此可以说明，FII5 沉积时期三肇凹陷主要受南部物源的控制，发育浅水三角洲前缘亚相和浅水三角洲平原亚相，河道发育，沉积中心主要位于三肇凹陷北部卫深 4 井区—升平一带。

2）FII1 沉积相平面展布

FII1 沉积时期三肇凹陷沉积格局与 FII2 沉积时期相比有所差别，虽然主体仍为浅水三角洲平原沉积，但浅水三角洲前缘基本已经消失，且在三肇凹陷东南部杏山地区开始出现曲流河沉积（图 3.29）。

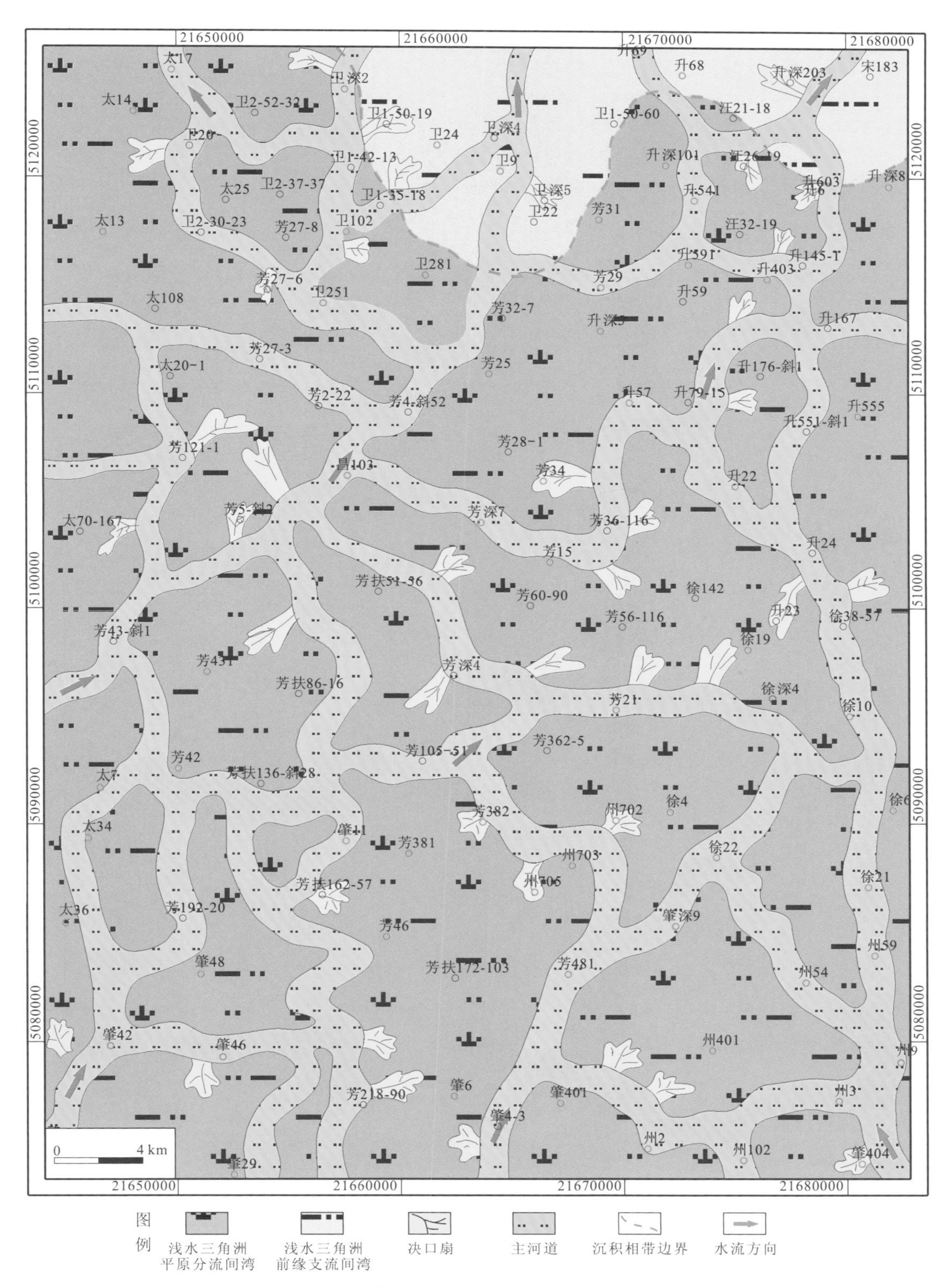

图 3.28　松辽盆地三肇凹陷扶余油层 FII5 砂组沉积相平面展布图

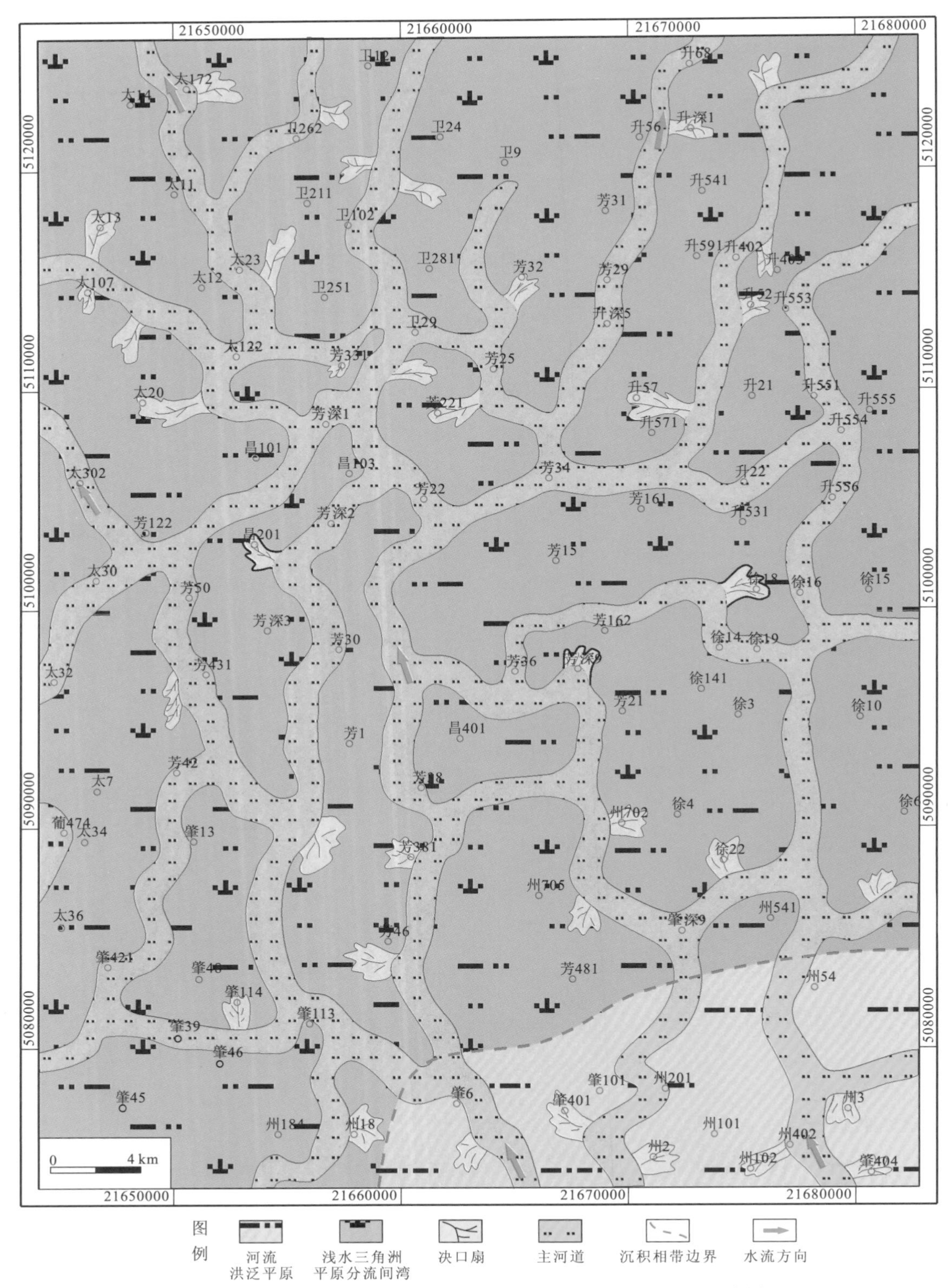

图 3.29 松辽盆地三肇凹陷扶余油层 FII1 砂组沉积相平面展布图

如图 3.29 所示，三肇凹陷在该时期主要受南部物源的控制，共发育 5 条主河道，河道整体呈南北向展布，并且从南部到北部河道逐渐变窄。自南部注入的河道主要从北部、东部和西部三个方向流出。西部主要从太 302 井区和太 107 井区附近流出，东部主要从徐 10 井区、徐 15 井区和升 553 井区附近流出。卫深 4 井区—升平地区沉积环境由 FII5 沉积时期的浅水三角洲前缘过渡为浅水三角洲平原，反映其沉积水体进一步变浅。三肇凹陷东南部杏山地区发育一套曲流河沉积，其河道分叉少，河道较宽，砂体沉积厚度大，沉积物颜色以紫红色为主。曲流河中形成的河道砂体弯曲度相对较大，发育决口扇沉积；浅水三角洲平原亚相中，河道由南向北逐渐变窄，河道分叉合并较多，水流方向复杂。在肇 35 井区中部、葡 47 井区南部和昌德地区河道分叉-合并频率高，形成的河道砂体弯曲度大，发育大量决口扇沉积，沉积物颜色以紫红色为主，局部可能出现少量的灰色、灰绿色，反映水上氧化的沉积环境。

由此说明，FII1 沉积时期区域上沉积水体进一步变浅，主要受南部物源的控制，整个三肇凹陷主体为浅水三角洲平原沉积，仅在三肇凹陷东南部杏山地区发育一套曲流河沉积，浅水三角洲平原和曲流河相中河道砂体均发育，其中以曲流河中砂体单层厚度较大，三肇凹陷沉积中心主要位于北部、西北部和东部地区。

3）FI5 沉积相平面展布

FI5 沉积时期继承了前期的沉积格局，主体主要发育浅水三角洲平原亚相和浅水三角洲前缘亚相。但浅水三角洲前缘亚相范围扩大，反映沉积水体进一步加深（图 3.30）。

如图 3.30 所示，三肇凹陷在该时期受南、北两个方向物源的控制，南部发育 4 条主河道，而北部发育 5 条主河道。河道整体呈南北向展布，河道由浅水三角洲平原向浅水三角洲前缘变窄。浅水三角洲平原沉积物以紫红色为主，包括少量的灰色、灰绿色。自南部注入的河道分别在肇 401 井区附近发生分叉和汇聚后，从东部和西部流出，整个南部葡 47 井区东部—杏山—兴城—昌德东南地区浅水三角洲平原中河道分叉较少，整体以洪泛沉积为主，河道砂体弯曲度较小，决口扇沉积较少发育；北部浅水三角洲平原发育三条主河道，升平地区发育的两条主河道分别在升 71 井区附近分叉，形成的新分流河道向昌德地区汇聚后，流入三肇凹陷西部的浅水三角洲前缘。葡 47 井区—昌德东南部河道分叉相对较强烈，水流方向复杂，河道砂体弯曲度大，决口扇、决口河道发育。葡 47 井区浅水三角洲前缘发育两条主河道，在向昌德地区推进过程中发生多次的分叉、汇聚，一部分分流河道从三肇凹陷西部流出，另一部分分流河道在昌德地区汇聚后，再次从西部浅水三角洲前缘流出。浅水三角洲前缘河道宽度相对浅水三角洲平原变窄，河道砂体弯曲较大，发育大量的水下决口扇沉积。沉积物粒度细，颜色以灰绿色-灰色为主，反映水下还原的沉积环境。

由此说明，FI5 沉积时期水体继续加深，主要发育浅水三角洲平原亚相和浅水三角洲前缘亚相，浅水三角洲前缘亚相向东扩展。受南、北两个方向物源的控制，自南、北注入的河道均从西部浅水三角洲前缘流出。

4）FI1 沉积相平面展布

FI1 沉积时期继承了 FI5 的沉积格局，主体以浅水三角洲前缘沉积为主，但滨浅湖沉积范围相对扩大，反映出三肇凹陷沉积水体进一步加深的特点（图 3.31）。

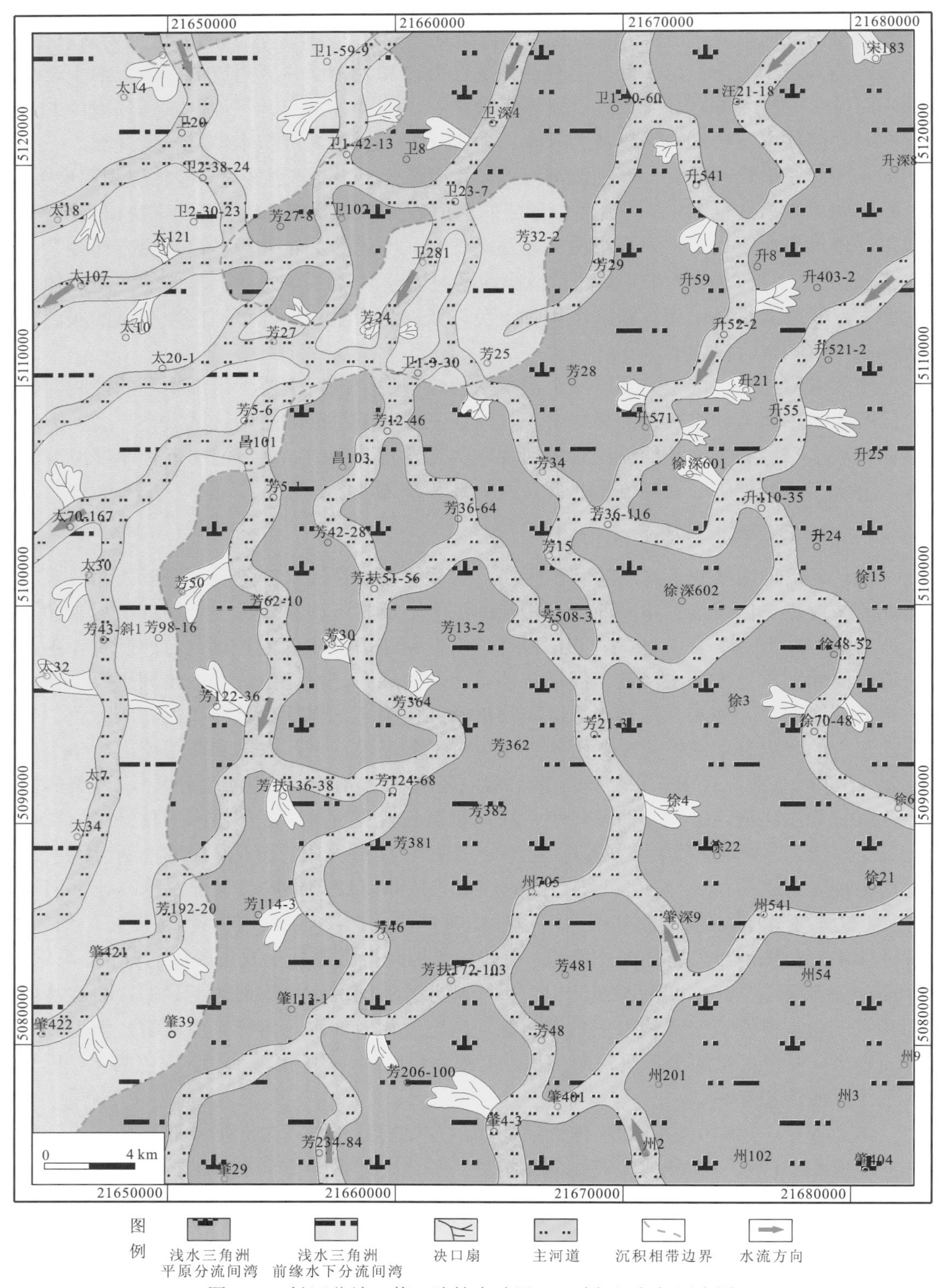

图 3.30　松辽盆地三肇凹陷扶余油层 FI5 砂组沉积相展布图

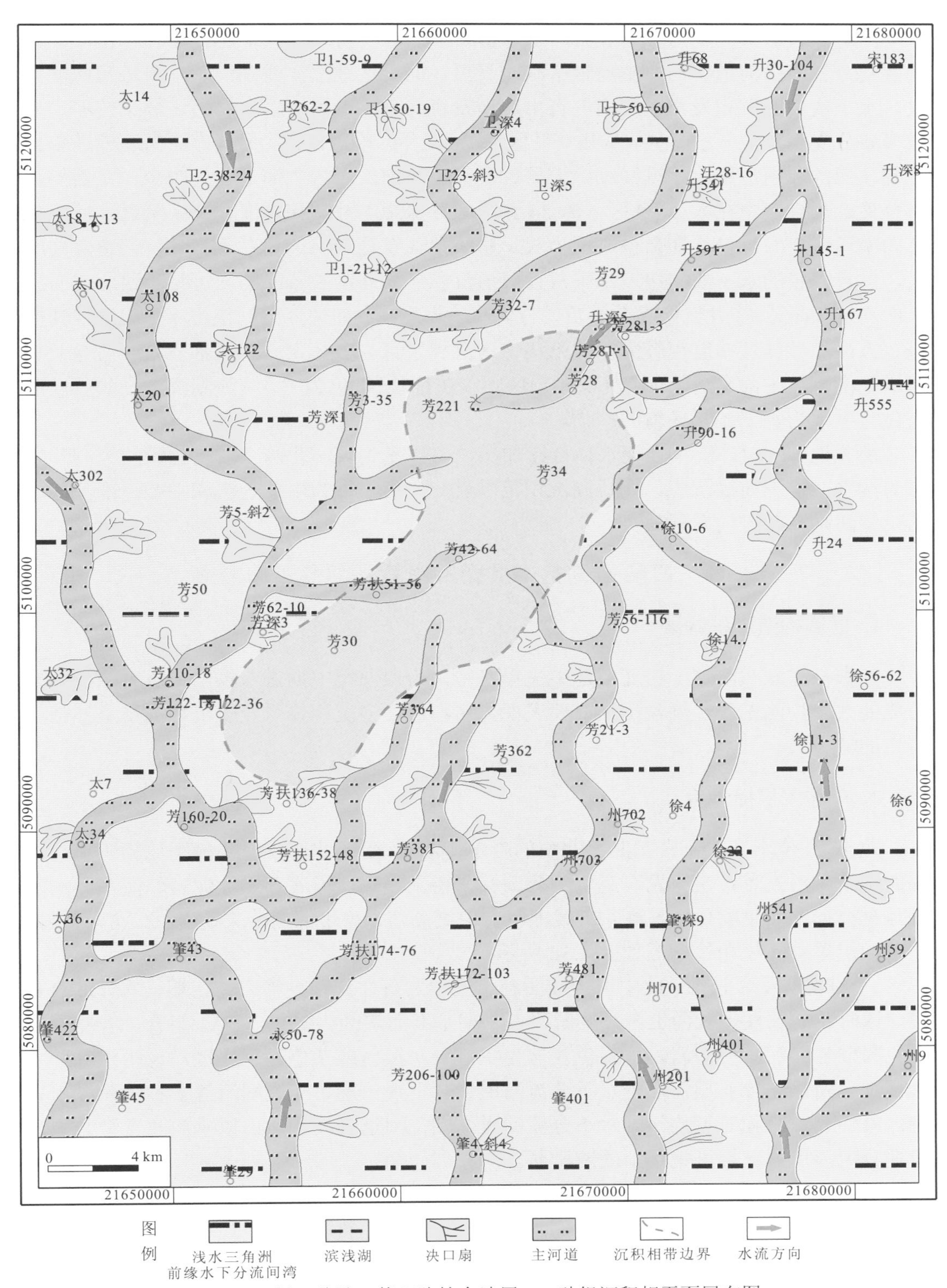

图 3.31 松辽盆地三肇凹陷扶余油层 FI1 砂组沉积相平面展布图

如图 3.31 所示，三肇凹陷主要受南、北两个方向物源的控制。南部和北部均发育 5 条主河道。河道整体呈南北向展布，南部和北部河道较宽，向中部逐渐变窄。南部肇 35 地区发育三条主河道，西部主河道多次分叉后，向昌德地区滨浅湖汇聚。河道弯曲度较大，水下决口扇沉积发育。东南部杏山地区发育两条主河道，以东部河道分叉较多，形成多条分支河道，一方面向东从州 9 井区和州 59 井区附近流出，另一方面向北推进与自北部注入的河道汇聚后向滨浅湖中汇聚、尖灭。北部发育的主河道分叉较少，主要的河道分叉、汇聚集中在太 23 井区、芳 24 井区、升深 201 井区和升深 5 井区附近。河道自北向南逐渐变窄，最终在昌德地区尖灭。整个北部发育的河道相对于南部，河道弯曲度大，发育大量的水下决口扇、水下决口河道沉积。此外，三肇凹陷内可见自西北方向注入的河道，在芳 43 井区附近分叉后，与自南、北两个方向注入的河道汇聚，向滨浅湖推进。该河道砂体弯曲度也较大，水下决口扇沉积发育。总体来看，浅水三角洲前缘亚相河道呈南北宽中部窄的特征，沉积物颜色则以灰色-灰绿色为主。滨浅湖沉积物颜色以深灰色为主，为水下还原环境的产物。

由此说明，FI1 沉积时期水体持续加深，主要受到南、北两个方向物源的控制，主体为浅水三角洲前缘沉积，滨浅湖沉积范围进一步扩大成为主要的沉积中心，部分河道从三肇凹陷东北方向向外延伸。

（二）齐家—古龙凹陷葡萄花油层拗陷湖盆沉积相展布特征

1. 区域构造沉积背景

齐家—古龙凹陷位于松辽盆地中央拗陷带，为白垩纪中期进入拗陷阶段的鼎盛时期形成的大型拗陷湖盆，湖盆沉积主要表现为多物源、多沉积体系及多沉积相带呈环带状展布的特征。

2. 单井沉积相分析

龙 41 井位于齐家—古龙凹陷北部的哈尔温油田，受东北部长轴方向缓坡物源影响且物源供给相对充足，层序发育完整。葡萄花油层上覆葡二段底部黑色泥岩、泥页岩，多处可见介形虫等生物化石，测井曲线上显示尖突高值，为半深湖、深湖沉积。龙 41 井葡萄花油层单井沉积相柱状图如图 3.32 所示。

Y_1-MSC1 发育时期，此中期基准面旋回主要发育在湖盆萎缩充填初期，物源供给充足，该时期是长期基准面上升初期阶段，短期基准面旋回为 C3+C2+A1 组合，岩性以浅灰色粉砂岩、泥质粉砂岩、灰绿色泥岩为主，无灰黑色或杂色泥岩出现，说明该时期发育浅水三角洲前缘亚相，可见水下分流河道、水下决口扇、支流间湾等多种沉积微相类型。PI8、PI6 沉积时期均发育水下分流河道微相，河道规模较大，以垂向叠置型为主，单期分流河道底部均可见清晰的冲刷面。

Y_1-MSC2 发育时期，此中期基准面旋回主要发育在湖盆萎缩充填中期，物源持续供给，短期基准面旋回为 C2+C1+A2 组合，岩性由浅灰色粉砂岩、泥质粉砂岩、灰绿色泥岩组成。该时期发育浅水三角洲前缘沉积，以浅水三角洲前缘水下决口扇、支流间湾沉积为主，水动力不断减弱，砂体发育程度低，常见砂泥互层。

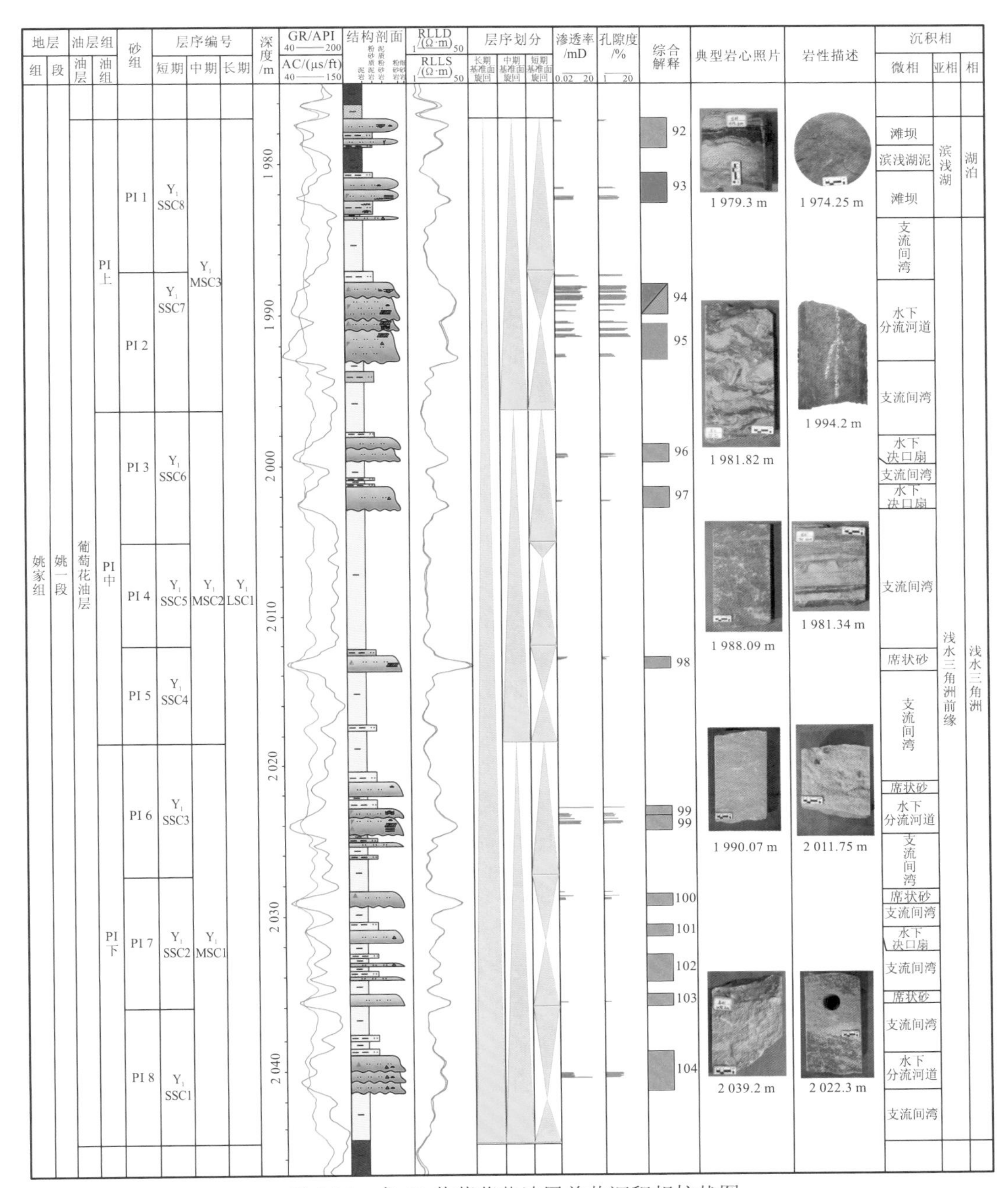

图 3.32　龙 41 井葡萄花油层单井沉积相柱状图

Y_1-MSC3 发育时期，即 PI 上油层组，此中期基准面旋回主要发育在湖盆萎缩充填末期，物源供给充足，从高能河控浅水三角洲沉积转为湖泊沉积，短期基准面旋回为 C1+A2 组合，岩性以浅灰色泥质粉砂岩、灰绿色泥岩为主，河道规模缩小。河道冲刷面底部少见泥砾或细砂岩等，更多是平直的岩性突变现象。沉积物粒度变细，局部可见湖泊作用的变形层理，支流间湾中可见杂色泥岩，说明沉积水体较浅局部处于暴露氧化环境，顶部发育滨浅湖泥和滩坝微相，可见砂枕构造、虫孔等现象，说明水体搅动频繁，泥质条带异常发育，测井曲线齿化特征明显。

垂向上总体表现为由浅水三角洲前缘亚相向滨浅湖亚相演化的过程，基准面逐渐由低向高逐渐波动，其中 PI8、PI6、PI2 沉积时期河道砂体较为发育。

3. 连井剖面沉积相展布分析

1）塔 251 井—敖 18 井

该连井剖面为南北向剖面，Y_1-MSC1 发育时期主体为一套浅水三角洲前缘沉积，龙虎泡阶地由于受西部物源坡折带的影响，早期地层被剥蚀，塔 251 井区附近地层发育不全（图 3.33）。在齐家—古龙凹陷北部发育浅水三角洲前缘亚相，河道发育少，以席状砂和支流间湾沉积为主，中部受西部和东北部物源共同影响，河道发育规模较大，沿物源延伸方向沉积物粒度细，南部局部地层遭受剥蚀，PI6 沉积时期发育滨浅湖沉积。

Y_1-MSC2 发育时期，由于地形平缓，继承了 Y_1-MSC2 发育时期的沉积格局，主体仍然以一套浅水三角洲前缘沉积为主。北部在高能浅水三角洲沉积体系的控制下，形成多期叠置的大型、厚层复合水下分流河道砂体，向南水下分流河道规模不断缩小，在中部发育小型水下分流河道，砂体较薄，席状砂体比较发育，南部整体发育滨浅湖沉积，并且面积逐渐变大。

Y_1-MSC3 发育时期水下分流河道砂体发育规模较小，明显向物源区退积，反映湖平面上升的特征。该时期主体为一套浅水三角洲前缘沉积，水下分流河道在北部较为发育。PI1 沉积时期齐家—古龙凹陷北部发育滨浅湖亚相，中部以支流间湾微相为主，南部继承了早期滨浅湖沉积格局。

受东北部物源影响，塔 251 井—敖 18 井连井剖面整体发育浅水三角洲前缘亚相。东北部近物源，水下分流河道广泛发育，连通性较好，中部为沉降中心，砂岩相对不发育。南部局部受西部物源影响，剖面横切水下分流河道，砂体呈透镜状，垂向上滨浅湖沉积范围不断扩大，反映沉积水体不断加深的过程。

2）英 141 井—葡 51 井

该连井剖面为东西向剖面，Y_1-MSC1 发育时期主体为一套浅水三角洲前缘沉积，西部受短轴方向物源影响明显，而东部受长轴方向缓坡物源影响明显，导致后期水下分流河道主要在西部发育，东部及中部水下分流河道砂体零星发育（图 3.34）。

Y_1-MSC2 发育时期，基本继承了前期的沉积格局，西部主体以西部短轴方向陡坡物源影响下的浅水三角洲前缘沉积为主，东部主体以东北部长轴方向缓坡物源影响下的浅水三角洲前缘沉积为主。该时期水下分流河道砂体零星发育，厚度相对较薄。随着湖平面上升，西部水下分流河道迅速萎缩，砂体发育局限，中部以浅水三角洲前缘沉积为主。Y_1-SSC6 发育时期，主体以支流间湾沉积为主，该时期水下分流河道砂体发育较少，仅在个别井区零星发育，单层砂体厚度较薄。

Y_1-MSC3 发育时期，继承了 Y_1-SSC6 发育时期的沉积格局，主体以浅水三角洲前缘沉积为主，该时期水下分流河道砂体很少发育，且单层砂体厚度很薄；随着沉积水体持续加深，全区被三角洲前缘沉积覆盖，该时期仅在东部发育水下分流河道砂体，且单层砂体厚度较薄。

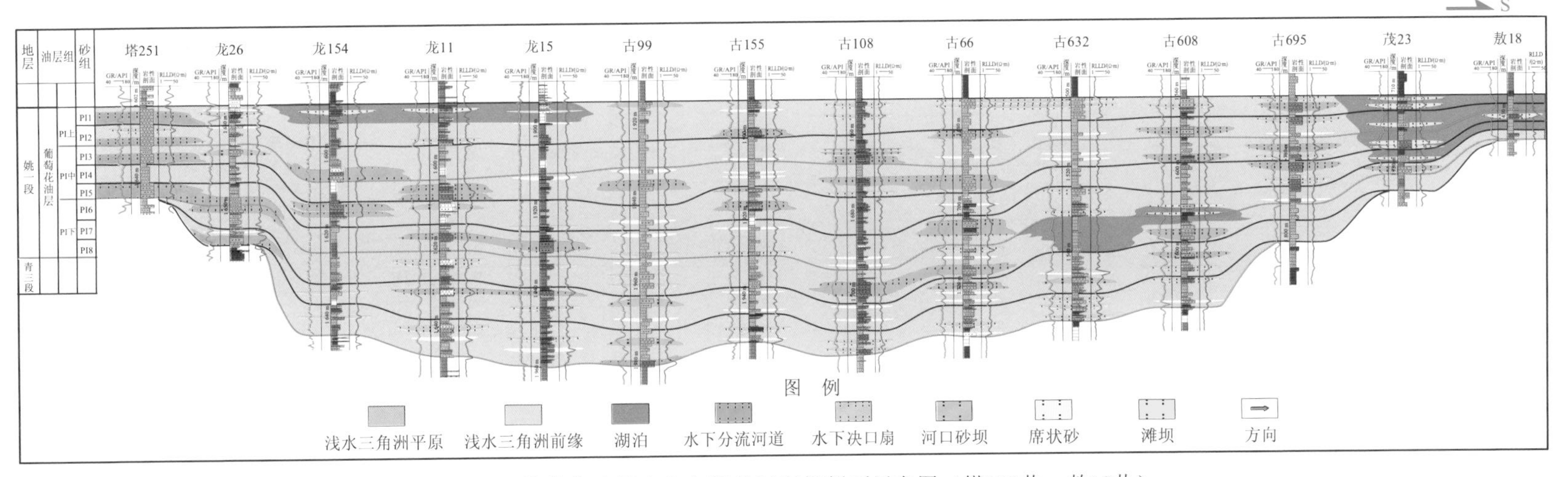

图 3.33　葡萄花油层南北向连井沉积相剖面展布图（塔251井—敖18井）

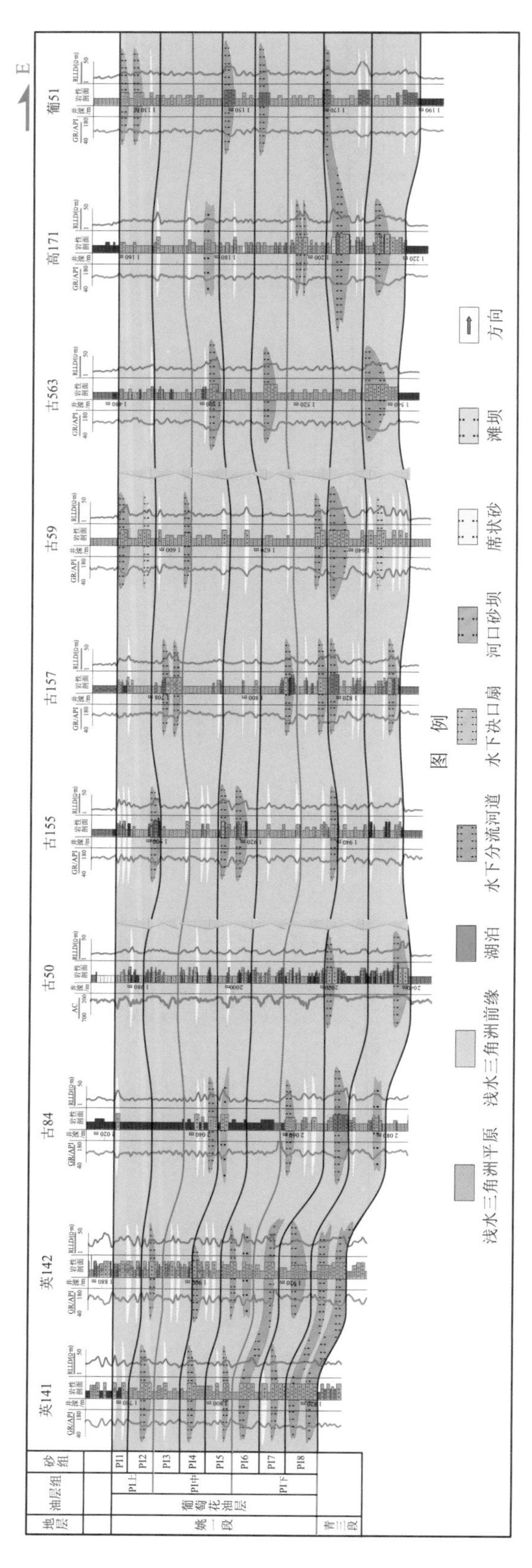

图 3.34　葡萄花油层东西向连井沉积相剖面展布图（英141井—葡51井）

总体来看，通过 8 个砂组的沉积相精细解剖，可以发现齐家—古龙凹陷葡萄花油层整体上沉积水体由浅变深，形成了西部沉积体系与东北部沉积体系，以浅水三角洲前缘亚相为主，西部水下分流河道早期迅速发育，并随着湖平面上升快速萎缩，北部水下分流河道受东北部物源影响，水下分流河道延伸较远，垂直于物源呈透镜状分布。

4. 沉积相平面展布特征

根据连井剖面层序地层格架内沉积相纵向演化和横向展布规律，对齐家—古龙凹陷葡萄花油层沉积相平面展布特征进行详细分析。

1）Y_1-MSC1 发育时期

Y_1-SSC1 发育时期，泥岩颜色主要为灰绿色，西北部可见紫红色，南部可见灰黑还原色，反映齐家—古龙凹陷主要受两个物源体系的影响，齐家—古龙凹陷受东北部长轴方向缓坡物源的影响发育浅水三角洲前缘亚相，局部地区发育滨浅湖亚相；龙虎泡阶地及古龙地区受到西部短轴方向陡坡物源影响发育浅水三角洲平原及浅水三角洲前缘亚相。两个沉积体系在齐家—古龙凹陷中部葡西、新肇地区交会，并在南部发育少量滨浅湖亚相。结合地震属性资料分析发现，齐家—古龙凹陷西部及西北部方向水下分流河道较宽，河道能量较强，呈网状向中部频繁迁移，规模逐渐缩小，最终水下分流河道砂体汇聚在齐家—古龙凹陷中部葡西油田及新肇北部区域。河流向南汇入滨浅湖，沉积灰黑色泥岩，局部发育透镜状滩坝［图 3.35（a)]。

Y_1-SSC2 发育时期，浅水三角洲前缘沉积范围逐渐增大，在齐家—古龙凹陷多数井可见灰绿色泥岩，水下分流河道规模与前期相似，延伸至南部，西部水下分流河道受陡坡地势影响和季节性变化影响更为明显，该时期水下分流河道短距离延伸，而高能沉积水体不断沿水下分流河道正前方延伸，水动力逐渐向侧缘方向降低，导致水下分流河道侧缘及分叉口不断发育滞留沉积，在古 355 井—古 148 井等地区“V”形或指状河口砂坝沉积。西部物源水下分流河道与北部水下分流河道在古 154 井区汇聚，河道规模变大，发育 7 条主要水下分流河道，多条河道频繁分叉汇聚呈网状形态展布。

Y_1-SSC3 发育时期，基本继承了上个时期的沉积形态，浅水三角洲平原逐渐后退，齐家—古龙凹陷以浅水三角洲前缘亚相为主，表现为多支水下分流河道顺源、条带状分布于全区。北部发育 6 条水下分流河道，河道能量持续供给充足延伸至南部，西部可识别出 5 条短轴方向物源水下分流河道，河道能量供给逐渐减弱，延伸距离短，与北部水下分流河道无法交汇。由于地势坡度较陡，沉积物仍在水下分流河道分叉口堆积，发育河口砂坝微相，席状砂体呈朵状分布在水下分流河道侧缘及末端。

2）Y_1-MSC2 发育时期

Y_1-SSC4 发育时期，由于基准面持续上升，浅水三角洲平原亚相分布范围逐渐减小，其他大部分地区仍发育浅水三角洲前缘亚相。由于湖平面不断上升在哈尔温及杏西等北部局部地区发育小型湖泊沉积，可见灰黑色泥岩。北部水下分流河道继承早期发育规模，西部水下分流河道规模减小，仅在古 38 井区附近与北部水下分流河道汇聚，沉积中心主要位于齐家—古龙凹陷。

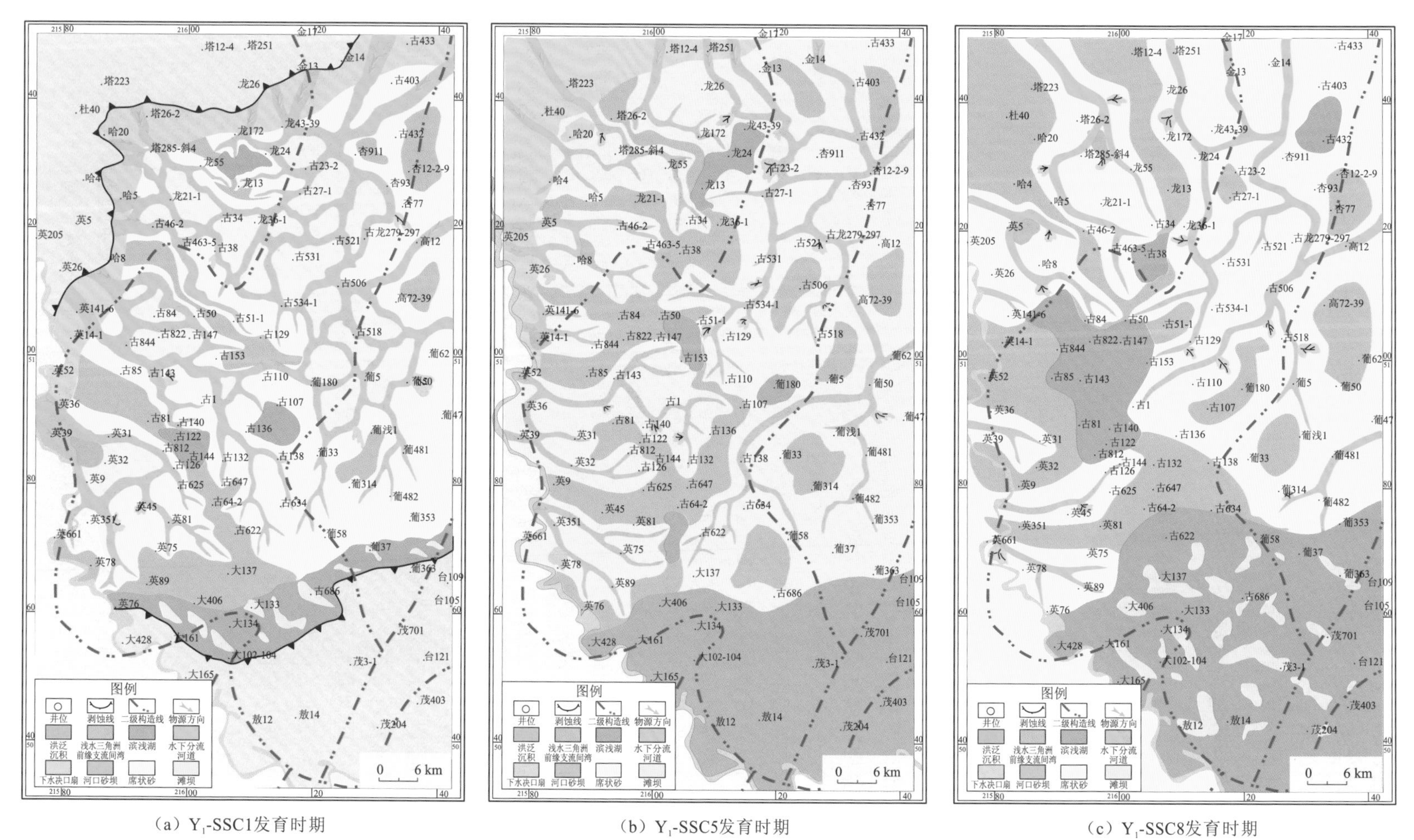

（a）Y_1-SSC1发育时期

（b）Y_1-SSC5发育时期

（c）Y_1-SSC8发育时期

图 3.35 松辽盆地齐家—古龙凹陷葡萄花油层关键时期层序地层格架内沉积相平面展布图

Y_1-SSC5 发育时期，湖平面进一步上升，水下分流河道退积，西部短轴方向物源供给大幅减少，与北部水下分流河道无法交汇，由于地势坡度减缓只在水下分流河道分叉口零星堆积，河口砂坝沉积欠发育，席状砂体呈朵状分布在水下分流河道侧缘及末端，呈片状发育。南部滨浅湖沉积范围进一步增大，在敖北、新站鼻状构造处多见透镜状砂体沉积［图 3.35（b）］。

Y_1-SSC6 发育时期，基本上继承了 SSC5 发育时期的沉积格局，湖平面快速上升，浅水三角洲平原亚相仅发育在齐家—古龙凹陷西北部。水下分流河道砂体中多见泥质条带，浪控作用显著，湖泊沉积发育；北部主干水下分流河道减少至三条，浅水三角洲前缘水下分流河道进一步变窄，中部水下分流河道砂体发育较少，沉积物粒度细，主要发育席状砂及支流间湾沉积；南部滨浅湖沉积范围进一步扩大，在葡西鼻状构造南部多见透镜状砂体沉积。

3）Y_1-MSC3 发育时期

Y_1-SSC7 发育时期，由于基准面持续上升，齐家—古龙凹陷大部分区域发育浅水三角洲前缘亚相，北部水下分流河道继承早期发育规模，发育两条主干河道；西部短距离物源供给大幅减少，与北部水下分流河道无法交汇，由于沉积物流量不足未发育河口砂坝沉积，席状砂体呈朵状分布在水下分流河道侧缘及末端。随着北部长轴方向物源供给减少，水下分流河道顺物源呈干枝状、分叉延伸，但距离短，砂体席状砂化特征明显。南部滨浅湖沉积范围逐渐扩大，局部可见砂体沉积。

Y_1-SSC8 发育时期，湖平面持续上升，基本上继承了 SSC5 发育时期的沉积格局，西部水下分流河道零星发育，浪控作用显著，可见中型湖泊沉积；北部浅水三角洲前缘水下分流河道进一步变窄，主要发育席状砂及支流间湾沉积；南部滨浅湖沉积范围进一步扩大，在古龙凹陷中部多见透镜状砂体沉积［图 3.35（c）］。

第三节　构造-沉积充填演化模式

松辽盆地不同时期的断陷湖盆范围、构造活动、物源体系及沉积环境均存在显著差异。早期断陷阶段，盆地以小范围的断陷湖盆为主，以发育扇三角洲及辫状河三角洲等粗粒砂砾岩沉积为特征（蔡全升 等，2018，2017；李占东 等，2015）；拗陷阶段湖盆范围广，发育曲流河-浅水三角洲-湖泊沉积体系（张顺 等，2011a；Feng et al.，2010）；萎缩隆褶阶段湖泊收缩消亡，发育河流-冲积平原沉积体系（韩建辉 等，2009）。盆地的沉积充填演化特征与盆地发育历史密切相关，为了进一步明确松辽盆地深层断陷湖盆与中浅层拗陷湖盆的沉积充填演化特征，根据典型研究实例总结松辽盆地不同阶段的构造-沉积充填演化模式。

一、断陷湖盆构造-沉积充填演化模式

前人研究表明，断陷湖盆的发育往往具有幕式特征，不同的阶段断陷湖盆构造运动强度具有显著差别。根据构造运动强度及断陷湖盆发育特征，松辽盆地深层断陷湖盆划分为初始断陷、强烈断陷及断陷萎缩三个阶段，不同时期断陷湖盆的构造运动特征及沉积充填演化均具有较大差异（杨文杰 等，2019；Cai et al.，2017；陈贤良 等，2014）。

在初始断陷阶段，断裂活动强烈，火山喷发作用显著，往往会形成多个小型断陷盆地。这些断陷盆地通常是一侧以断裂为边界，另一侧则为相对缓坡，伴随着断裂的持续活动，部分小断陷盆地连成一体。在初始期，可能以火山岩为主，随着火山活动的减弱，断陷湖盆与周围山地相邻的陡坡带一侧以扇三角洲沉积为主，而缓坡一侧发育冲积扇-扇三角洲沉积体系，湖泊范围较小且多不连片发育，沉积物通常颜色杂、粒度粗。以梨树断陷为例，火石岭组沉积时期，该区处于初始断陷阶段，盆地范围小，水体较浅，出现了多个相对独立、分割性强的洼槽，具有多个沉降中心，受气候、四周近物源及强烈火山活动的影响，湖平面变化频繁，无论是陡坡还是相对缓坡区域都主要发育冲积扇及扇三角洲沉积体系，沉积物以安山岩、安山质角砾岩、凝灰岩等火山岩与杂色砂砾岩、灰绿色角砾岩、灰色泥岩等互层为特征［图 3.36（a）］。

（a）初始断陷期

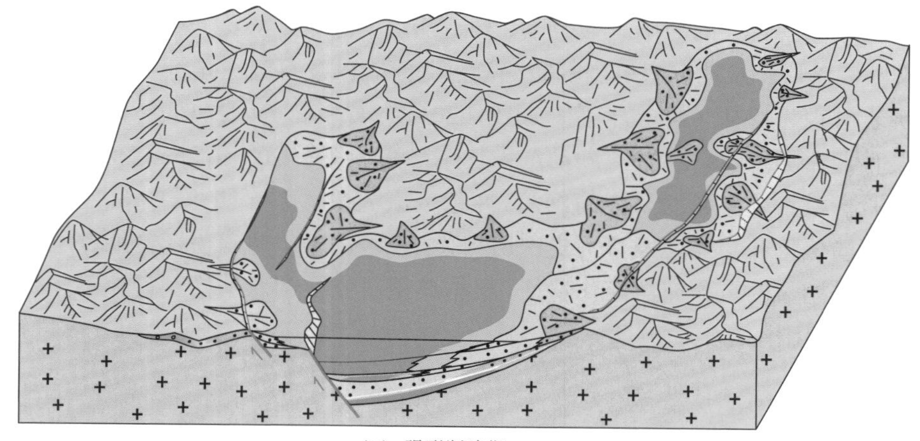

（b） 强烈断陷期

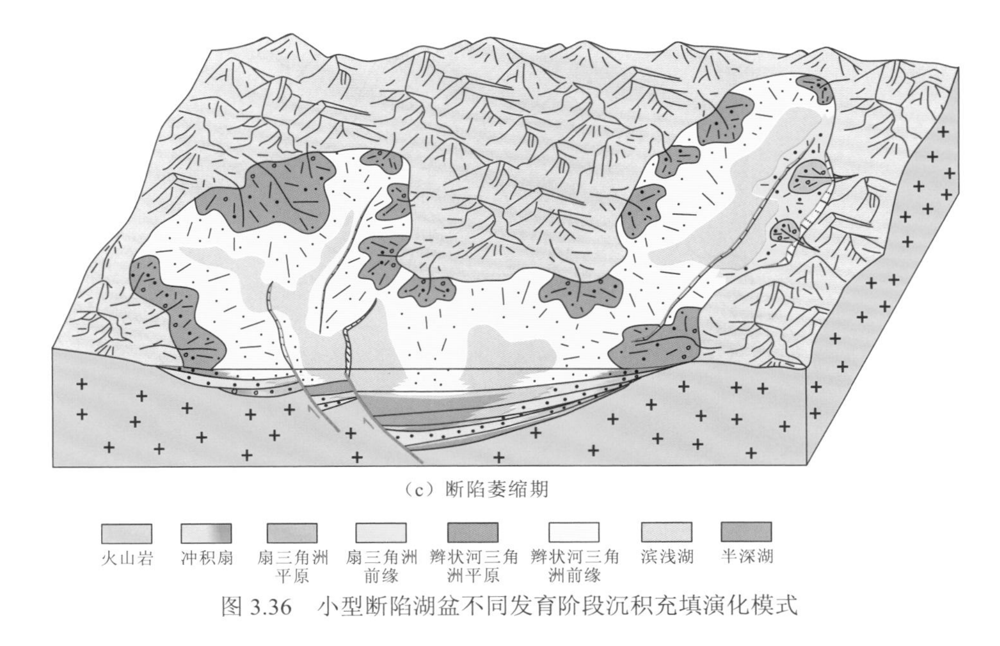

（c）断陷萎缩期

图 3.36　小型断陷湖盆不同发育阶段沉积充填演化模式

强烈断陷阶段，主要表现为控盆断裂的持续活动，断陷湖盆沉降速率显著增加，范围持续扩大，但总体上仍属于小型断陷湖盆，断陷盆地类型以箕状断陷盆地为主。随着断陷湖盆的逐步扩大，缓坡物源区距离增大，沉积体系仍以扇三角洲及湖泊沉积为主，其中陡坡一侧以扇三角洲沉积为主，而缓坡一侧则开始由扇三角洲沉积过渡为辫状河三角洲沉积，湖泊沉积范围扩大，逐步连成一体，该时期往往也是烃源岩最为发育的阶段［图 3.36（b）］。

随着控盆断裂活动的减弱，断陷湖盆开始进入断陷萎缩期，湖盆沉降速率明显降低，但湖盆范围扩大明显，至营城组沉积末期，断陷湖盆规模基本达到最大。但由于构造运动相对减弱，湖盆地形也相对变缓，在这种古构造和古地形背景下，湖盆以发育扇三角洲沉积和辫状河三角洲沉积为主。其中，陡坡发育扇三角洲沉积，其规模较强烈断陷阶段明显缩小，缓坡发育辫状河三角洲沉积，其沉积区域显著扩大，湖泊沉积相对发育［图 3.36（c）］。

总体而言，松辽盆地陆相断陷湖盆不同的发育阶段对应不同的沉积体系，导致不同阶段湖盆的烃源岩与储层类型及展布特征具有显著的差异性。因此，准确划分断陷湖盆发育演化阶段，精细刻画沉积体系展布，对分析这些小型断陷湖盆油气勘探潜力至关重要。

二、拗陷湖盆构造-沉积充填演化模式

松辽盆地深层断陷湖盆发育完成后，随着登楼库组沉积时期湖盆由断转拗，各个断陷湖盆开始连成一片，松辽盆地开始进入拗陷阶段，形成统一连通的拗陷湖盆，湖泊范围极大。除了靠近盆源区发育冲积扇，绝大部分区域以发育曲流河、三角洲与湖泊沉积体系为主，并且由于整体地形较缓，湖盆发育典型的浅水三角洲沉积，沉积体系分布受湖平面变化控制明显（图 3.37）（Deng et al.，2019；黄薇 等，2013；Cai and Zhu，2011；张顺 等，2011a，2011b；胡明毅 等，2009）。

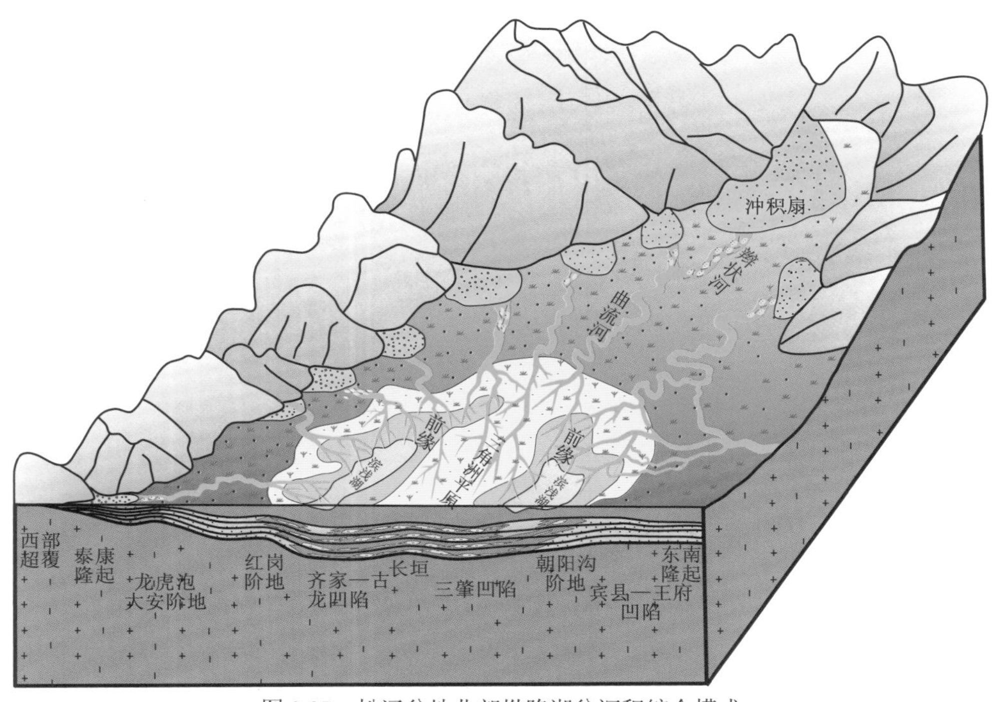

图 3.37　松辽盆地北部拗陷湖盆沉积综合模式

以松辽盆地葡萄花油层为例，葡萄花油层沉积时期处于盆地整体沉降阶段，区域上发育西部、东北部双物源，在中部交汇分割成两个不同的沉积体系：北东—南部自下而上发育浅水三角洲平原、浅水三角洲前缘及滨浅湖沉积；西北部以小规模正常三角洲沉积体系为主，自下而上发育三角洲平原、三角洲前缘及滨浅湖沉积。沉积体系分布演化与湖平面变化关系明显。葡萄花油层沉积早期，湖平面较低，全区主要发育浅水三角洲平原-浅水三角洲前缘交替沉积模式，水下分流河道和分流河道都较为发育，并交汇呈网状，河道沉积砂体向湖盆中心推进；葡萄花油层沉积中期，随着湖平面上升，发育浅水三角洲平原-浅水三角前缘-湖泊沉积体系，水下分流河道和分流河道数量及规模不断减小，交叉较少，河道呈条带状，湖泊沉积范围逐渐扩大；葡萄花油层沉积晚期，随着湖平面进一步上升，岸线继续后退，浅水三角洲前缘沉积范围扩大，发育大量席状化砂体，湖盆中央沉积暗色泥岩。葡萄花油层自下而上反映了拗陷湖盆湖水加深、基准面长期上升的沉积演化规律（图 3.38）。

基于这些不同时期的拗陷湖盆沉积充填演化模式分析，拗陷湖盆沉积特征还具有一定的特殊性。一是拗陷湖盆范围大、地形平缓、湖平面的小幅度上升，使得浅水三角洲相带边界迅速后退，导致浅水三角洲前缘区域迅速扩张。然而，在涨落水体的影响下，该相带边界的迁移不是单向的，而是双向的。其中一个沉积结果是泥岩颜色的变化，灰绿色的泥岩常伴有杂色泥岩，两者常同时出现，说明水体来回波动导致泥岩在氧化和还原环境里交替沉积（Cai et al.，2022）。二是拗陷湖盆浅水三角洲前缘砂体延伸范围广且砂体薄。湖平面短期下降导致河道沉积向湖泊方向进积，而湖平面波动式上升导致河道沉积中止，河道砂体受湖浪作用改造形成席状砂化薄层砂体，拗陷盆地浅水三角洲前缘砂体厚度减薄、分布变广。因此，浅水三角洲相带的双向迁移和湖平面频繁波动是浅水三角洲前缘砂体厚度薄、延伸范围广的主要原因。

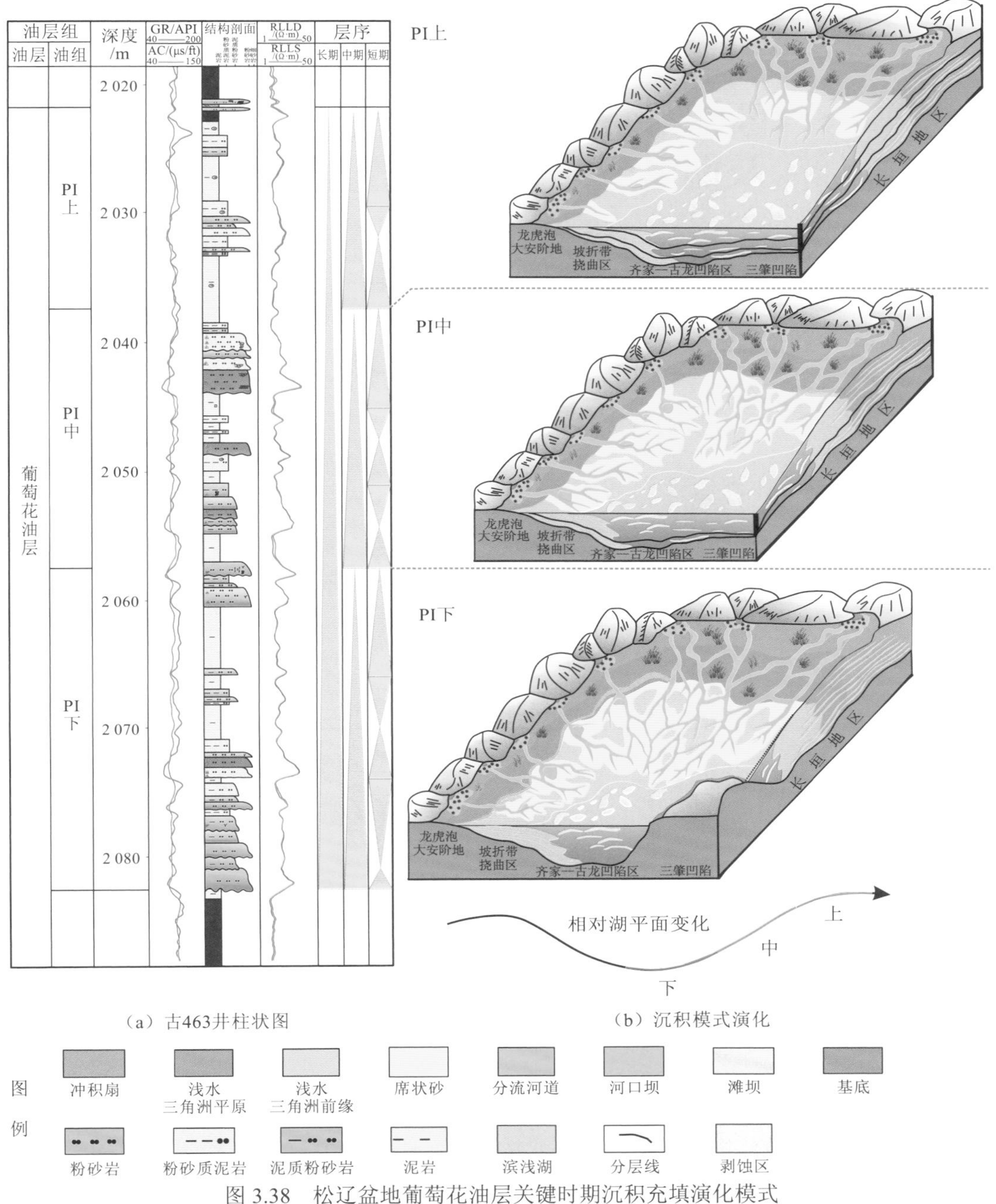

图 3.38　松辽盆地葡萄花油层关键时期沉积充填演化模式

断陷-拗陷湖盆控砂机理及储层分布预测

第一节 储集砂体类型及特征

一、断陷湖盆储集砂体类型及特征

（一）储集砂体类型及沉积特征

断陷湖盆中辫状河三角洲与扇三角洲沉积体系最为发育（蔡全升 等，2016）。根据钻井、岩心及测井资料分析，储层以砂砾岩、粗砂岩和细砂岩为主。依据形成的主要沉积环境，将储层划分为辫状河三角洲储层与扇三角洲储层，不同储层的岩石在沉积规模、粒度、磨圆、分选及成分上均具有较大的差异（表4.1），岩性特征如图4.1所示。

表4.1 断陷湖盆储层类型划分

类型	岩性	砂体成因	沉积规模
扇三角洲储层	细-中角砾岩 细砾 粗砂岩	河道沉积	连续沉积砂岩厚度较大，夹层薄，最大厚度可达100 m
辫状河三角洲储层	中-细砾岩 粗砂岩 细砂岩	河道沉积	连续沉积砂砾岩厚度普遍为20 m左右，最大厚度仅为50 m，砂体间多见厚层砂泥岩薄互层

1. 扇三角洲储集砂体

扇三角洲储集砂体作为断陷湖盆中重要的储层岩石类型之一，主要包括细-中角砾岩[图4.1（a）]、细砾岩［图4.1（b）］和粗砂岩［图4.1（c）]。扇三角洲砾岩和角砾岩主要发育于断陷湖盆裂陷早期，部分最大沉积厚度可达100 m。其砾石大小混杂，可见细-中砾岩沉积，磨圆较差，以棱角状-次棱角状为主，砾石间泥质成分较多，杂基多为杂色，但支撑结构以颗粒支撑为主。砾岩成分主要为喷出岩岩屑、变质岩岩屑、泥岩岩屑和碎屑颗粒等，整体成分成熟度和结构成熟度均较低。扇三角洲砂岩多形成于相对靠近物源区的沉积水体环境，其岩性主要为含砾粗砂岩和粗砂岩，多发育于突发性沉积背景。扇三角洲砂岩和辫状河三角洲砂岩类型具有相似性，但砾石多呈次棱角状，且所夹泥岩颜色更深，岩石成分成熟度和结构成熟度更低，发育规模也相对较小。

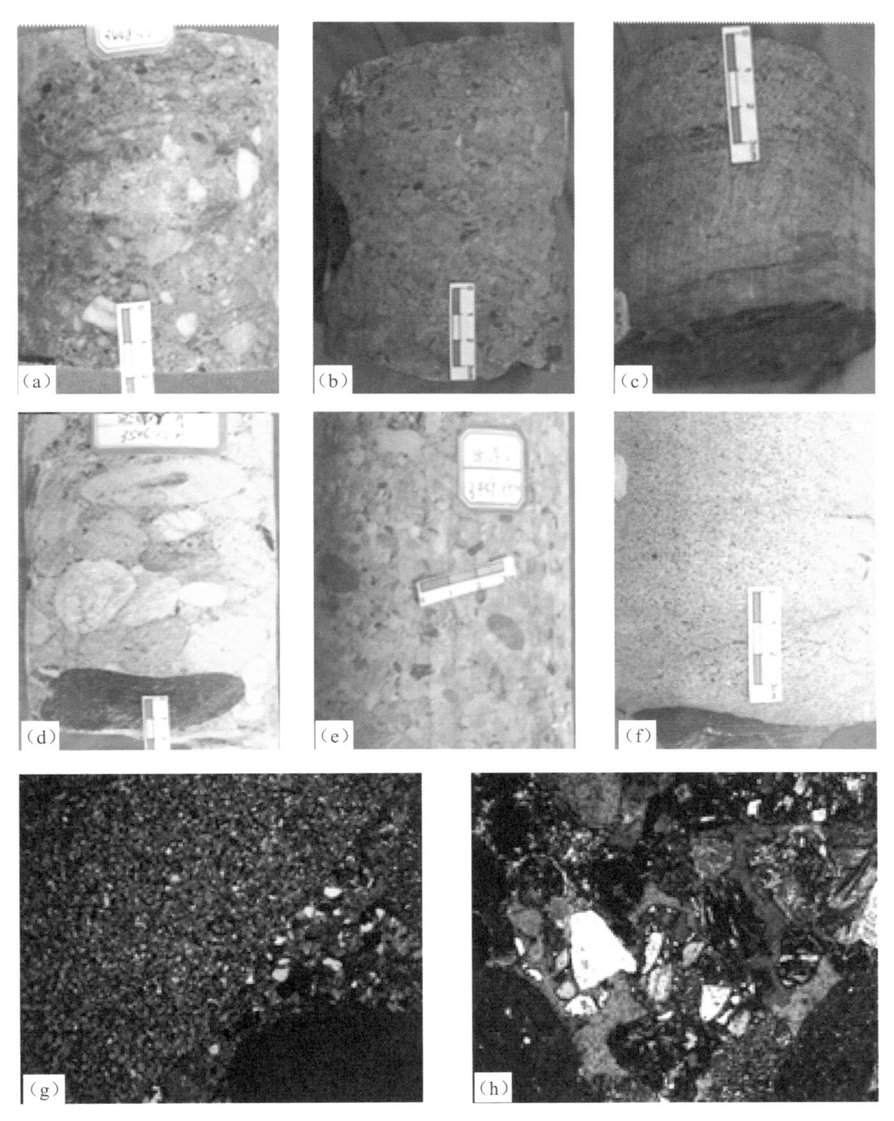

图 4.1 断陷湖盆扇三角洲及辫状河三角洲岩性特征

(a)灰色细-中角砾岩，分选差，次棱角状，达深 302 井，3 448.42 m；(b)灰色细砾岩，砾石多小于 0.5 cm，达深 3 井，3 516.09 m；(c) 灰色粗砂岩，可见暗色泥质纹层，达深 3 井，3 622.24 m；(d) 灰色中砾岩，砾石磨圆较好，达深 14 井，3 506.12 m；(e) 灰色细砾岩，砾石分选较好，以次圆状-圆状为主，达深 6 井，3 450.37 m；(f) 浅灰色粗砂岩，底部见冲刷面，达深 15 井，3 736.0 m；(g) 灰色中砾岩，砾岩成分为凝灰岩和板岩岩屑，达深 14 井，3 507.67 m；(h) 灰色细-中砾岩，砾岩成分为火成岩岩屑，达深 14 井，3 674.11 m

2. 辫状河三角洲储集砂体

辫状河三角洲砂储集砂体主要由中砾岩、粗砂岩和细砾岩组成［图 4.1（d）～（f）］。辫状河三角洲砾岩通常为中-细砾岩，粗砾岩较为少见，多发育辫状河三角洲平原亚相。砾石整体分选中等，磨圆较好，以次棱角状-次圆状为主，部分可见定向排列特征，砾石颗粒之间多为砂质充填，具有砂质支撑结构或砾石支撑结构。砾岩成分可见大量来自早期火山活动形成的凝灰岩、流纹岩、粗面岩或安山岩等［图 4.1（g）、（h）］，也可见部分变质岩和沉积岩，如泥岩碎块等。辫状河三角洲砂岩主要为含砾砂岩和粗砂岩，发育少量的细砂岩，粉砂岩较为少见，辫状河三角洲砂岩主要发育于辫状河三角洲前缘亚相。含砾砂岩中，砾石通常较小，直径多小于 1 cm。通过岩石薄片分析鉴定，砂岩类型主要为岩屑长石砂岩、长石岩屑砂岩和岩屑砂岩。

（二）储集砂体物性特征

断陷湖盆砂砾岩储层属于特低孔特低渗储层（图 4.2），其孔隙度为 1.1%～8.9%，平均为 4.2%，主体分布区间为 2%～6%。渗透率为（0.004～10.1）$\times10^{-3}$ μm^2，平均为 0.32$\times10^{-3}$ μm^2，主体分布区间为（0.01～1）$\times10^{-3}$ μm^2。

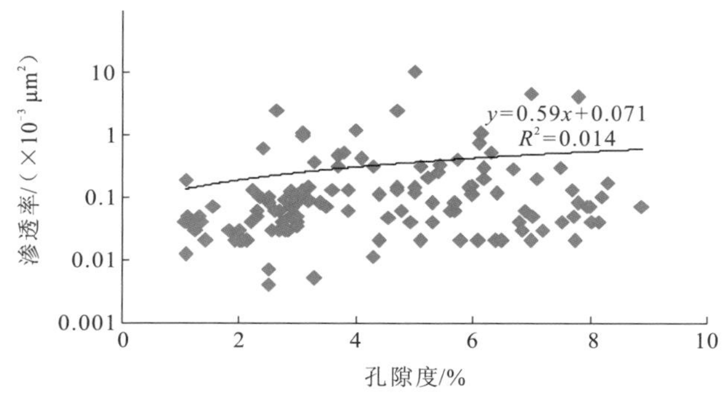

图 4.2 断陷湖盆储层孔隙度-渗透率相关性

砂岩储层和砾岩储层物性存在差异（图 4.3）。砂岩储层孔隙度为 1.1%～8.9%，平均为 4.6%，砾岩储层孔隙度为 1.1%～8.2%，平均为 4.1%。砂岩储层渗透率为（0.005～1）$\times10^{-3}$ μm^2，砾岩渗透率为（0.004～10.1）$\times10^{-3}$ μm^2，总体特征表现为砂岩储层物性要稍好于砾岩储层物性，但相差较小。

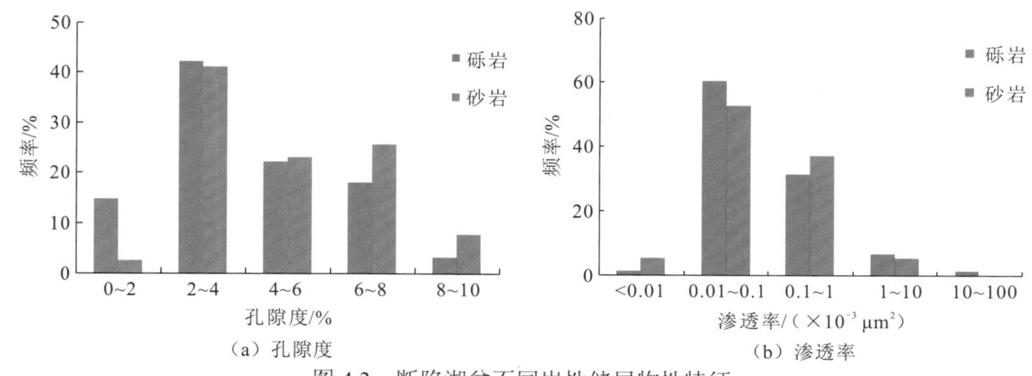

（a）孔隙度　（b）渗透率

图 4.3 断陷湖盆不同岩性储层物性特征

辫状河三角洲前缘水下分流河道储层孔隙度相对较好，为 2.6%～8.9%，平均为 6.7%，渗透率为（0.02～0.98）$\times10^{-3}$ μm^2，平均为 0.13$\times10^{-3}$ μm^2。辫状河三角洲平原分流河道储层孔隙度次之，为 1.1% ～7.8%，平均为 4.0%，渗透率为（0.004～10.1）$\times10^{-3}$ μm^2，平均为 0.46$\times10^{-3}$ μm^2。扇三角洲平原分流河道储层孔隙度相对最差，平均为 2.8%，渗透率平均为 0.16$\times10^{-3}$ μm^2，总体辫状河三角洲储层物性好于扇三角洲平原储层物性(图 4.4)。

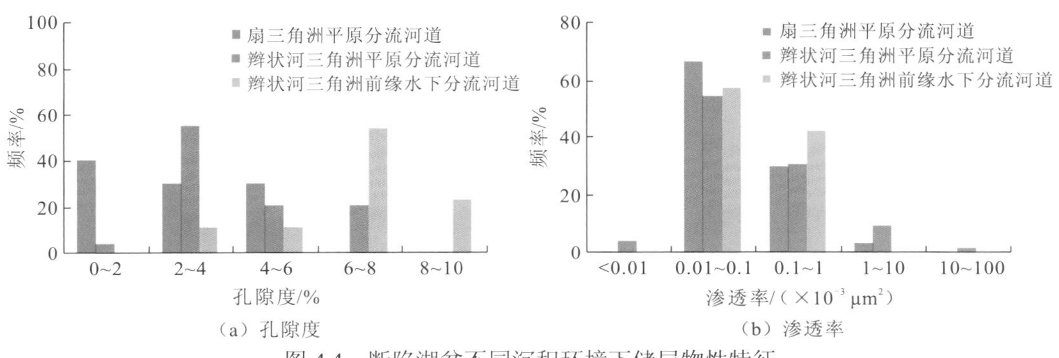

图 4.4 断陷湖盆不同沉积环境下储层物性特征

储层物性特征分析表明，断陷湖盆中储层的物性普遍较差。尽管不同岩性或不同沉积相带的粗粒沉积物储层物性有所差异，但普遍相差不大，都属于特低孔低特渗储层，而这类储层的油气勘探开发往往需要进行压裂改造从而获得突破（邵曌一等，2019）。

二、拗陷湖盆储集砂体类型及特征

（一）储集砂体类型及沉积特征

拗陷湖盆主要以曲流河-浅水三角洲储集砂体最为发育，主要储集砂体为分流河道、水下分流河道及席状砂储集砂体，分流河道储集砂体进一步划分为分流水道型、边滩型和直岸边滩型（Deng et al.，2019）。

1. 曲流河道储集砂体

以民 67 井 FII1 为例，取心段为 1 247.3～1 256.6 m，沉积一套 9.3 m 的曲流河道储集砂体（图 4.5），以细砾岩、细砂岩及粉砂岩为主，在测井曲线上为一单砂体，通过精细岩心分析表明，曲流河道发育 6 次叠加充填，自下而上沉积特征表现为：①期曲流河道厚度为 2.54 m；②期曲流河道厚度为 1.28 m；③期曲流河道厚度为 1.11 m；④期曲流河道厚度为 1.02 m；⑤期曲流河道厚度为 1.61 m；⑥期曲流河道厚度为 1.74 m。每期曲流河道储集砂体的底部都有明显的冲刷面及底部滞留沉积。

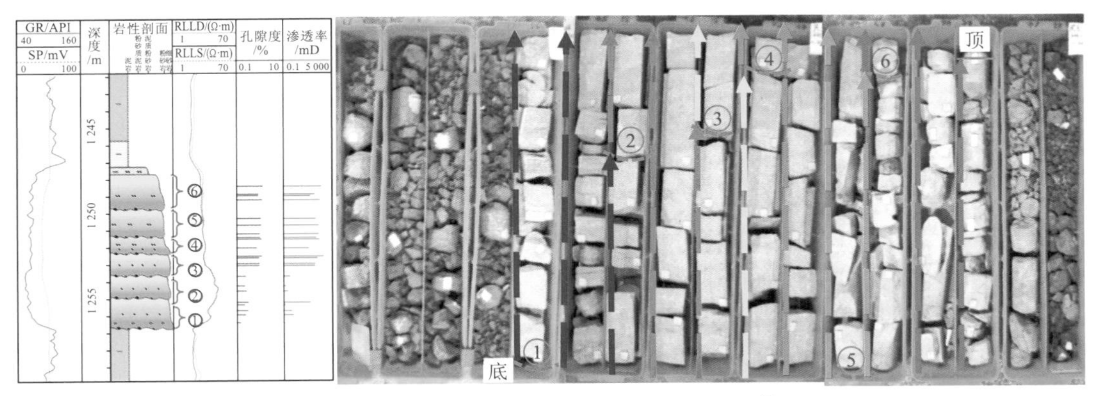

图 4.5 曲流河道砂体内部沉积旋回（民 67 井）

2. 分流水道型储集砂体

对鄱阳湖赣江中支上徐村三角洲平原分流河道的水道进行垂直钻取剖面，研究其垂向沉积序列（金振奎 等，2014）。对比发现与泉四段岩相组合类似，其沉积厚度达 30 m，如果后期埋藏经过压实，其厚度通常会减少到原来的 30%～50%，为 15 m 左右，具有多个粗细交替的韵律构造，这种沉积序列的分流河道类型即为分流水道型储集砂体。

分流水道型储集砂体主要为加积特征，河道弯曲度小，但水动力相对较强，底部见滞留沉积，发育小-中型交错层理、块状层理及平行层理等，河道宽度一般为 300～1 000 m。如在民 7 井 1 215.66～1 223.31 m 井段发育 7.65 m 的分流水道型储集砂体，整体以细砂岩为主，发育 5 个四级构型界面，6 个单成因砂体。a 段沉积厚度为 1.48 m，底部发育 3 期几厘米的砾岩-块状层理，顶部为四级构型界面。b 段沉积厚度为 0.74 m，发育块状层理，底部发育冲刷面，局部可见泥砾。c 段沉积厚度为 0.91 m，底部可见冲刷面，沉积 1 cm 的泥砾层，向上发育块状层理-板状交错层理-槽状交错层理，顶部为四级构型界面。d 段沉积厚度为 1.06 m，发育板状交错层理-块状层理，底部发育冲刷面，顶部为四级构型界面。e 段沉积厚度为 2.15 m，底部发育冲刷面，向上发育块状层理-板状交错层理-槽状交错层理，为四级构型界面。f 段沉积厚度为 1.31 m，底部发育冲刷面，向上发育槽状交错层理-块状层理-流水砂纹层理，顶部过渡到泥质粉砂岩，为五级构型界面。整体为正旋回沉积序列，GR 测井曲线表现为箱形，在五级构型界面突变，四级构型界面处向高值回返，但幅度较小，主要是正旋回底部含泥砾细砂岩夹层所致，是识别四级构型界面的重要标志（图 4.6）。

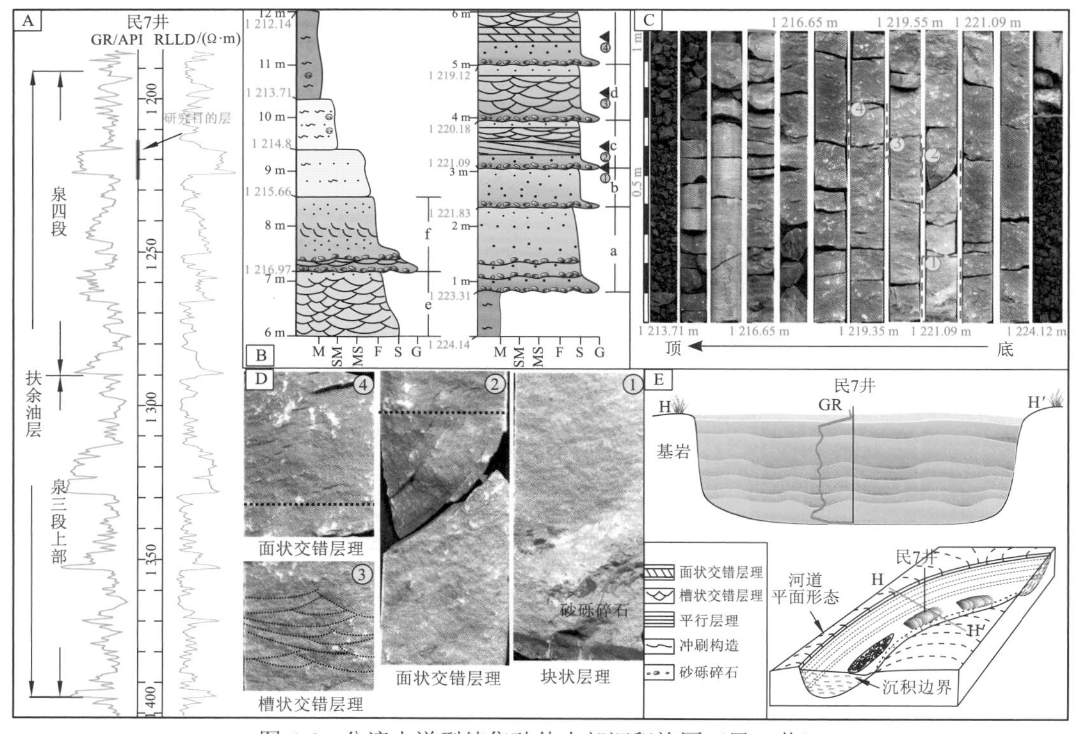

图 4.6　分流水道型储集砂体内部沉积旋回（民 7 井）

3. 边滩型储集砂体

前人研究认为只有曲流河道才发育边滩沉积，但是鄱阳湖赣江浅水三角洲平原分流河道弯曲度较大的地区也发育边滩沉积，与曲流河道边滩的区别在于它不是连续弯曲，并非顺着河道的另一侧发育另一个边滩，而是在凸岸发育边滩后，在下游处河道又呈现加积特征，这种类型称为边滩型储集砂体（邓庆杰 等，2015a）。

在鄱阳湖赣江三角洲新洲村附近剖面中边滩内部常见泥质落淤层，主要由于河道在弯曲处，水流方向受到阻碍，河水在洪水期急缓间歇性沉积。在流速变缓时期，沉积泥质细粒沉积物，这类落淤层既可以沉积于边滩底部，也可沉积于边滩斜坡上（金振奎 等，2014）。在源 41 井 1 084.5～1 093.21 m 井段发育 8.71 m 的边滩型储集砂体，整体以细砂岩为主，内部发育 3 个四级构型界面，4 个单成因砂体。剖面下部发育 3 个边滩增生体，a 段沉积厚度为 2.71 m，底部可见 60 cm 的滞留沉积，向上发育楔状交错层理，顶部粒度突变，沉积 10 cm 的泥质落淤层，为四级构型界面。b 段沉积厚度为 1.57 m，发育板状交错层理，底部冲刷面不明显，顶部沉积 5 cm 的泥质落淤层，对应四级构型界面。c 段沉积厚度为 1.53 m，发育槽状交错层理-板状交错层理，底部冲刷面明显，顶部沉积 7 cm 的泥质落淤层，为四级构型界面。d 段沉积厚度为 2.9 m，此段沉积序列与分流水道沉积相似，发育平行层理-板状交错层理-块状层理，顶部与紫红色泥岩接触，为五级构型界面。整体为 4 个正旋回沉积序列，GR 测井曲线整体表现为箱形，四级构型界面的 GR 测井曲线与分流水道的区别在于，它的回返幅度明显高于分流水道的四级构型界面的 GR 测井曲线回返程度，形态为深“V”形，为泥质夹层所致，落淤层厚度越大，回返形态越明显（图 4.7）。

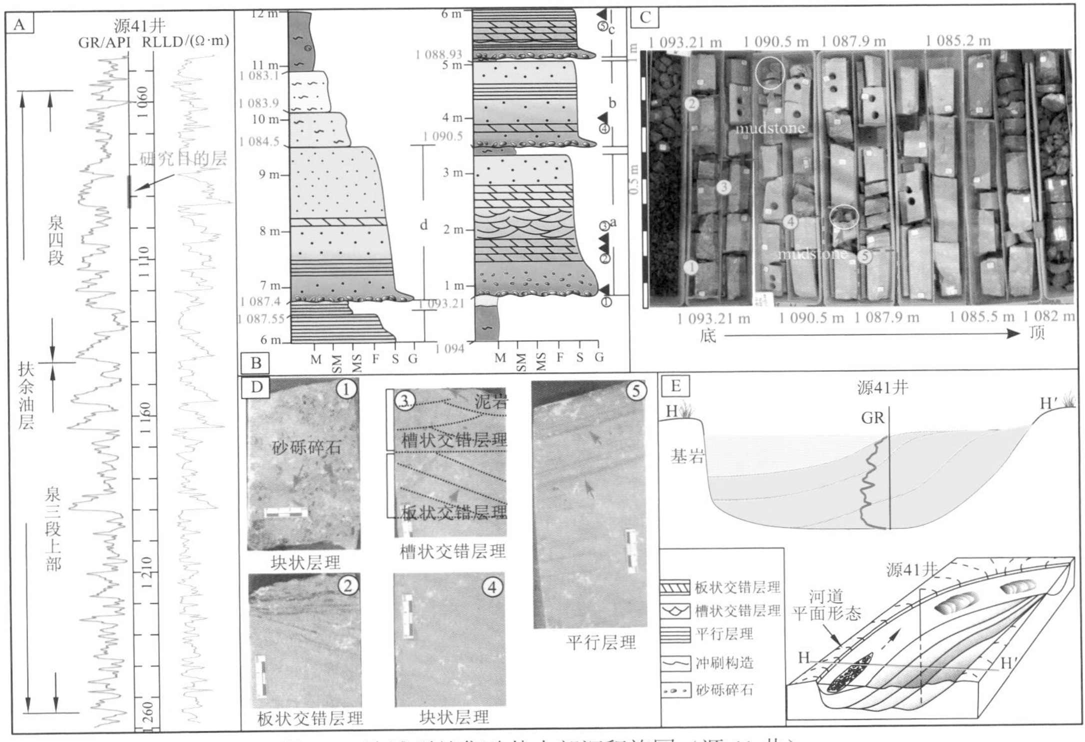

图 4.7　边滩型储集砂体内部沉积旋回（源 41 井）

4. 直岸边滩型储集砂体

在鄱阳湖赣江三角洲平原的下游靠近三角洲前缘处，可见直岸边部沉积范围较小的边滩，多呈半月形，边滩的宽度小于水道的宽度，主要是河道局部小角度弯曲形成的沉积物，它是三角洲平原向三角洲前缘过渡的产物，沉积厚度变小，沉积层理明显减小，底部滞留沉积不发育，整体位于两个平行线内，这种类型称为直岸边滩型储集砂体。

以源 61 井中直岸边滩型储集砂体为例，井段为 1 241.25～1 243.9 m，沉积厚度为 2.15 m，整体以细砂岩、粉砂岩为主，内部发育两个四级构型界面，三个单成因砂体。a 段沉积厚度为 0.5 m，与凸岸边滩的增生体相似，为侧向加积，底部可见冲刷面，泥砾较少，底部发育落淤层，为四级构型界面。b、c 段与分流水道型储集砂体构型相似，沉积方式为垂向加积，中间为含泥砾细砂岩夹层，为四级构型界面，顶部与紫红色泥岩接触，为五级构型界面。GR 测井曲线内部呈现两个正旋回，下部四级构型界面处为泥质夹层，对应较高的 GR 测井曲线回返幅度。上部四级构型界面处为含泥砾细砂岩夹层，对应较低的 GR 测井曲线回返幅度（图 4.8）。

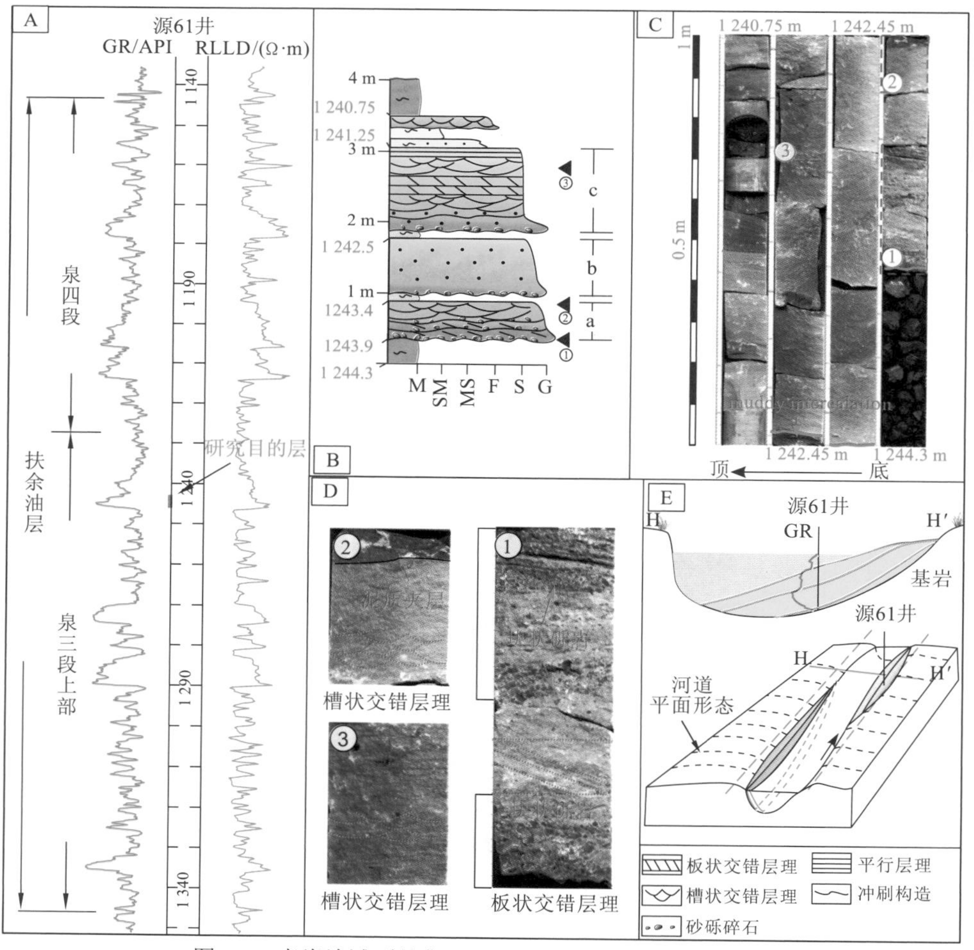

图 4.8　直岸边滩型储集砂体内部沉积旋回（源 61 井）

5. 水下分流河道储集砂体

目前水下分流河道的形成一直存在争议，但是从鄱阳湖赣江三角洲靠近湖泊的沉积体来看，浅水三角洲前缘沉积位置为水体上升、下降频繁部位，低水位时期形成的分流河道，湖平面上升时将其淹没于水下。由于浅水三角洲前缘经常位于水下，此部位沉积物较为松散，泥岩以还原色为主，再加上坡度较浅水三角洲平原大，河道易于分叉，且较为顺直，为河道萎缩部位，河道逐渐消亡，沉积物较细，沉积厚度较薄，以加积方式沉积。

以台 9 井井段为 1 892.27～1 894.5 m 的水下分流河道储集砂体为例，沉积厚度为 2.23 m，整体以粉砂岩为主，内部发育一个四级构型界面，两个单成因砂体。a 段沉积厚度为 1.2 cm，底部发育小型冲刷面，以块状层理为主，顶部为四级构型界面。b 段沉积厚度为 1.03 m，底部冲刷面不明显，见少量泥砾，向上发育块状层理-平行层理-流水砂纹层理，底部与灰绿色粉砂质泥岩接触，为五级构型界面。GR 测井曲线呈一个正旋回，整体表现为钟形。细粒泥质夹层表现为较高的 GR 测井曲线回返幅度。含泥砾粉砂岩夹层对应较低的 GR 测井曲线回返幅度（图 4.9）。

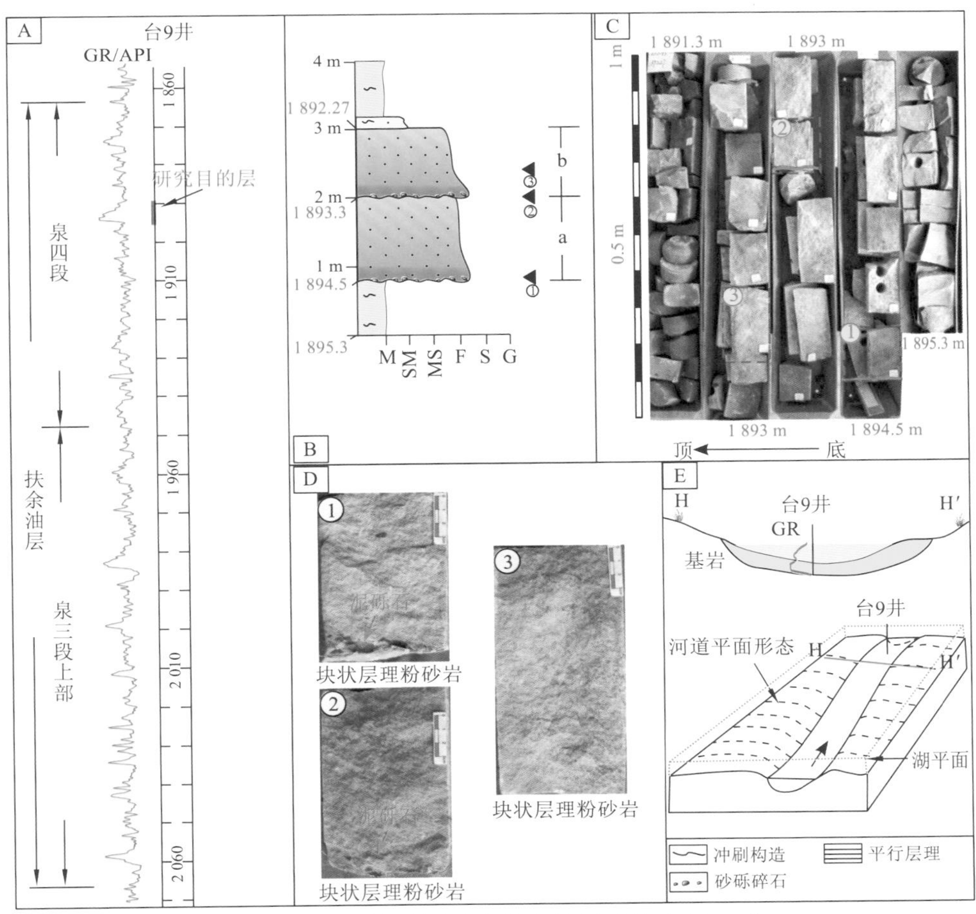

图 4.9　水下分流河道储集砂体内部沉积旋回（台 9 井）

6. 席状砂储集砂体

与分流河道储集砂体相比，席状砂储集砂体厚度相对较薄，测井曲线形态呈低幅漏斗形或指状，厚度主要为 1～5 m，高度席状砂的水道厚度可达 5 m 以上（图 4.10）。席状砂在井间呈薄层，平面上呈高连续性的席状分布，厚度稳定，常与分流河道储集砂体侧向连接，或者垂向上相互叠置。平面上席状砂充填在分流河道间水动力较弱的区域内，空间上分布广泛、厚度较薄，但十分稳定，一个短期基准面旋回内部通常含有 2～3 期单期席状砂体，短期基准面旋回内累计厚度可达 5 m 以上，因此，在地层总体砂地比偏低，勘探重心向薄层砂体偏移的背景下，席状砂的油气勘探前景不能被忽视（徐振华 等，2019）。

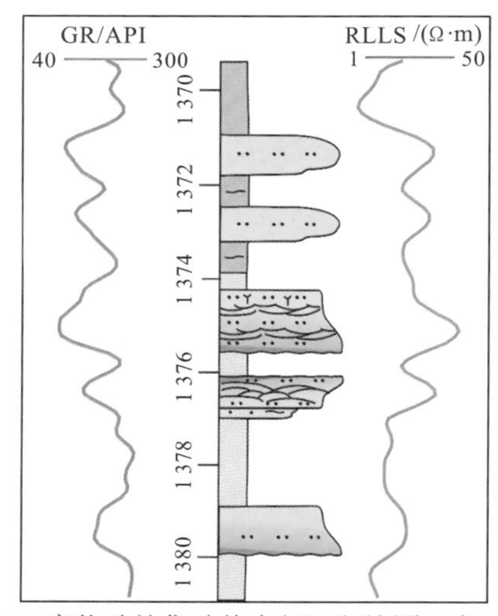

图 4.10　席状砂储集砂体内部沉积旋回（高 20 井）

（二）储集砂体孔隙类型及物性特征

1. 孔隙类型

拗陷湖盆浅水三角洲储集砂体孔隙类型分为三大类：原生孔隙、混合孔隙及次生孔隙，并依据成因、孔径大小等因素，进一步划分为 8 小类孔隙类型。整体来看，孔隙类型以溶蚀扩大粒间孔隙、溶蚀粒内孔隙为主［图 4.11（a）、（b）］，粒间成岩微裂缝、粒间孔隙、切割缝次之［图 4.11（d）、（f）］。

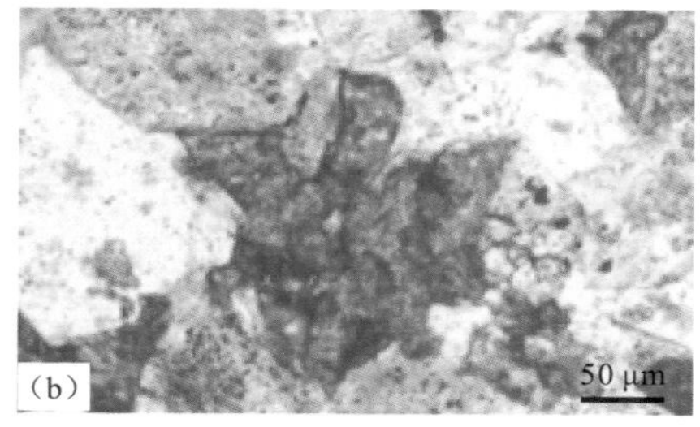

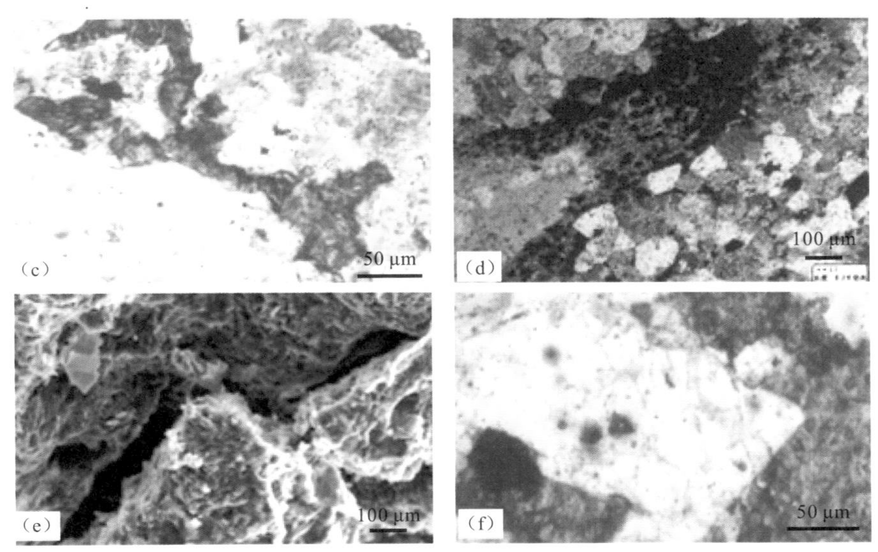

图 4.11　拗陷湖盆储集砂体孔隙类型及特征

(a) 粒内溶孔，英 81 井，1882.85 m；(b) 铸模孔，英 86 井，1749.18 m；(c) 构造缝，切穿颗粒，古 126 井，1743 m；(d) 粒间成岩微裂缝，见油斑，古 117 井，1752 m；(e) 粒间缝，古 117 井，1770.96 m；(f) 切割缝，古 144 井，1893.46 m

2. 物性特征

拗陷湖盆储集砂体孔隙度分布在 1%～35%，主要分布在 10%～23%，平均为 15.3%。其中，孔隙度为 7%～19%的样品数占总数的 75%[图 4.12（a）]，少数样品属于特低孔储层，整体呈正态分布，属于低中孔储层。

储层渗透率分布在（0.01～260）$\times 10^{-3}\ \mu m^2$，集中分布在（0.03～10）$\times 10^{-3}\ \mu m^2$，平均为 $4.3\times 10^{-3}\ \mu m^2$，其中，渗透率在（0.3～1）$\times 10^{-3}\ \mu m^2$ 的样品数占总数的 29.5%，而渗透率在 $20\times 10^{-3}\ \mu m^2$ 以上的样品数仅占总数的 10.6%，属于低渗储层[图 4.12（b）]。

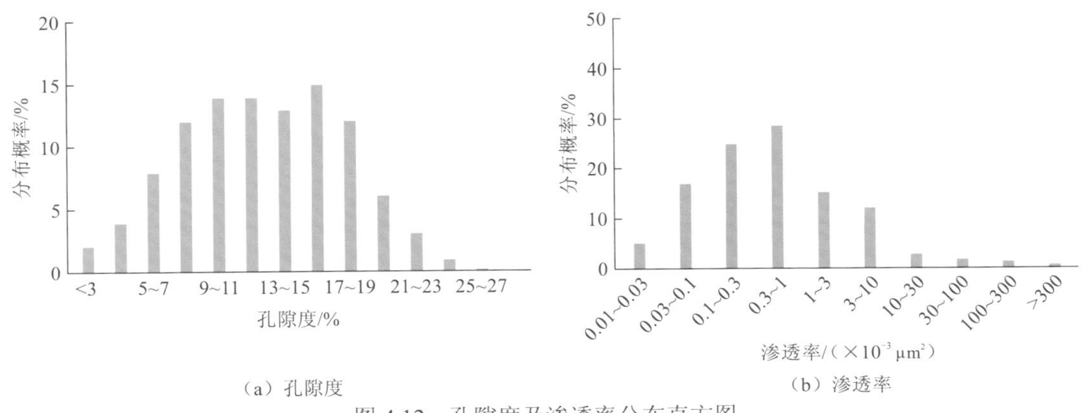

（a）孔隙度　　（b）渗透率

图 4.12　孔隙度及渗透率分布直方图

根据沉积微相与储层物性的关系统计，不同沉积微相类型形成的砂体在粒度、厚度、岩相组合及延伸方向等都有明显不同，因此，砂体具有不同的孔渗特征。浅水三角洲分流河道、水下分流河道、河口砂坝和滩坝微相大部分样品的孔隙度集中在 10%以上，平

均渗透率一般在 $0.8\times10^{-3}\ \mu m^2$ 以上。

长垣西部葡萄花油层不同沉积微相的孔渗相关性统计表明，主河道砂体分选较好，岩性主要为粉砂岩且均质性好，为优质储层。河口砂坝结构成熟度和均质性较高，孔渗性较好，也是优质的储层类型，有利于油气聚集（图 4.13）。

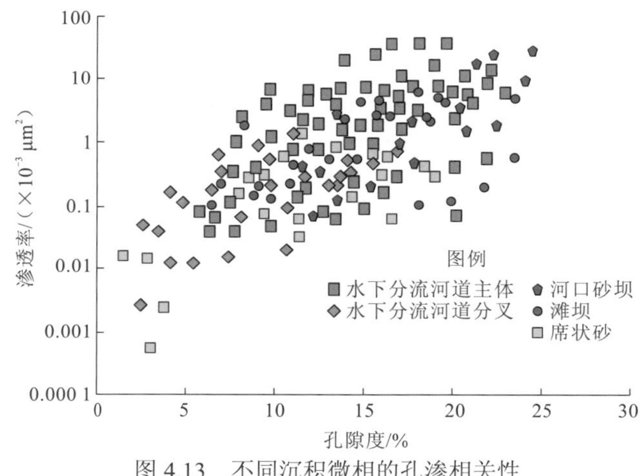

图 4.13 不同沉积微相的孔渗相关性

拗陷湖盆储集砂体物性与沉积水动力环境具有一定的相关性。受湖平面频繁波动的影响，砂体多相互切叠，由多个向上粒度变细的正旋回叠加而成，单层砂体厚度变化差距大，最薄可达 1 m，最厚高达 7 m。当物源持续供给、水动力强且稳定时，沉积砂体不仅厚度规模变大，连通性也会变好，沉积碎屑颗粒磨圆度、分选变好，相应的物性也变好，说明强水动力沉积环境与砂体沉积厚度及储集物性呈正相关，易形成较为有利的储集砂体（Deng et al.，2022）。

拗陷湖盆储集砂体物性与沉积厚度也具有一定的关系。不同厚度砂层物性参数对比表明，当砂层厚度小于 4 m 时，随层厚增大物性有变好的趋势，而当砂层厚度大于 4 m 时，其物性并无较大变化（表 4.2）。这是由于厚度大于 4 m 的砂层一般都是由多个向上粒度不断变细的单层砂体叠置形成，单层砂体叠置时产生的夹层增加其非均质性，降低了储层质量。

表 4.2 不同厚度砂层物性参数统计表

砂层厚度/m	孔隙度/%				渗透率/（$\times10^{-3}\ \mu m^2$）			
	最小值	最大值	平均值	样品数	最小值	最大值	平均值	样品数
<2	0.3	13.2	6.2	347	<0.1	12	0.19	370
2～4	0.5	19.4	12.4	312	<0.1	25	0.32	327
4～6	0.2	23.5	16.7	124	<0.1	34	0.78	119
>6	0.3	26.7	17.2	44	<0.1	57	0.82	38

第二节　断陷-拗陷湖盆控砂机理及模式

一、断陷湖盆控砂机理及模式

（一）断陷湖盆控砂机理

1. 物源体系

物源体系控制着断陷湖盆储集砂体的成分、结构、类型及沉积范围（蒙启安 等，2020）。早期古隆起形成的剥蚀区是断陷湖盆的主要物源区。沉积时期的物源方向一般通过重矿物平面组合特征、古地貌恢复等技术手段判断，如苏家屯地区发育两个物源体系，东部物源主要为锆石＋黑云母＋绿帘石＋电气石组合，西部为锆石＋黑云母＋电气石组合，物源体系中不稳定重矿物黑云母和绿帘石所占的比例较高，代表了靠近物源区、搬运距离较短的近源沉积。

随着垂向的基准面变化，物源方向也随之变化，如苏家屯地区火石岭组沉积时期，基准面由缓慢下降逐渐转为缓慢上升，物源主要由东西方向推进至湖区。沙河子组—营一段沉积时期为湖侵时期，基准面快速上升、湖盆范围大幅扩张，供源强度减弱。营二段—营三段、营四段沉积时期，基准面由缓慢上升逐渐转为缓慢下降，此时，湖盆范围开始逐渐缩小，物源区分布范围缓慢增大、供源强度逐渐增强。

2. 沟谷

沟谷控制断陷湖盆储集砂体分布位置及规模。物源的搬运往往通过大小不一的沟谷，沟谷是否发育，直接影响扇体的分布范围及砂体的搬运距离。沟谷不仅是输送砂体的重要通道，更是砂体首先充填的部位。往往在陡坡带形成深而窄的沟谷，但物源充足时，扇体分布范围广且粒度较粗，并推进至湖盆中央。在古地貌平缓、沟谷欠发育的时期，扇体通常规模小且粒度较细。沟谷控制着砂体的展布形态和沉积厚度，明确沟谷的发育特征，必须先厘清物源体系及古地貌特征。

3. 坡折带

断陷湖盆形成早期构造活跃，形成不同规模的同生断层及古构造，也形成多种类型的坡折带，对砂体的聚集和分异具有重要作用。坡折带是能量转换加速带及流态转换面。在较大坡折转换带上，砂质沉积物由于黏度小不稳定，很容易在强烈的外力作用下沿坡折带向下滑塌，从而在底部坡角处形成大量的重力流成因砂体。此外，转换断层也可将沉积物异位搬运。根据坡折带位置、构造样式等方面的差异，坡折带共分为陡坡带断坡型、陡坡带同向断阶型、缓坡带同向断阶型、缓坡带反向断阶型和洼槽带箕状洼槽型 5 种类型（图 4.14）。

陡坡带断坡型、陡坡带同向断阶型坡折带地形坡度通常较陡，断陷湖盆水体较深，常发育扇体规模较小且沉积相带展布较窄的扇三角洲沉积体系，沉积物粒度较粗。缓坡带同向断阶型、缓坡带反向断阶型坡折带地形坡度相对较缓，断陷湖盆水体较浅，常发

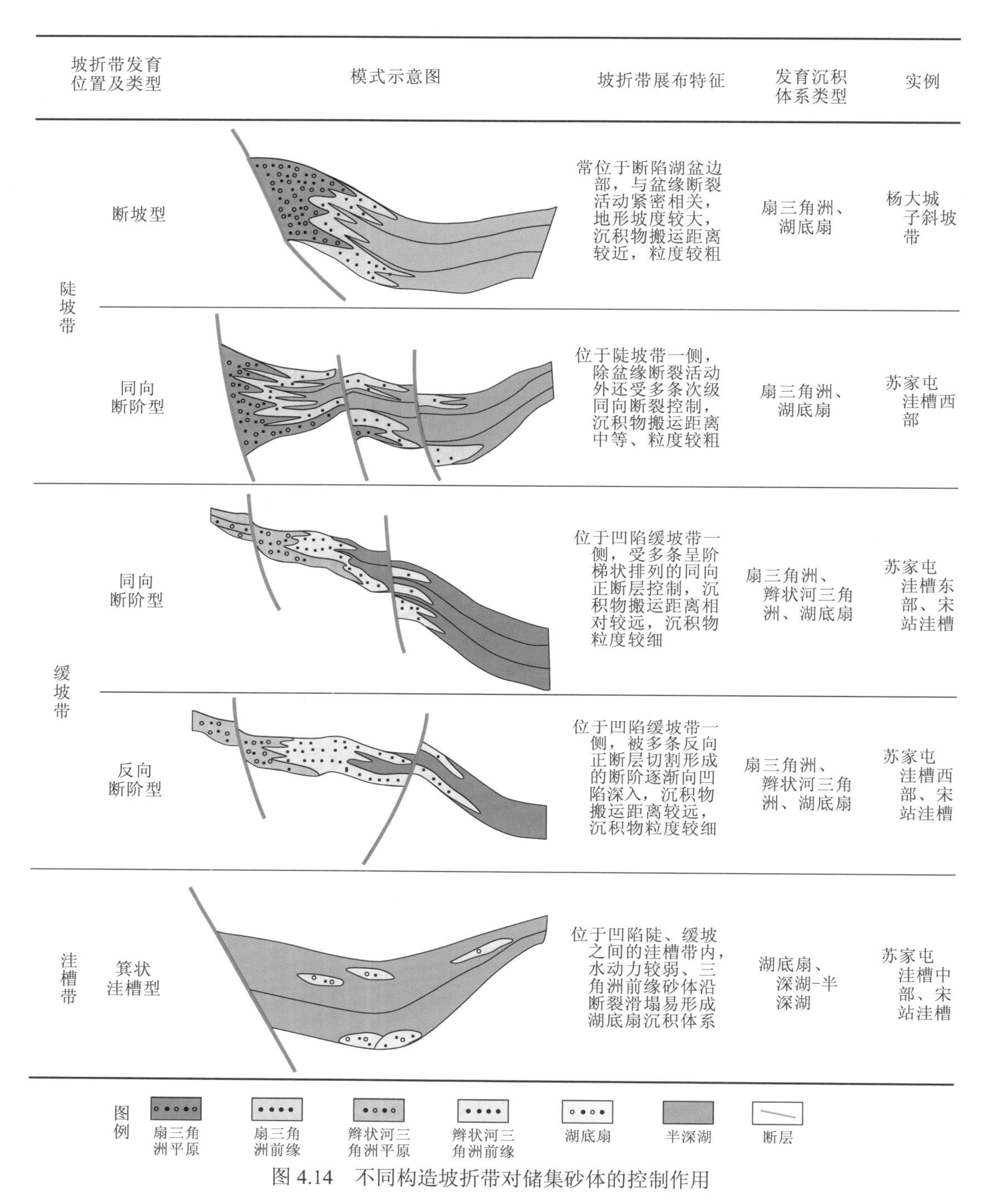

坡折带发育位置及类型		模式示意图	坡折带展布特征	发育沉积体系类型	实例
陡坡带	断坡型		常位于断陷湖盆边部，与盆缘断裂活动紧密相关，地形坡度较大，沉积物搬运距离较近，粒度较粗	扇三角洲、湖底扇	杨大城子斜坡带
	同向断阶型		位于陡坡带一侧，除盆缘断裂活动外还受多条次级同向断裂控制，沉积物搬运距离中等、粒度较粗	扇三角洲、湖底扇	苏家屯洼槽西部
缓坡带	同向断阶型		位于凹陷缓坡带一侧，受多条呈阶梯状排列的同向正断层控制，沉积物搬运距离相对较远，沉积物粒度较细	扇三角洲、辫状河三角洲、湖底扇	苏家屯洼槽东部、宋站洼槽
	反向断阶型		位于凹陷缓坡带一侧，被多条反向正断层切割形成的断阶逐渐向凹陷深入，沉积物搬运距离较远，沉积物粒度较细	扇三角洲、辫状河三角洲、湖底扇	苏家屯洼槽西部、宋站洼槽
洼槽带	箕状洼槽型		位于凹陷陡、缓坡之间的洼槽带内，水动力较弱，三角洲前缘砂体沿断裂滑塌易形成湖底扇沉积体系	湖底扇、深湖-半深湖	苏家屯洼槽中部、宋站洼槽

图 4.14　不同构造坡折带对储集砂体的控制作用

育规模较大、相带较宽的辫状河三角洲沉积体系，沉积物粒度较细。箕状洼槽型坡折带通常发育在凹陷陡、缓坡之间的洼槽带内，构造相对简单、坡降较小，常发育粒度较细的远源沉积或深水湖底扇成因砂体。

4. 物源体系-沟谷-坡折带组合差异

物源体系-沟谷-坡折带在空间上的耦合关系直接影响和决定了砂体的成因类型和展

布规律。在空间上可以明确沉积物源-渠-汇的整个过程，不仅体现了空间概念，也增加了时间概念，如基准面的升降影响物源体系的供应强度，其源-渠-汇的耦合关系也会发生变化，反之基准面下降，断陷湖盆收缩，物源区范围扩大，供源强度增强。物源体系-沟谷-坡折带组合差异直接决定砂体分布形态、位置及规模，如宋站地区沙河子组斜坡带西部隆起物源区，盆缘沟谷、断裂坡折带都十分发育，形成窄而小的扇三角洲沉积体系。东部构造带则是在顺物源方向顺斜坡搬运，沟谷（沟槽型）发育而坡折带不发育，形成宽而广的大面积辫状河三角洲沉积体系。

（二）断陷湖盆控砂模式

单断持续沉降型和双断持续沉降型是断陷湖盆最主要的断陷结构。每个断陷结构都发育扇三角洲、辨状河三角洲、滨浅湖和半深湖等沉积体系。然而在物源体系-沟谷-坡折带组合差异背景下，不同区域的砂体充填模式存在较大差异，根据平面上砂砾岩的分布特征，结合古地貌特征，建立不同断陷湖盆控砂模式。

1. 单断持续沉降型

单断持续沉降型断陷湖盆主要为箕状形态，一侧由主控的同生断层控制，一侧由斜坡带控制。断陷湖盆持续沉降，后期改造作用弱，地层相对稳定，沉积体系相序较全。陡坡带以扇三角洲平原、扇三角洲前缘沉积为主，局部发育近岸水下扇，砂砾岩体受边界断层控制，多分布在断层根部，后期改造作用弱。缓坡带以辫状河三角洲沉积为主，分布范围广，受后期改造影响较弱。

2. 双断持续沉降型

双断持续沉降型断陷湖盆的断陷两侧都由断层控制，形成陡坡带，往往断阶早期以粗粒扇三角洲沉积为主，砂砾岩体分布范围广。断陷湖盆持续沉降，后期改造作用弱，地层相对稳定。在断层上升盘发育扇三角洲相，受不同断阶类型影响，顺断阶形成不同规模的储集砂体。断陷晚期，以大面积辫状河三角洲沉积为主，规模较大，砂砾岩体分布范围广（图 4.15）。

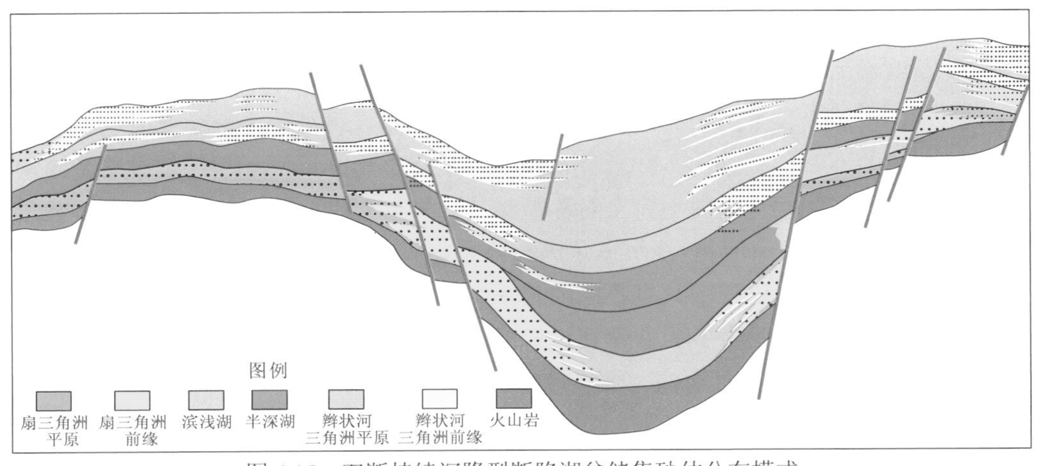

图 4.15　双断持续沉降型断陷湖盆储集砂体分布模式

二、拗陷湖盆控砂机理及模式

（一）拗陷湖盆控砂机理

拗陷湖盆发育时期构造条件相对稳定，主要发育曲流河-浅水三角洲沉积体系。自旋回和异旋回因素是河流-浅水三角洲储集砂体富集的主要控制因素。异旋回因素包括构造背景变化、气候变化、基准面升降变化和碎屑物质供给量变化等（邓庆杰 等，2018）。自旋回因素包括河流能量及水流量变化（Liu et al.，2015）。其中，沉积环境受基准面升降变化影响极大。不同沉积环境中发育砂体的类型、规模及沉积过程差异较大。气候变化决定了环境转变，而河道水流量导致的能量变化最终导致砂体的展布及富集存在差异。

1. 基准面升降变化

基准面与地球表面的位置关系对应不同的地质作用，基准面高于地表发生沉积充填作用。在陆相湖泊浅水沉积环境中，湖平面的位置可以认为是近似的基准面位置。在曲流河-浅水三角洲沉积体系中，水体深度极浅，因此湖平面的位置对各种地质条件变化的响应十分敏感。气候变化、地壳运动甚至季节的变化都会使湖平面的位置发生变化，进而影响曲流河-浅水三角洲沉积体系的发育过程。基准面升降变化对曲流河-浅水三角洲储集砂体的控制作用主要体现在两个方面。

（1）长期基准面的升降控制了曲流河-浅水三角洲储集砂体的类型和储集砂体间的接触关系。长期基准面的升降控制沉积体系的进积与退积，造成沉积相平面展布的变化。随着长期基准面的上升，可容纳空间增大，河流能量降低，沉积体系向物源方向大规模地退积，发育浅水三角洲沉积。以分流河道和水下分流河道砂体为主要储集砂体类型，砂体连片分布呈连接式接触。长期基准面再次大规模上升，浅水三角洲前缘发育席状砂沉积。随着长期基准面的下降，沉积以曲流河沉积为主，曲流河道砂体相互叠切式接触。因此，长期基准面升降变化控制了砂体类型变化及砂体间的接触关系（图 4.16）。

（2）中期和短期基准面升降变化控制了复合储集砂体的样式。将间歇暴露、冲刷间断面或岩相突变面作为层序边界的识别标志，总结出短期基准面旋回发育样式。以洪泛面为对称轴，按照上、下两个时间单元厚度的变化关系，可细分为三个亚类型：①以上升半旋回为主的不对称型结构；②上升半旋回与下降半旋回近乎于相等的对称型结构；③以上升或下降半旋回为主的不完全对称型结构。短期基准面旋回与沉积相发育具有一定的对应关系。对于曲流河相-浅水三角洲相体系，不同沉积相带发育环境中，基准面的上升和下降在地层沉积过程中具有不同的记录，如不同相标志反映出不同的沉积特点。上升半旋回的沉积微相组合多为曲流河道-冲积平原、分流河道-洪泛沉积、水下分流河道-支流间湾等微相组合，代表向上变细的正韵律旋回组成的退积序列。下降半旋回的沉积微相组合多为冲积平原-决口扇、洪泛沉积-决口扇、水下决口扇-水下分流河道等微相组合，代表向上变粗的反韵律旋回组成的加积序列。

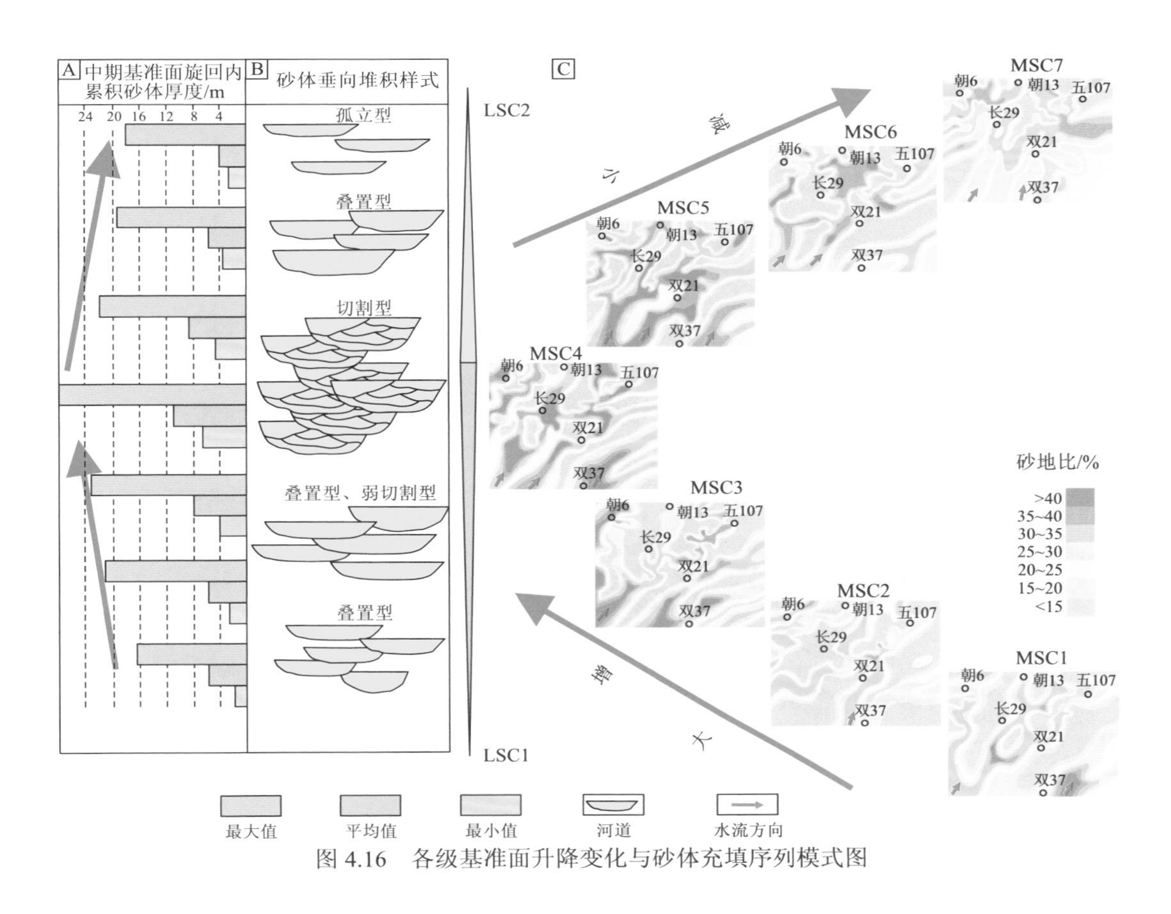

图 4.16　各级基准面升降变化与砂体充填序列模式图

2. 气候变化

湿润的气候意味着更多的降水、更强的水动力，也影响了松辽盆地古湖平面的变化，对基准面升降起到了一定的控制作用。前人研究认为河流能量是决定河流-三角洲沉积体系水道侵蚀能力的重要因素，也是控制三角洲形态的决定性因素（朱筱敏 等，2013）。对松辽盆地北部浅水三角洲的研究结果显示，干旱期和湿润期浅水三角洲的形态有很大的不同：干旱期浅水三角洲分流河道水流量小，河道分叉能力弱，河道数量少，影响范围有限；湿润期浅水三角洲分流河道水流量大，河道分叉及改道在平面上大面积展布（图 4.17）。

3. 湖岸线

湖岸线的位置控制了不同沉积体系内部储集砂体的展布规律。拗陷湖盆周期性地扩张与收缩，可以形成多期叠覆的浅水三角洲储集砂体（Zhang et al.，2018）。随着岸线不断迁移，由于湖浪淘洗和河流进积作用的破坏，浅水三角洲储集砂体发生沉积-破坏-再沉积的动态过程。根据湖平面的不同位置（最高水位线、平均高水位线、平均低水位线和最低水位线），可以将浅水三角洲主体进一步划分为湖岸线高水位较稳定区、湖岸线快速变化区及湖岸线低水位较稳定区（图 4.18），在不同沉积区储集砂体的成因类型和叠置关系各不相同。“湖岸线控砂机理”提出的意义主要包括两个方面：其一，确定浅水三

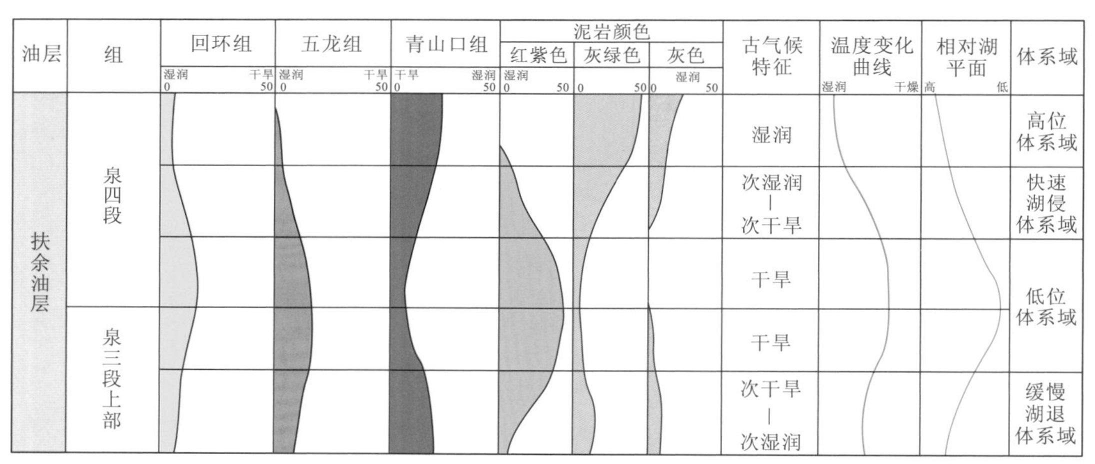

(a) 扶余油层古气候变化

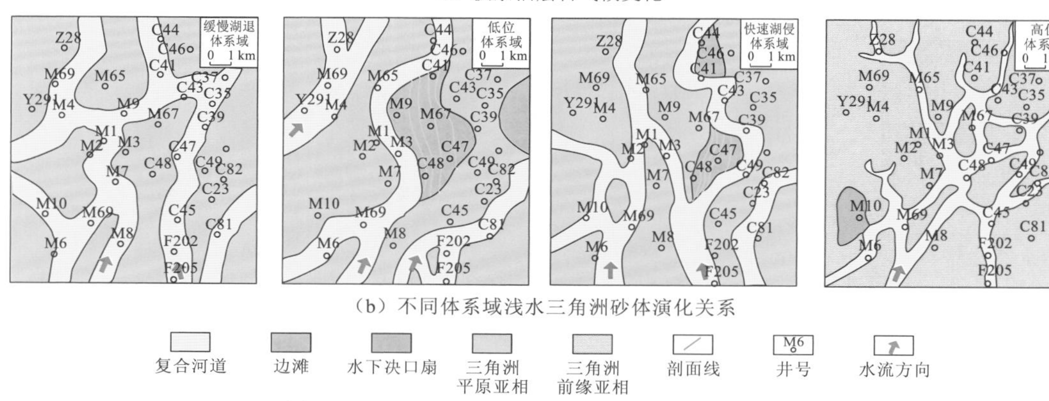

(b) 不同体系域浅水三角洲砂体演化关系

图 4.17　浅水三角洲砂体演化与古气候变化关系

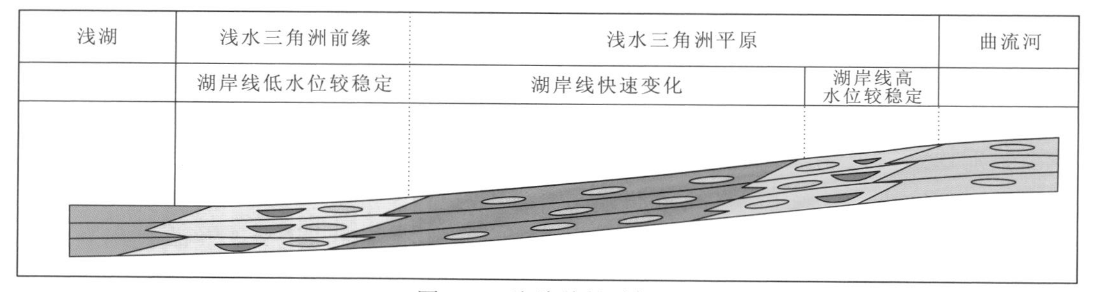

图 4.18　湖岸线控砂机理

角洲平原与浅水三角洲前缘的界限；其二，在浅水三角洲沉积体系内部，除了分流河道储集砂体，河口砂坝-滩坝叠覆体也是一种重要的储集砂体类型（孙雨 等，2018）。

（二）拗陷湖盆控砂模式

在构造稳定、坡度平缓的盆地背景下发育的浅水三角洲沉积体系，其层序结构和储集砂体展布受湖平面频繁变化影响（Deng et al.，2022；Zhu et al.，2017a，2017b；封从军 等，2012）。以湖平面控砂机理为指导，建立两种高频层序下的浅水三角洲湖平面控砂模式：低湖平面稳定期浅水三角洲模式和高湖平面稳定期浅水三角洲模式。

1. 低湖平面稳定期浅水三角洲模式

随着湖平面下降，拗陷湖盆逐渐进入枯水期，即低水位稳定期，由于地形平缓，湖域面积发生大规模收缩，浅水三角洲发生进积，沉积相带最宽（图 4.19 中 A、B）。早期湖平面由最低处开始上升，由曲流河道向湖区搬运沉积，转为浅水三角洲平原沉积。分流水道型储集砂体规模较大，深而广，厚度为 5～11 m，宽度为 0.9～1.5 km，河道近顺直状，以单支或弱分叉状向前延伸，垂向由 3～7 个砾石底形（GB）-顺流加积（DA）组成，为加积式沉积。

随着湖平面不断上升，复合河道除分流水道型河道沉积之外，局部地区发生弯曲，发育边滩型储集砂体，局部河道弯曲较大，沉积规模较大的边滩，边滩宽度可达 3 km。侧向由 2～5 个砾石底形（GB）-单一侧积砂层（SL）-细粒沉积（OF）或砾石底形（GB）-单一侧积砂层（SL）-细粒沉积（OF）加积组成，四级构型单元呈侧向叠置。

2. 高湖平面稳定期浅水三角洲模式

当拗陷湖盆处于丰水期，即高水位稳定期，整个拗陷湖盆的湖域面积最大，浅水三角洲沉积相带最窄（图 4.19 中 C、D）。湖平面快速上升，仍然为浅水三角洲平原环境，复合河道总体规模萎缩，局部发育直岸边滩型储集砂体。相对边滩型储集砂体规模明显缩小，宽度为 1～1.8 km，反映此时水动力明显减弱，造成复合河道侧蚀和下蚀能力减弱，侧向由 2～4 个砂底形（SB）-单一侧积砂层（SL）-细粒沉积（OF）加积组成。湖

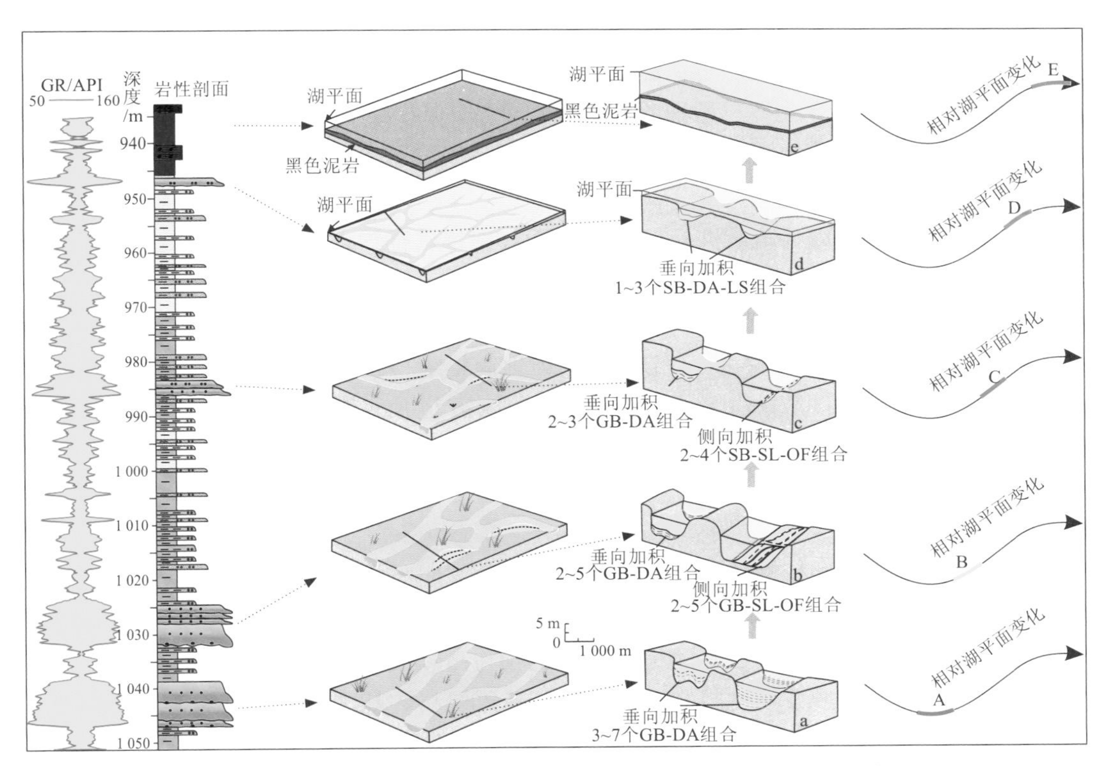

图 4.19　稳定构造拗陷湖盆曲流河-浅水三角洲湖平面控砂模式

平面漫过全区时，为浅水三角洲前缘沉积环境，由于水体较浅、地势平坦，水上复合河道在水下仍然延伸较远，但能力减弱，逐渐在靠近湖区萎缩消亡。水下分流河道频繁分叉合并，由支状转变成为网状，宽度为 0.1～1 km，垂向由砂底形（SB）-顺流加积（DA）-纹层砂席（LS）加积组成。

第三节　断陷-拗陷湖盆储层分布预测

一、断陷湖盆地震反演储层分布预测

（一）基于井约束下的波阻抗反演原理

在地震勘探中，检波器在地表接收由震源激发经由地下岩层界面反射而来的地震波，形成地震记录。地震记录中包含丰富的岩性、物性信息，但同时地震记录只是利用岩石的声学特征来确定岩性分界面，而不是地层储集特征的直接反映。利用这些数字化的地震记录信息反推目的层的岩性特征和储层参数，就是地震反演过程，即由地震信息得到地下地质信息的过程，称为地震反演。通常地震反演往往是特指叠后地震波阻抗反演。

多井约束稀疏脉冲反演是基于稀疏脉冲反褶积基础上的递推反演方法，其基本假设是地下反射稀疏的出现符合伯努利分布，反射系数的大小符合高斯分布。从地震道中根据稀疏的原则抽取反射系数，与地震波褶积后形成合成地震记录。利用合成地震记录与原始地震道残差大小修改参与褶积的反射系数个数，再做合成地震记录，如此迭代最终得到一个最佳逼近原始地震道的反射系数序列，从该反射系数序列求得较合理的相对波阻抗模型。

全三维的多井约束稀疏脉冲反演是对整个数据体进行约束优化，其最小误差函数为

$$F = L_p(r) + \lambda L_q(s-d) + \alpha L_1(\Delta Z_{\text{trend}}) + \beta_a L_1(\Delta Z - \Delta Z_a) + \beta_b L_1(\Delta Z - \Delta Z_b) \quad (4.1)$$

式中：r 为反射系数；d 为地震道；s 为地震记录；p 和 q 为 L 函数的因子，缺省值分别为 9 和 2；λ 为稀疏脉冲约束因子；$L_q(s-d)$ 为地震记录与合成地震记录之差；$L_p(r)$ 为反射系数的线性求和值；$L_p(r)+\lambda L_q(s-d)$ 为基本地震道反演的目标函数；L_1 为计算误差；ΔZ_{trend} 为纵向软趋势约束；$\Delta Z-\Delta Z_a$ 为横向主测线软空间约束；$\Delta Z-\Delta Z_b$ 为横向联络测线软空间约束；α 为加权因子；β_a 和 β_b 为反演不确定因子系数（a 为主测线，b 为联络测线）。

多井约束稀疏脉冲反演采用地震振幅所产生的波阻抗模型，使用一个快速的趋势约束脉冲反演算法，并用地震解释层位与测井曲线约束控制波阻抗的趋势及幅值范围，脉冲反演算法产生宽带结果，恢复缺失的部分低频与高频成分。

多井约束稀疏脉冲反演比较完整地保留了地震资料的基本特征（断层、产状），能够反映岩性的空间变化。在岩性相对稳定的条件下，它能较好地反映储层的物性变化。针对多井约束稀疏脉冲反演模块引入地层沉积模式，将地质、地震与测井有机地结合起来，得到接近真实情况的地质地球物理参数模型。

由于测井资料与地震资料分别属于深度域与时间域，必须通过井震标定建立测井资料与地震资料间的纵向对应关系。采用测井资料与地震资料的尺度匹配方法，首先用中值滤波方法对测井曲线进行滤波，再将滤波后的曲线按 1 m 间隔重采样，地震数据采样间隔为 1 ms，实现测井资料与地震资料的尺度匹配，使测井曲线能够约束地震反演。重采样需要保证测井曲线的高保真度才能参与对研究区目的层的稀疏脉冲反演，计算得出波阻抗体。

（二）波阻抗反演关键步骤

多井约束稀疏脉冲反演的基本流程为：首先对地震资料进行详细分析，提取地震子波，并对地震层位进行精细解释，以保证建立正确的地层格架模型；在对测井资料进行分析的过程中，先对测井曲线做标准化分析，结合提取的地震子波，制作出精细的合成地震记录，以保证时间域-深度域相互转换的准确性；然后在地层格架模型的基础上，结合合成地震记录，建立初始波阻抗模型；最后利用地震子波和初始波阻抗的约束条件，进行波阻抗反演，得到精细的反演资料。因此，精细层位标定、地震子波提取及低频模型的建立等是约束稀疏脉冲反演的关键技术环节。

1. 地震子波估算

在叠后反演中，由地震子波和反射系数模型卷积生成理论合成地震记录，由理论合成地震记录与实际地震记录之差最小的反射系数模型计算得到波阻抗，因此，地震子波是影响反演质量的决定性因素。地震子波提取与层位标定是一个迭代过程，判断地震子波的标准有长度、波形、频带宽、相位、时窗与地震子波起跳时间等（图 4.20）。在本小节中，需要按照上述标准进行大量参数测试。对于地震子波时窗，每口井基本都不同，但地震子波时窗位置选取的基本原则有两点：一是要在目的层附近，且地震子波时窗长度应是地震子波长度的三倍以上，以降低地震子波的抖动程度，提高稳定性；二是地震子波时窗的顶底位置不能选在测井曲线变化剧烈的地方。

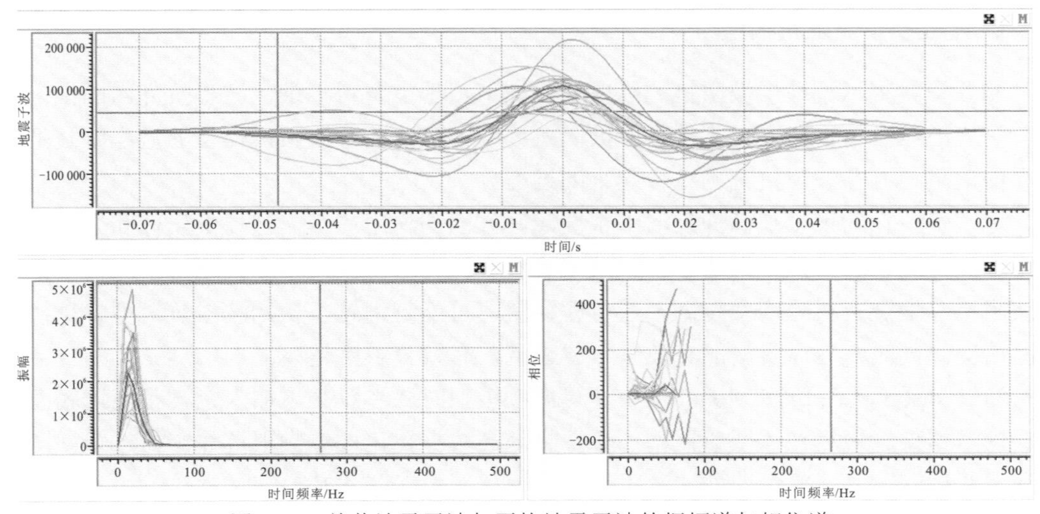

图 4.20　单井地震子波与平均地震子波的振幅谱与相位谱

通过层位标定可以建立地质层位与地震反射波组之间的对应关系，这是反演的关键环节。地震子波则是层位标定准确与否的重要因素。层位标定的具体过程为：首先采用里克子波对准大套地层，然后提取井旁道地震子波标定目的层，最后利用各井标定地震子波计算平均地震子波，进行目的层的精细标定（图 4.21）。

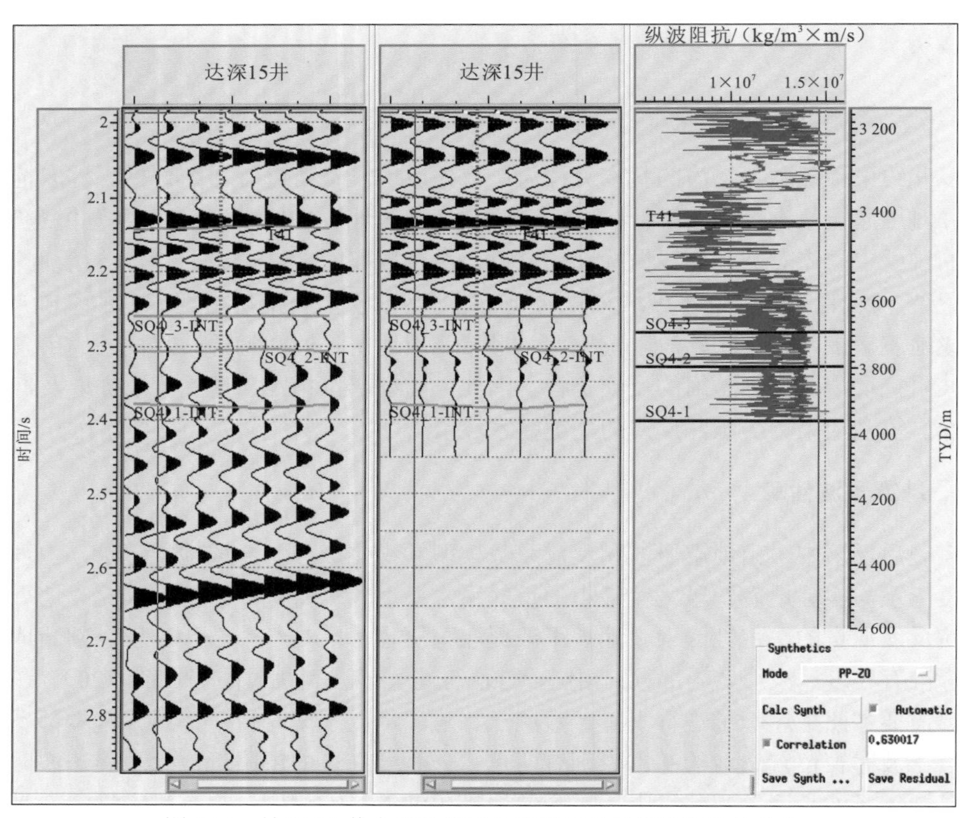

图 4.21　达深 15 井合成地震记录及其与井旁道地震的相关性

2. 建立初始波阻抗模型

测井资料揭示了地层波阻抗的纵向变化细节，地震资料记录了波阻抗界面的横向变化，两者的结合可以建立可靠的初始波阻抗模型，建立初始波阻抗模型的过程就是把地震界面信息与测井波阻抗正确结合起来的过程。

地震资料在约束稀疏脉冲反演中主要起两方面的作用：其一是提供层位和断层信息来指导测井资料的内插外推建立初始波阻抗模型；其二是生成相对波阻抗，以输出最终的波阻抗。地震资料分辨率越高，层位解释就有可能越细致，初始波阻抗模型就越接近实际情况。同时，地震资料的有效频带就越宽，有效分辨率越高。

通过 Jason 软件 EarthModel 模块计算低频模型时要注意必须加入包含小层顶底面的地层模型框架。最后在该低频模型约束下将地震数据转化成低频阻抗体，如过宋站洼槽沙河子组达深 1 井—宋深 4 井的波阻抗低频模型剖面（图 4.22）。

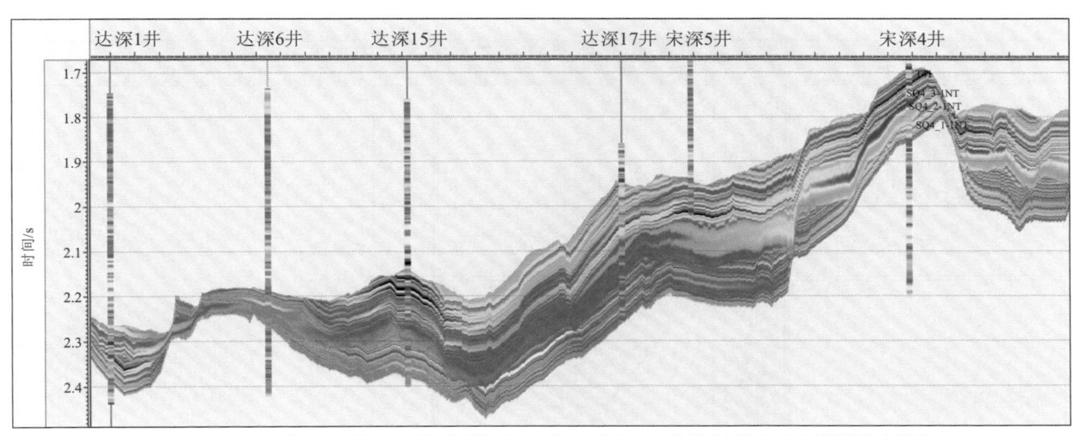

图 4.22　过宋站洼槽沙河子组达深 1 井—宋深 4 井的波阻抗低频模型剖面

（三）波阻抗反演结果

约束稀疏脉冲反演决定于反射系数的稀疏程度、合成地震记录与原始地震道的残差大小，而这两者又互相矛盾，主要在于稀疏脉冲反演遵循以下公式

$$F_{\min}=L_p(r)+\lambda\times L_q(s-d) \tag{4.2}$$

式中：$F_{\min}$ 为最小目标函数；r 为反射系数；L_q 为地震记录与合成地震记录之差；L_p 为反射系数的线性求和值；s 为合成地震记录；d 为地震数据；λ 为稀疏脉冲约束因子。

由式（4.2）可知：λ 值太小，强调反射稀疏性，使反演剖面细节少，分辨率低，残差大；λ 值太大，过分强调最小地震残差，使合成地震记录与原始地震道吻合，造成噪声加入反演剖面中，忽略了反射系数的稀疏，即忽略了波阻抗变化的低频背景。在具体的实现过程中，首先从整个三维反演区块中选取几个关键连井剖面，以这些连井剖面为基干，做反演参数试验，选择反演参数，以控制整个三维地震数据体的反演。然后根据试验，地震子波选取实际资料统计的零相位平均地震子波。反演处理时窗以层位框架控制。为了使残差数据的信噪比最大，在反演中选择曲线收敛的 λ 值可以拓宽反演剖面频谱，提高分辨率。利用质控参数计算模块，进行 λ 值检验，选择迭代计算 8 次则能达到收敛，进行波阻抗反演处理时，选取 λ 值为 16（图 4.23）。在约束稀疏脉冲反演处理中，加入了多口井的波阻抗趋势约束、地质构造框架模型控制及地震数据等来约束波阻抗反演的纵向、横向变化。

井震对比表明，约束稀疏脉冲反演所得的波阻抗体与测井曲线上的波阻抗体吻合较好（图 4.24）。火成岩波阻抗值为金黄色的高值；预测的砂砾岩波阻抗值较火成岩的波阻抗值小，为暖色调的红黄色；泥岩的波阻抗值小于砂砾岩的波阻抗值，为蓝绿色；煤层的波阻抗值最小，在波阻抗值剖面图中为蓝紫色区块。通过波阻抗体的连井剖面，可以看出井上各岩性的波阻抗与预测波阻抗体在井点处的波阻抗值一致性较高，且预测出了远离井点区域的波阻抗值，体现波阻抗反演在横向上预测地下不同岩性地层具有一定的分辨率，对砂体横向展布预测具有较好的效果。

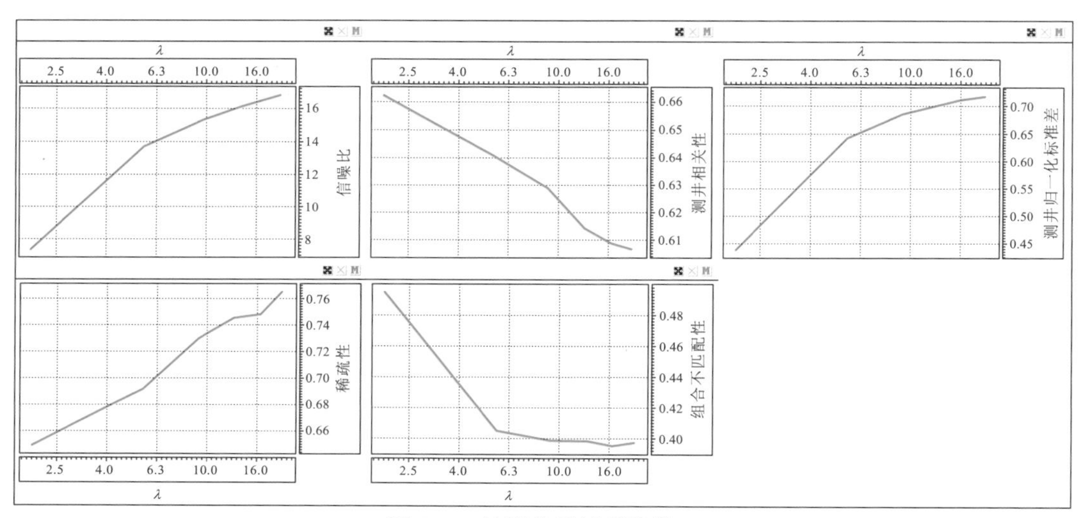

图 4.23　波阻抗反演质控窗口

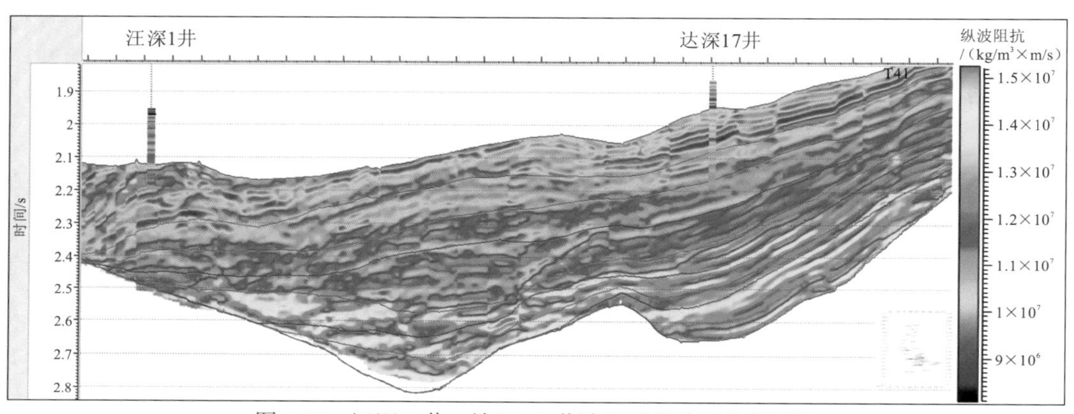

图 4.24　汪深 1 井—达深 17 井沙河子组波阻抗剖面图

二、坳陷湖盆相控建模储层分布预测

（一）复合河道砂体边界确定

复合河道砂体是由平面上同一分流河道频繁迁移摆动或垂向上多条单河道互相切叠形成的（孙春燕 等，2017）。复合分流河道由多期次单分流河道组成，形态呈条带状、连片状。不同期次的分流河道砂体之间叠置关系及连通方式的复杂性，使复合分流河道砂体表现出很强的非均质性。

遵循复合分流河道的划分原则，应用密井区解剖分流河道接触关系，如间湾接触、堤岸接触、对接式及侧切式等方法，结合分流河道的识别标志精细刻画分流河道边界及规模。

1. 河道间砂体厚度差异法

浅水三角洲前缘水下分流河道砂体不同时期的沉积砂体厚度往往是不同的，此外相邻井的同一层位内砂体厚度也可能存在较大差异。因此，利用相邻水下分流河道砂体厚度的差异可以大致识别出水下分流河道的边界位置。例如，WEN60-S60 井与 WEN64-S64 井水下分流河道砂体的沉积特征相近，井距在 300 m 左右，但厚度差异较大，为不同的水下分流河道沉积（图 4.25）。

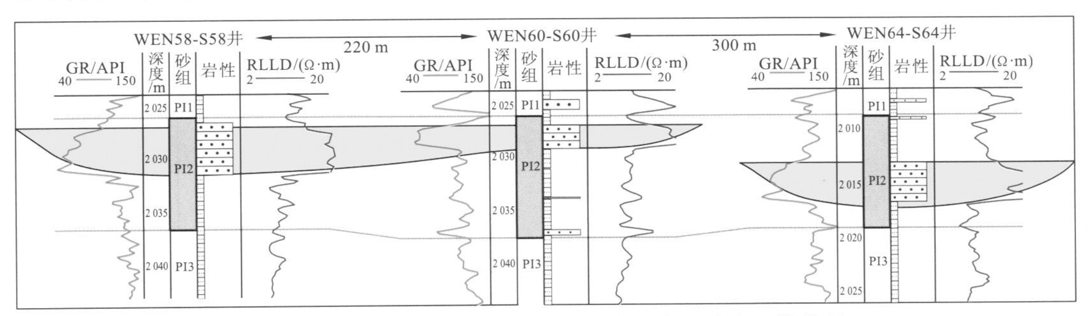

图 4.25　利用河道间砂体厚度差异确定水下分流河道边界

2. 河道内砂体厚度差异法

分流河道中不同位置砂体厚度是不同的，且一般位于分流河道中间部位的砂体较厚，向两侧河岸砂体逐渐变薄。因此，可以利用砂体厚度的“厚-薄-厚”现象进行分流河道规模推测，一般砂体较薄的位置即为分流河道的边界（邓庆杰 等，2020）。例如，WEN66-S60 井与两侧的 WEN64-S56 井、G19-1 井的距离分别为 350m、240m，G19-1 井的砂体厚度最大，WEN66-S60 井的砂体厚度比 G19-1 井薄，而 WEN64-S56 井的厚度仅为 WEN66-S60 井的一半，且三口井的砂体均显示出分流河道砂体的沉积特征。因此，可以判断 WEN66-S60 井为该分流河道的边界位置，与距离 350 m 的 WEN64-S56 井分属不同的分流河道（图 4.26）。

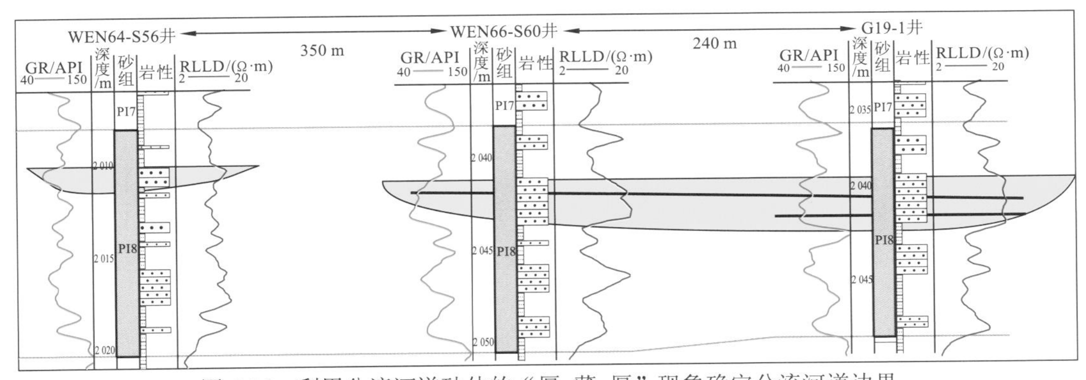

图 4.26　利用分流河道砂体的“厚-薄-厚”现象确定分流河道边界

3. 测井曲线韵律差异法

对于多期水下分流河道相互叠置的地层，不同河道沉积时期所经历的沉积环境有所差别。不同期次的河道砂体在测井曲线上可以表现出不同的韵律特征，可以通过垂直物源水流方向的连井剖面识别河道边界。例如，WEN52-S64 井的左右单井测井曲线有明显差异，左侧 WEN50-S64 井的 GR 测井曲线相对平缓，回返幅度小，表明沉积时期河流相对稳定，砂岩含量高。而右侧 WEN56-S68 井的 GR 测井曲线回返次数明显增加，表明沉积时期河流变化幅度较大，泥质含量较高（图 4.27）。

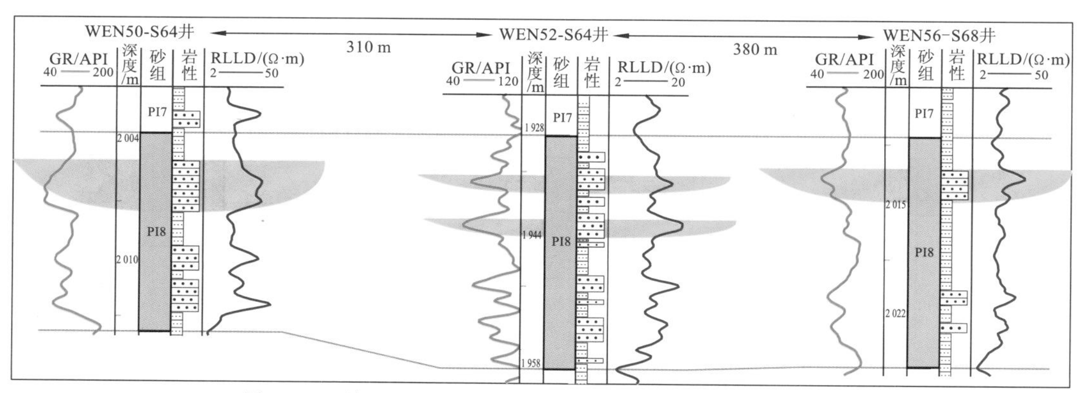

图 4.27　利用河道砂体的测井曲线韵律差异确定河道边界

4. 顶面层位高程差异法

浅水三角洲前缘由于地势平缓，同一水下分流河道沉积形成的砂体顶面层位高程差别不大。因此，在连井剖面中若相邻井水下分流河道砂体顶面层位高程差异明显，一般属于不同期次的水下分流河道。如图 4.28 所示，WEN66-S54 井与 WEN64-S52 井砂体河道特征相同，井距为 480 m，虽然两口井的水下分流河道厚度相近，但水下分流河道顶面层位高程相差较大，判断这两口井的水下分流河道砂体并非同一期的河水下分流道沉积。

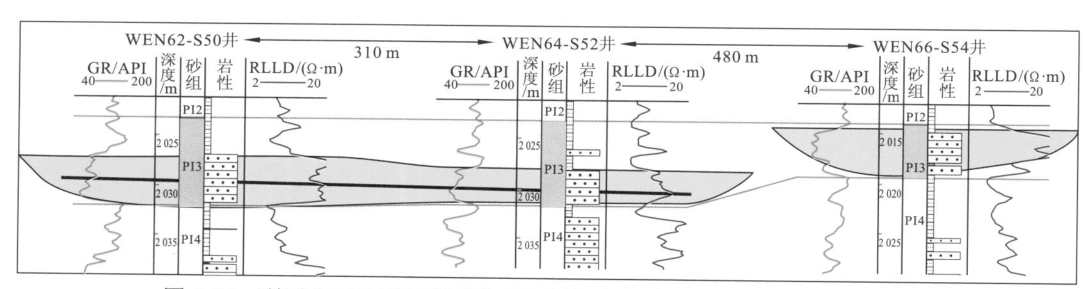

图 4.28　利用水下分流河道砂体顶面层位高程差异确定水下分流河道边界

（二）河道参数确定

1. 曲流河道

曲流河道主要分布在三肇凹陷扶余油层南部、朝阳沟阶地及长春岭背斜带东部。分布位置主要为勘探井区，井距较大，超过曲流河道宽度。在这种情况下，需要依据 Leeder（1973）经验公式来计算曲流河道的宽度（图 4.29）：

$$W_c=6.8d^{1.54},\qquad W_m=64.6d^{1.54} \tag{4.3}$$

式中：W_c 为满岸宽度；W_m 为曲流河道带宽；d 为正旋回砂体的厚度。

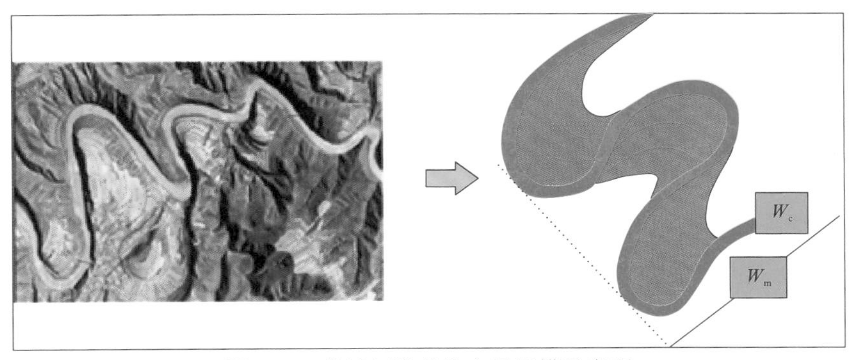

图 4.29　曲流河道砂体定量规模示意图

2.（水下）分流河道

分流河道和水下分流河道的厚度相对于曲流河道要小一些，且沉积方式与曲流河道有很大的差别，曲流河道主要发育边滩沉积，河道宽度较大，而分流河道和水下分流河道主要以退积、加积及进积为主（图 4.30）。因此，在稀井区需要运用适用于这两种河道的经验公式计算宽度，通过大量的（水下）分流河道厚度统计，结合 Leeder（1973）关于这两种河道的经验公式进行修正：

$$W_c = 32.984e^{0.4996d} \tag{4.4}$$

式中：W_c 为满岸宽度；d 为正旋回砂体的厚度。

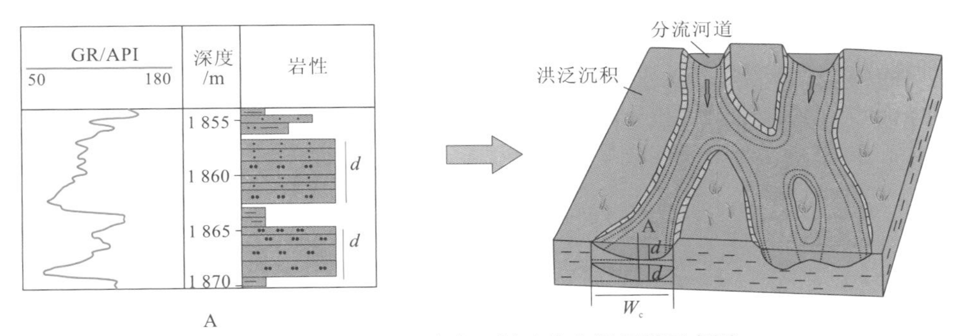

图 4.30　（水下）分流河道砂体定量规模示意图

河道边界也可以根据密井区井控河道对比确定，如三肇凹陷源 151 井区，分流河道砂体的厚度主要为 2～9.6 m，平均为 4.3 m。通过公式计算，河道宽度为 100～3 000 m。河道厚度在 2～6 m 的情况下，根据经验公式计算结果较合理。但随着厚度增大，计算的结果有些偏大，与实际的河道宽度不符。因此，需要根据密井网统计数据建立拟合河道宽厚比公式，建立河道宽厚比定量关系（图 4.31）。根据拟合公式，在已知河道砂体厚度（单井上读出）的情况下，可以推算出河道砂体的宽度。

（三）复合河道砂体相控建模

多点地质统计学建模早期主要运用于河流相储层建模中，由于多点地质统计学建模能准确表达沉积相模式的特点，之后被广泛应用于河流相储层建模中。目前，对于河流相储层，如曲流河、河口砂坝及辫状河储层研究较深入，且已研发了众多的建模方法。

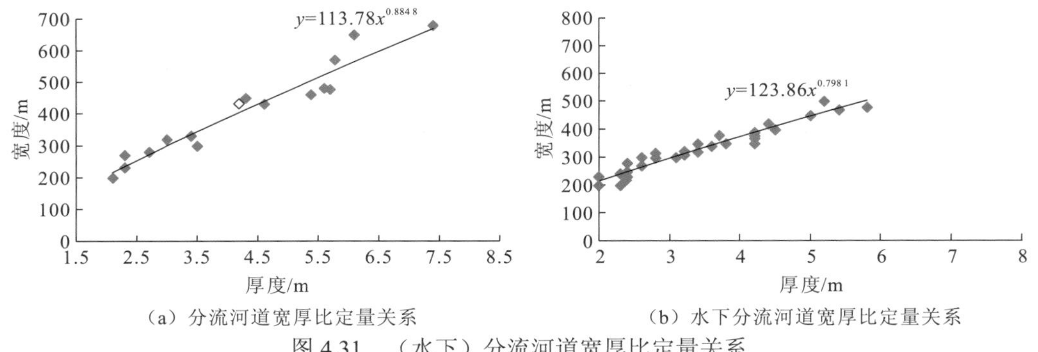

（a）分流河道宽厚比定量关系　　（b）水下分流河道宽厚比定量关系

图 4.31　（水下）分流河道宽厚比定量关系

但是，针对拗陷湖盆浅水三角洲储集砂体特征模拟甚少，对密集井网下的构型研究和储层预测可以运用地质建模方法。目前地质建模方法有两种：基于象元法和层次建模法。基于象元法是以数据为基础，这种基于象元的随机建模方法较常用，模型质量取决于计算变差函数时各参数的设定是否合理，但难以精确模拟复杂河道内部的几何形态。层次建模法是一种基于目标的随机建模方法，根据不同沉积相分层次依次建立，模型能较好地符合地质沉积规律，展现不同结构单元的空间分布特征。但它是基于前期的地质研究成果，因此，砂体预测的准确度过度依赖于主观地质沉积认识。

浅水三角洲相储集砂体主要为浅水三角洲平原分流河道储集砂体和浅水三角洲前缘水下分流河道储集砂体，河道砂体薄，为 2～12 m，具有薄互层、横向不稳定、非均质性强的特点，在两点和多点地质统计建模效果适应性上存在争议，特别是由于浅水三角洲（水下）分流河道的规模不断变化迁移的特殊性，两点地质统计学方法难以再现，而且已建立的构型模型无法反映储层的非均质性及连通性。利用两点地质统计学序贯高斯算法对浅水三角洲前缘薄层砂体构建模型，发现效果较差，无法呈现水下分流河道的整体趋势及形态，平面连续性较差（图 4.32）。

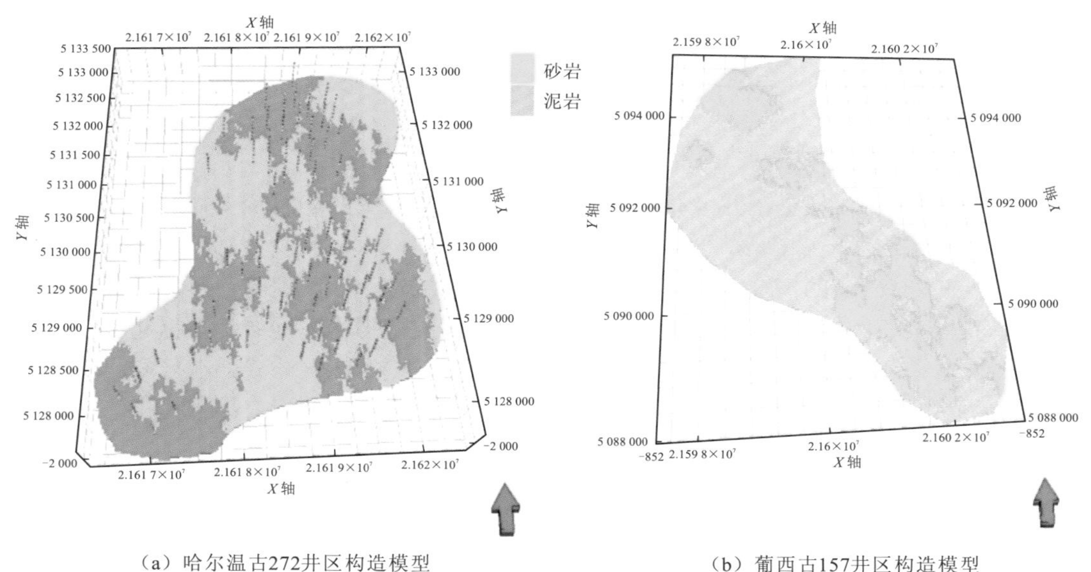

（a）哈尔温古272井区构造模型　　（b）葡西古157井区构造模型

图 4.32　利用两点地质统计学序贯高斯算法建立的储层沉积相模型

如何将砂体展布特征、储层非均质性及连通性等影响因素应用于储层构型建模上，定量建立储层沉积相模型及物性模型，是建立高精度储层构型模型的关键。基于此，本小节建模运用多点地质统计学建模方法，弥补两点地质统计学的不足，它更加注重表达多点之间的联系性。在多点地质统计学建模中，变差函数被训练图像所代替，训练图像选取研究区沉积相研究成果图。在此基础上，建立研究区多点相模式，最终运用多点地质统计学模拟方法对井间沉积相展开预测，再运用相控方法建立孔隙度和渗透率模型（图 4.33）。

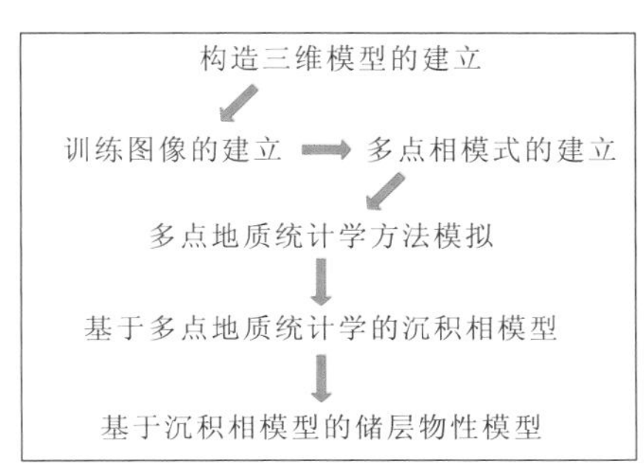

图 4.33　多点地质统计学方法地质建模流程简图

1. 构造三维模型建立

选取齐家—古龙凹陷东北部物源长轴缓坡控制下的哈尔温古 272 井区和西部物源短轴陡坡控制下的葡西古 157 井区两个密井网开发区为建模对象，两者均为浅水三角洲前缘沉积。

构造三维模型反映了地层空间展布特征，高精度构造三维模型是沉积相、物性模型的基础。利用 Petrel 软件建立齐家—古龙凹陷两个密井网开发区模型数据库，包括井数据、分层数据、测井数据及岩性解释成果，作为三维构造及沉积相模型建立的原始资料。构造三维模型平面网格分布为 25×25，垂向上平均每个网格厚度为 0.25 m，根据断层性质及发育特征，共解释出哈尔温古 272 井区有 4 条断层［图 4.34（a）］，均为正断层。葡西古 157 井区有三条断层［图 4.34（b）］，主要发育北西—南东走向的正断层。将断层研究成果加载到模型中，并结合目的层位顶底构造研究成果，以地层分层数据与地层等厚线图为约束，建立葡萄花油层各层构造面，并建立两个密井网开发区构造三维模型。

2. 多点地质统计学储层砂体建模

多点地质统计学重点在于表达多点之间的联系，可以通过建立训练图像来实现，因而可以对井间及稀疏井网下的沉积相分布展开预测，达到储层预测的目的。选取连井剖面对葡萄花油层水下分流河道厚度及宽度规模进行解剖。通过对两个密井网开发区河道厚度及宽度进行定量识别和追踪，建立合理且定量的模型。从模拟结果来看，砂体模拟形态不仅符合单井解释结果，也符合沉积环境特征，具有较好的模拟结果（图 4.35）。

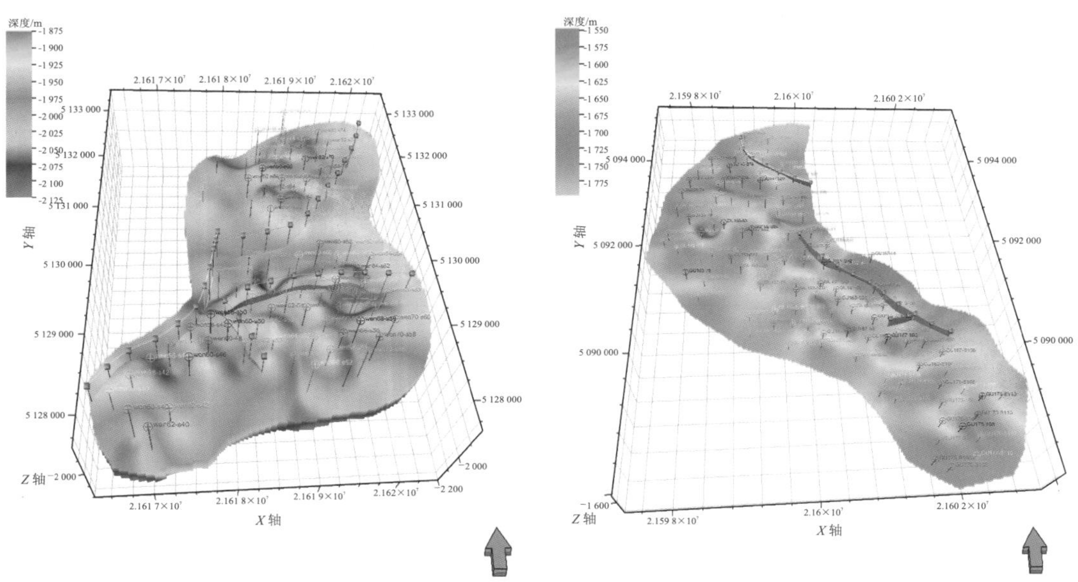

（a）哈尔温古272井区构造三维模型　　（b）葡西古157井区构造三维模型

图 4.34　哈尔温古 272 井区和葡西古 157 井区构造三维模型

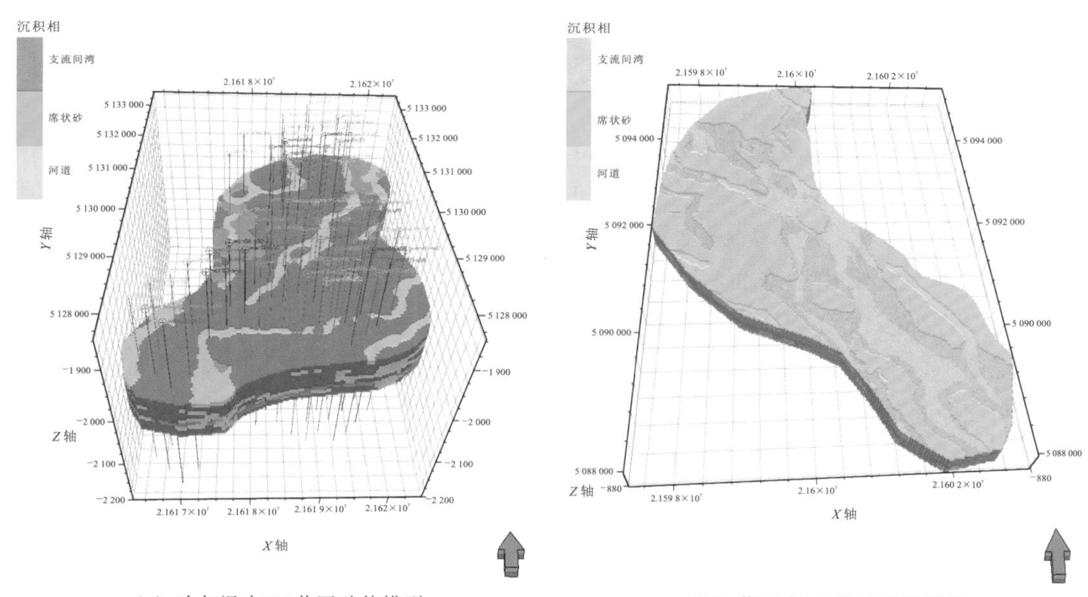

（a）哈尔温古272井区砂体模型　　（b）葡西古157井区砂体模型

图 4.35　哈尔温古 272 井区和葡西古 157 井区砂体模型

第四节　断陷-拗陷湖盆储层分布预测实例

一、断陷湖盆储层分布预测实例

（一）宋站洼槽箕状断陷湖盆沙河子组储层分布预测

1. 储集砂体分布规律

宋站洼槽沙河子组扇三角洲和辫状河三角洲砂砾岩储层均具有一定的产气能力。为了预测砂砾岩发育程度，利用波阻抗反演，对三级层序地层格架内的砂砾岩含量进行了预测，以此来分析沙河子组储层发育特征。波阻抗反演结果显示，沙河子组砂砾岩在各个时期均较为发育（图 4.36）。

沙河子组沉积早期，砂砾岩分布并不稳定，多呈扇形或点状分布，由于盆地范围小，部分砂砾岩可直接延伸至盆地另一侧。当然砂砾岩含量高并不意味着一定存在大套砂砾岩地层，它可能是砂砾岩与薄层泥岩互层的结果，特别是早期盆中心区域，如达深 1 井在 SQ2-RST 发育时期的砂砾岩体积分数可达 50%以上，但单井岩性剖面显示其沉积序列表现为暗色泥岩与砂砾岩互层的特征。随着盆地范围不断扩大，物源趋于稳定，砂砾岩含量高值区域主要集中在邻近物源的盆地边缘。不同于早期湖盆中心的高值区域，盆地边缘砂砾地比高值区域通常对应大套厚层的砂砾岩。在宋站洼槽强烈断陷末期，砂砾地比高值区域具有向盆地中心推进的趋势，显示盆地收缩并发育进积序列，砂砾岩储层可直接覆盖于早期烃源岩之上，从而构成良好的生储组合。

2. 沉积充填样式

盆地的沉积充填样式主要与构造运动、地貌特征、湖平面变化、物源供给和沉积体系类型等密切相关。不同类型的盆地通常具有不同的沉积充填样式，而同一盆地在不同的构造单元和物源供给下也具有不同的沉积充填样式。宋站洼槽作为小型窄断陷区，地貌上总体具有西陡东缓的结构特征，并且在强烈断陷期不同的位置沙河子组沉积厚度差异极大，反映了不同区域可能存在不同的沉积充填特征。根据沙河子组沉积体系分布及物源特征，结合盆地剖面结构，针对沙河子组提出两种箕状断陷湖盆沉积充填样式，即单物源沉积充填样式和双物源沉积充填样式。

1）单物源沉积充填样式

单物源沉积充填样式一般指盆地内单一物源方向沉积充填，进一步分为单物源缓坡沉积充填样式、单物源陡坡沉积充填样式和单物源轴向沉积充填样式。

单物源缓坡沉积充填样式主要形成于箕状断陷湖盆的缓坡带，陡坡带不发育。该沉积充填样式中，来自缓坡带的沉积物在一个层序单元内主要集中在盆地深断带附近，并在湖平面上升至最高时，可在深断带附近发育湖泊沉积（图 4.37）。根据沙河子组的沉积特征，来自缓坡带的物源既可能发育扇三角洲沉积也可能发育辫状河三角洲沉积，也就是说沉积物类型是不确定的，这应该与物源搬运距离的远近及盆地范围密切相关。就沙

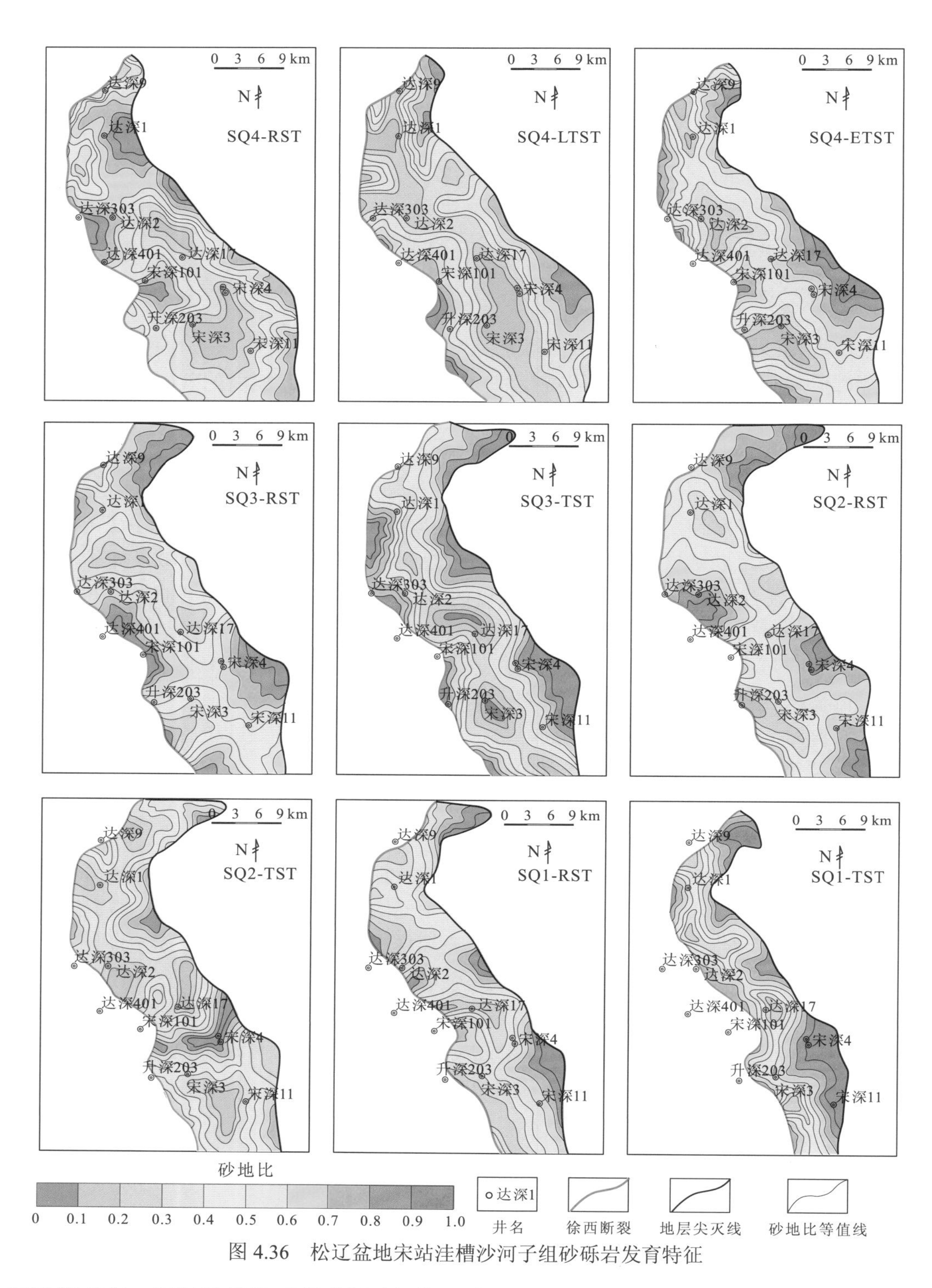

图 4.36 松辽盆地宋站洼槽沙河子组砂砾岩发育特征

河子组而言，沉积早期处于强烈断陷初期，盆地范围小，沉积物属于近源快速堆积，使得区域上以扇三角洲沉积为主，在地震剖面上可见典型的杂乱反射特征。而随着盆地范围扩大，沉积物搬运距离变远，辫状河三角洲沉积开始发育，地震剖面上表现为席状平行反射特征，这在北部可以见到。但在这两种模式中，湖泊相带的发育直接取决于盆地

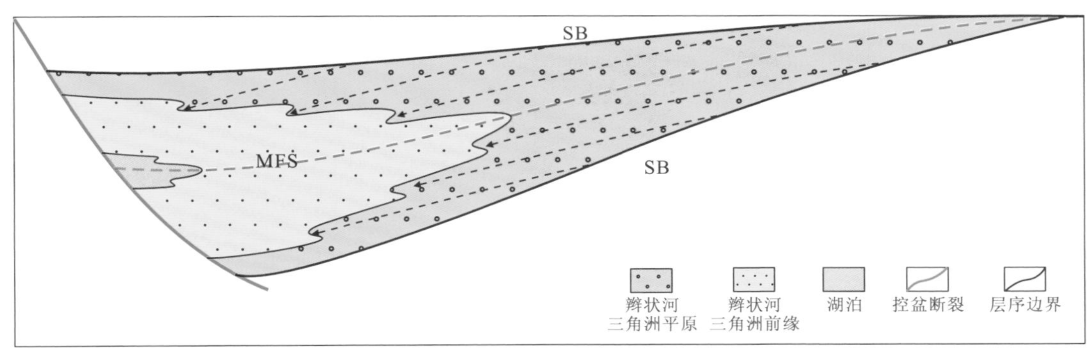

图 4.37　松辽盆地宋站洼槽单物源缓坡沉积充填样式

范围和物源供给，盆地范围越大、物源供给不足则越容易发育湖相泥岩，反之则不易于发育湖相泥岩。因此，在这种小型断陷湖盆单物源缓坡沉积充填样式中，由物源到盆地存在两种沉积体系组合，即辫状河三角洲平原-辫状河三角洲前缘沉积体系组合和辫状河三角洲平原-辫状河三角洲前缘-湖泊沉积体系组合。

单物源陡坡沉积充填样式中扇三角洲沉积最常见，也可见一些近岸水下扇沉积。由于陡坡带构造沉降速度大，沉积物向前继续搬运的能力受到限制，它们通常在断裂附近堆积，岩性上表现为次棱角状-棱角状、分选差、大小不一的砾石和泥岩混杂堆积的特征，并在断裂附近形成厚层的沉积中心，而在远离物源的相对缓坡带，由于缺少物源供给，发育湖泊沉积，泥岩较为发育（图 4.38）。与单物源缓坡沉积充填样式相比，单物源陡坡带湖泊相带更为发育，但三角洲沉积类型主要为扇三角洲沉积，即容易形成扇三角洲平原-扇三角洲前缘-湖泊沉积体系组合。

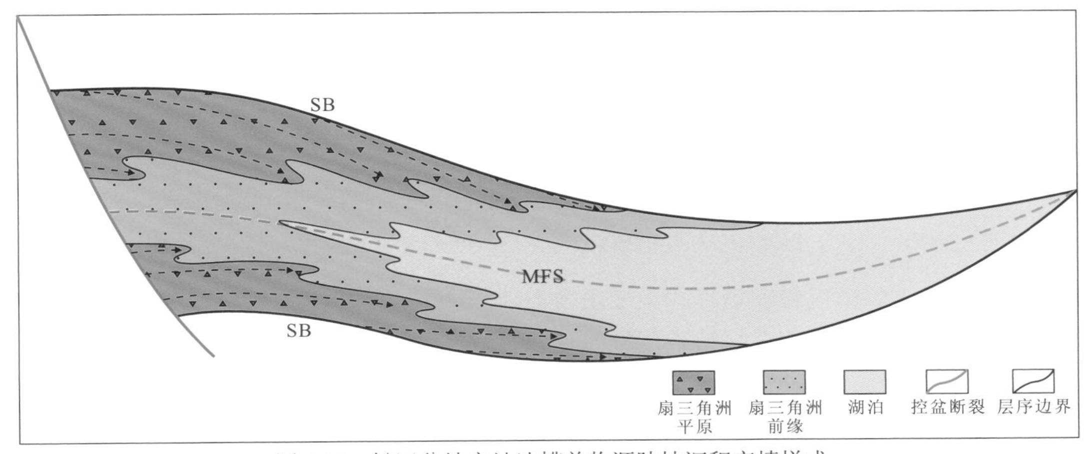

图 4.38　松辽盆地宋站洼槽单物源陡坡沉积充填样式

单物源轴向沉积充填样式是指沉积物既不来自缓坡带也不来自陡坡带，而是来自条带状盆地轴向（图 4.39），这种样式在小型断陷湖盆的任何时期都可能发育。该沉积充填样式中，最显著的特征就是垂直物源的剖面上，沉积物由盆地中心向两侧推进，且由于断裂的活动，靠近陡坡带的沉积物更容易大量堆积，形成厚层粗粒沉积，造成陡坡带湖泊沉积不发育，缓坡区由于物源供给不足，湖泊相带相对发育，且物源供给方向也有逐

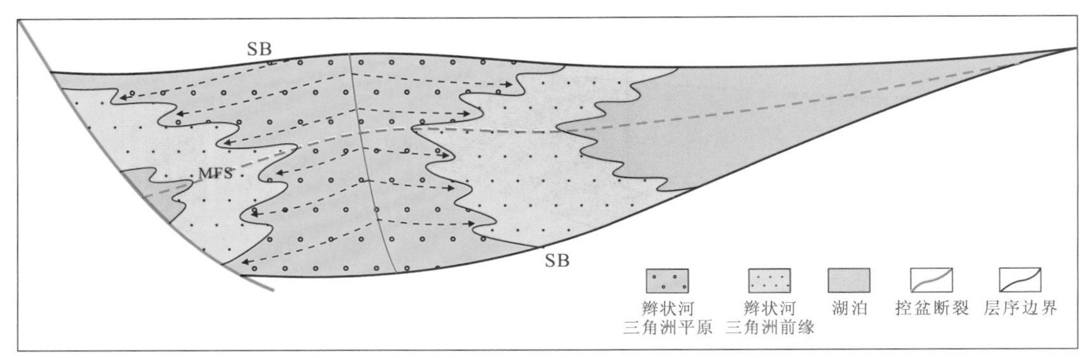

图 4.39　松辽盆地宋站洼槽单物源轴向沉积充填样式

渐向断裂迁移的趋势。该沉积充填样式不分沉积体系类型，即扇三角洲和辫状河三角洲均可出现，但辫状河三角洲的这种沉积充填样式更多地出现在盆地扩张充填末期。

2）双物源沉积充填样式

双物源沉积充填样式一般受盆地陡坡带和缓坡带双物源影响，发育大面积砂岩充填（图 4.40）。根据沙河子组沉积特征，这两种物源体系可能为双扇三角洲物源或扇三角洲物源与辫状河三角洲物源共存。

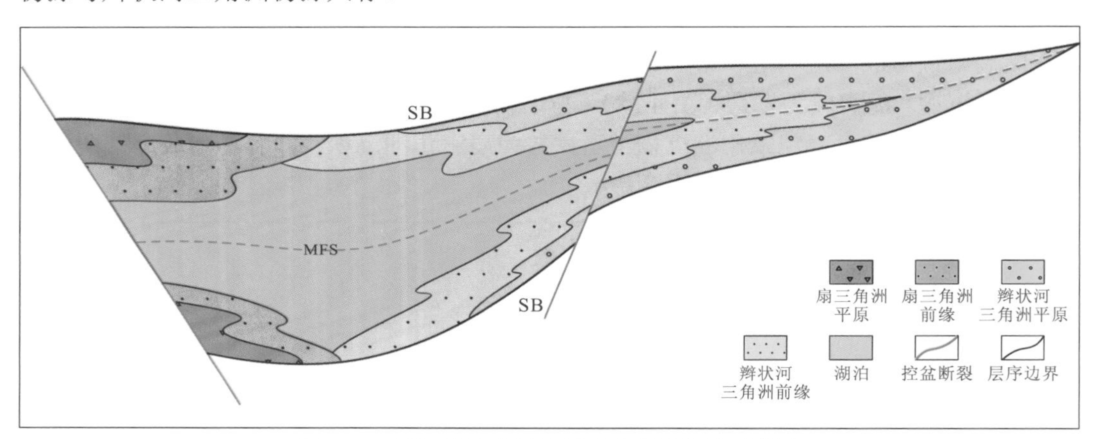

图 4.40　松辽盆地宋站洼槽双物源沉积充填样式

双扇三角洲物源沉积充填样式主要出现在沙河子组沉积早期，由于盆地范围小，沉积物搬运距离近，早期相对缓坡带同样发育扇三角洲沉积，表现为双侧扇三角洲物源向盆地中心推进的特征，并可在剖面深断带随着三级层序内部湖平面的相对上升发育湖泊沉积。当然，当盆地范围足够小、物源足够充足时，湖泊相带也可能不发育，这种沉积充填样式的沉积体系组合主要为双扇三角洲-湖泊沉积体系组合或双扇三角洲沉积体系组合。

在小型箕状断陷湖盆中，随着盆地扩张，物源逐渐变远，沉积物搬运距离增大，扇三角洲物源沉积充填样式则会逐渐发生改变，主要表现为相对缓坡带不再以扇三角洲沉积为主，而是发育辫状河三角洲沉积，西部陡坡带则仍以扇三角洲沉积为主。但相对于双扇三角洲物源砂体充填样式，由于盆地范围扩大，由扇三角洲与辫状河三角洲共同供给物源的沉积充填样式中，湖泊相带会更为发育，并形成有利的烃源岩层。

箕状断陷湖盆沉积充填样式可以是多种多样的，但就沙河子组的沉积特征来看，基本上所有复杂的沉积充填样式都可以用以上这几种沉积充填样式进行组合解释。

3. 沉积充填控制因素

箕状断陷湖盆沉积充填过程往往受多种因素的影响，如构造沉降、古地貌、物源供给、湖平面及气候变化等。特别是处于强烈断陷阶段的箕状断陷湖盆，主要受构造沉降、物源供给及湖平面变化这三大因素控制，下面以宋站洼槽沙河子组为例予以分析。

在一个盆地的强烈断陷阶段，同沉积断裂发育等构造运动的持续不仅控制盆地的沉降速率、盆地范围，还控制层序地层厚度的分布。沙河子组徐西断裂发生了较大范围的向西迁移，并且在不同的区域它们的迁移范围存在差异，如沙河子组沉积早期盆地整体发育扇三角洲沉积，而随着盆地范围扩大，开始出现沉积体系分异，盆地缓坡带发育辫状河三角洲沉积。另外，在研究区南部可见三级层序内的厚层沉积也随着徐西断裂的不断活动呈现向西迁移的特征，并且该地震剖面中具相似的丘状隆起（代表轴向物源）特征（图 4.41）。由于徐西断裂的持续活动，西侧盆地沉降速率大，为物源的主体供给中心，它能控制盆地的整体地层分布格局。总之，小型断陷湖盆中，断裂活动及其所引起的构造沉降是控制盆地沉积充填最重要的因素之一。

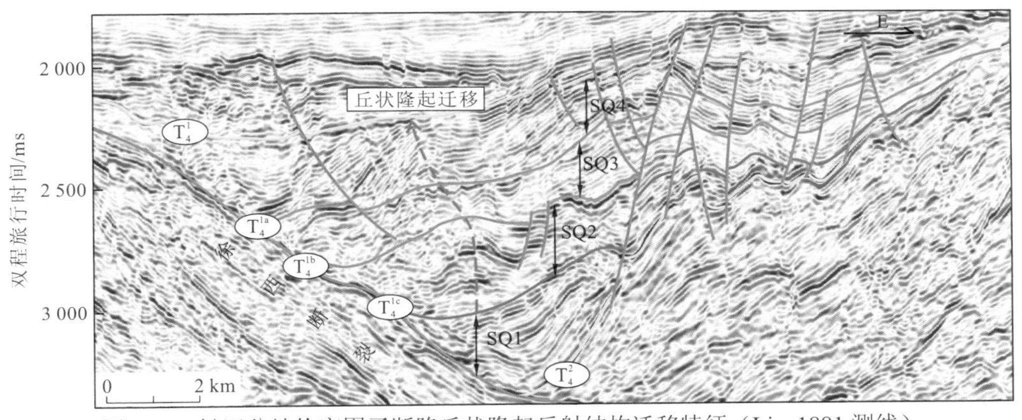

图 4.41　松辽盆地徐家围子断陷丘状隆起反射结构迁移特征（Line1881 测线）

物源供给的充足与否影响沉积体系的分布，物源主供给区可能以三角洲沉积为主，而非物源主供给区则以湖泊沉积为主；盆地物源供给充足，层序单元内平均地层厚度大，反之则地层厚度偏小。在小型箕状断陷湖盆中，盆地物源供给充足，无论是单物源还是双物源类型，湖泊相带都难以发育，因此也会影响烃源岩的发育。当然，对于盆地沉积体系的分布样式，湖平面变化也非常重要，它不仅可以控制层序体系域样式，还能与物源供给共同控制盆地沉积体系的分布区域。

除了这三大因素，气候变化、古地貌等对盆地沉积充填也有一定的控制作用。如气候变化可以控制盆地沉积物的成分、颜色等，古地貌则可以控制沉积物的输入路径等。但相比较而言，对于一个小型箕状断陷湖盆，构造沉降（控盆断裂活动）、物源供给及湖平面变化是盆地沉积充填速率、范围、结构样式等方面最主要的控制因素。

（二）苏家屯洼槽地堑式断陷湖盆火石岭组—营城组储层分布预测

1. 储集砂体分布规律

砂岩厚度图反演结果显示，苏家屯洼槽火石岭组砂岩厚度总体为 25～275 m，最厚处在苏家 20 井区附近和西北区域，达到 200 m 以上。苏家 11 井区附近也存在较厚的砂岩沉积［图 4.42（a）］。

苏家屯洼槽沙河子组在梨 2 井区、苏家 6 井区砂体相对较为发育，砂岩厚度总体为 4～40 m，呈现由东南向北部和西部断阶带逐渐减薄的趋势［图 4.42（b）］。

苏家屯洼槽营一段在苏家 1 井区及苏家 22 井区砂岩沉积较厚，达 40 m 左右。砂岩总体厚度为 4～22 m，呈现由东向苏家 11 井区附近减薄的趋势［图 4.42（c）］。

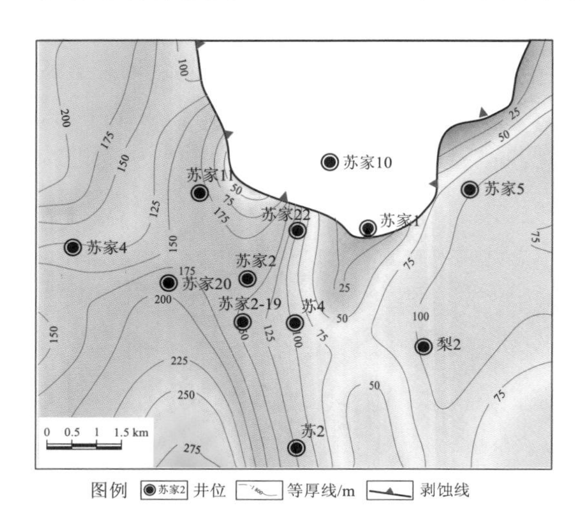

（a）苏家屯洼槽火石岭组砂岩厚度图

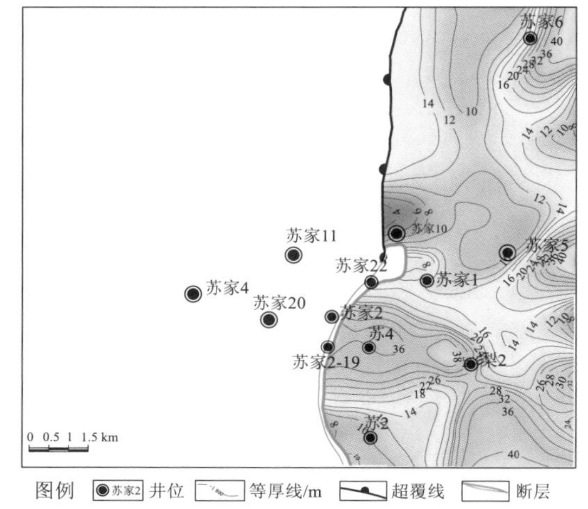

（b）苏家屯洼槽沙河子组砂岩厚度图

（c）苏家屯洼槽营一段砂岩厚度图

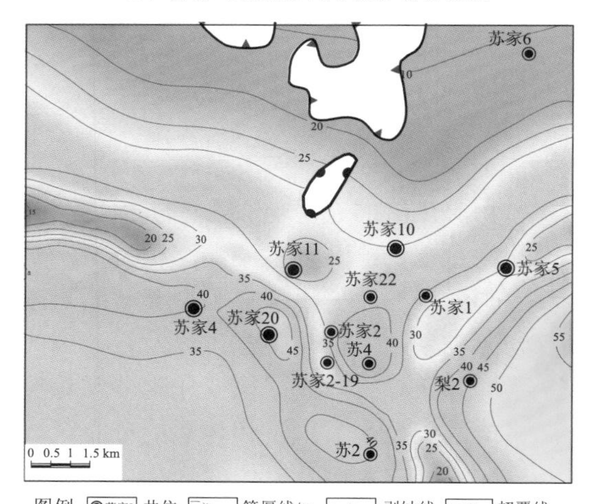

（d）苏家屯洼槽营二段砂岩厚度图

图 4.42　苏家屯洼槽火石岭组—营城组储层分布特征

苏家屯洼槽营二段砂岩最厚处在东南区域的梨 2 井区附近，中部的苏家 20 井区附近砂岩厚度可达 45 m 左右。砂岩厚度总体为 20～50 m，呈现由东南向苏家 11 井区及苏家 5 井区附近减薄的趋势［图 4.42（d）］。

苏家屯洼槽营三段—营四段砂岩厚度总体为 20～120 m。最厚处在西北、东南区域的十屋 33X 井区、梨 2 井区附近及东北、西南区域，厚度可达 120 m 左右，砂岩厚度向中部苏家 4 井区、苏家 20 井区及苏家 22 井区附近减薄。

2. 沉积充填样式

地堑式断陷湖盆在断陷期沉积范围逐渐扩大，随着控盆断裂长期活动和盆地不断扩张，虽然在同一时期盆地两侧具有对称性的沉积充填样式，但在不同构造阶段出现明显分异（Deng et al.，2021）。地堑式断陷湖盆在初始断陷早期，盆地面积较小，物源供给充足，苏家屯洼槽阶段带两侧扇三角洲相为主要优势相带，湖泊相发育十分局限。到强烈断陷期，盆地范围逐渐扩大，水体变深，物源供给相对减少，湖泊相较为发育，砂体发育较为局限。强烈断陷晚期，在构造坡折带控制下，沉积充填样式主要为辫状河三角洲-湖泊沉积体系组合（图 4.43）。辫状河三角洲沉积十分发育，砂体厚且横向稳定性较好，可作为良好的侧向疏导介质，油气可长距离运移。同时，地堑式断陷湖盆两侧控盆断裂可以沟通凹陷深层，成为油气的垂向运移通道，因此，在构造相对高部位可以形成大量的油气聚集。另外，在地堑式断陷湖盆两侧断裂坡折带，物源供给相对稳定，辫状河三角洲砂体多与湖相泥岩直接接触，可以形成良好的生储组合，也是油气勘探的有利区域。

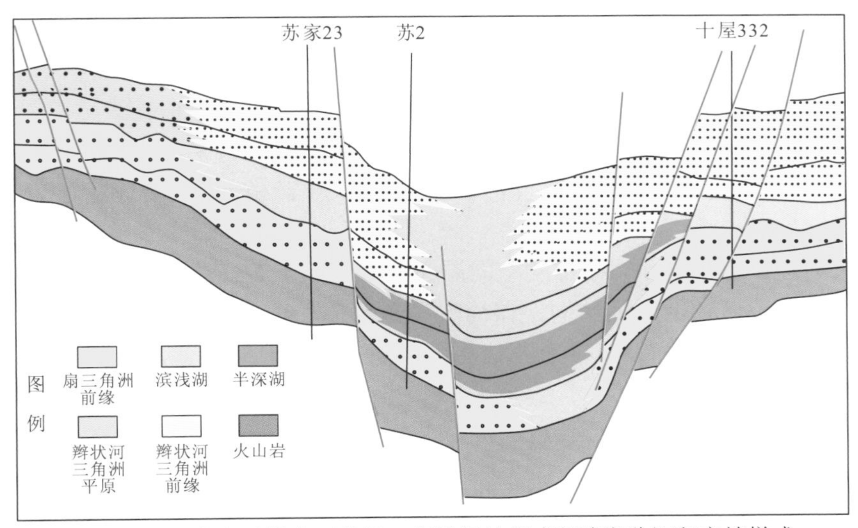

图 4.43　苏家屯洼槽火石岭组—营城组地堑式断陷湖盆沉积充填样式

3. 地堑式断陷湖盆沉积充填控制因素

不同时期地堑式断陷湖盆沉积充填控制因素不同，松辽盆地苏家屯次洼初始断陷期沉积充填样式受古隆起、构造运动和物源供给共同控制。地堑式断陷湖盆周围的古隆起为初始断陷期扇三角洲的主要物源区，紧邻控盆断裂的陡坡带也可以发育小规模扇体，该时期扇三角洲沉积具有近物源、快速堆积的特征。小型地堑式断陷湖盆初始断陷期构造运动活跃且可容纳空间有限，盆地中多呈现出沉积相带窄且相变较快的特征，沉积相带的分布受盆地两侧控盆断裂的控制作用显著。扇三角洲平原亚相主要发育在断阶带之上，扇三角洲前缘亚相则主要发育在断阶带下部，其分布受断裂系统走向的控制，在断裂下部呈短轴、条带状分布，且砂体厚度明显增大。因此，断裂系统对砂体分布也具有明显的调节作用，在断裂下部有利于形成大套的砂岩储层。

进入强烈断陷期，地堑式断陷湖盆沉降速率显著增加，范围持续扩大，湖泊范围扩大，此时物源供给较少，在断阶带或靠近断阶带下盘的滨浅湖位置受湖平面改造，形成砂坝。

至营城组沉积末期，构造运动相对减弱，此时地堑式断陷湖盆沉积充填样式主要受物源供给影响，在填平补齐的过程中，在较大的可容纳空间发育大面积的辫状河三角洲砂体，特别是在靠近断阶带的下盘沉积较厚的砂岩储层。

二、坳陷湖盆储层分布预测实例

（一）三肇凹陷扶余油层储层分布预测

1. 储集砂体构型特征

1）曲流河道砂体构型特征

民 67 井发育曲流河道砂体，沉积厚度为 10.45 m。在五级构型界面控制下，识别出 3 个四级构型界面(5 个单成因砂体)。各单成因砂体特征表现为：①A 段厚度为 0.45 m，发育块状层理细砂岩相；②B 段厚度为 3.3 m，发育块状层理细砂岩岩相-交错层理细砂岩岩相组合；③C 段厚度为 3.5 m，发育平行层理细砂岩岩相-板状交错层理细砂岩岩相组合；④D 段厚度为 1.1 m，发育板状交错层理粉砂岩岩相-块状层理粉砂岩岩相组合；⑤E 段厚度为 2.1 m，发育块状层理粉砂岩岩相-波状层理粉砂岩岩相组合（图 4.44）。

在曲流河道砂体构型中，砂体的空间展布一般限定于五级构型界面。2～5 个四级构型界面限定单成因砂体的空间结构，该构型界面也是影响水驱开发的关键。每个四级构型界面之间单成因砂体发育 1～3 个三级构型界面，二级构型和一级构型界面以内部层系和纹层为主。

2)（水下）分流河道砂体构型特征

通过精细岩心观察，升 601 井在 1 800.04 m～1 805.84 m 井段发育 5.8 m 的分流河道砂体。在五级构型界面控制下，发育 2 个四级构型界面，3 个单成因砂体，4 个三级构型界面。

各单成因砂体特征表现为：①A 段厚度为 2.06 m，底部为五级构型界面，冲刷面明显，泥砾大小为 1～10 mm，距 A 段五级构型界面底部 1.22 m 处发育三级构型界面，将 A 段分为两套岩相组合，即槽状交错层理砂岩岩相-块状层理粉砂岩岩相组合和槽状交错层理细砂岩岩相-平行层理粉砂岩岩相组合，顶部为四级构型界面；②B 段厚度为 2.01 m，底部为四级构型界面，发育冲刷面，泥砾大小为 1～6 mm，距 B 段底部四级构型界面

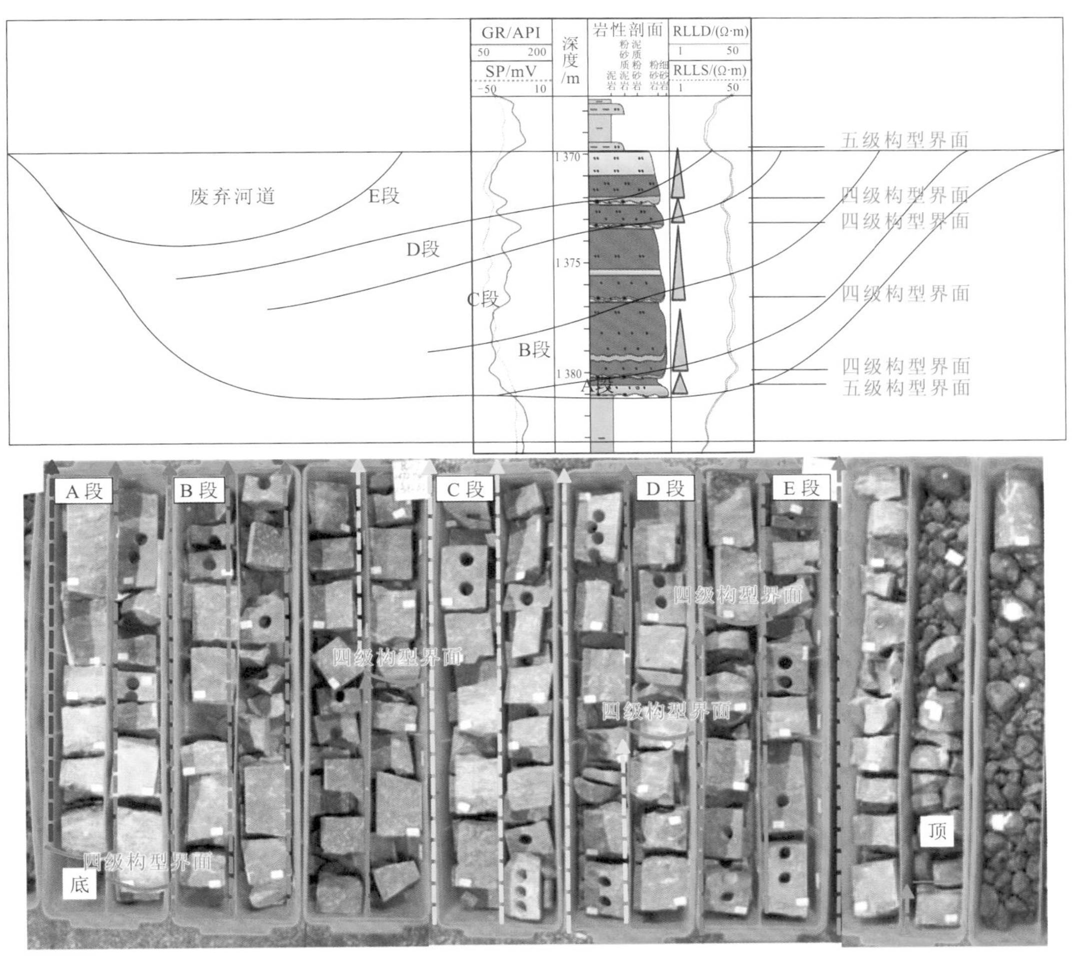

图 4.44 民 67 井曲流河道砂体构型特征（1 370.50～1 380.95 m）

1.08 m 和 0.7 m 处，分别发育两个三级构型界面，将 B 段分为三套岩相组合，即板状交错层理粉砂岩岩相、槽状交错层理粉砂岩岩相、波状层理粉砂岩岩相组合，顶部为四级构型界面；③C 段厚度为 1.73 m，底部为四级构型界面，冲刷面明显，泥砾较小，距 C 段底部 0.76 m 处发育三级构型界面，将 C 段分为两套岩相组合，即板状交错层理粉砂岩岩相-波状层理粉砂岩岩相组合和含钙质结核泥质粉砂岩岩相组合，顶部为五级构型界面（图 4.45）。

依据升 601 井的构型级别与界面分级方法，在五级单成因砂体层序地层格架控制下，扶余油层（水下）分流河道砂体构型特征为：五级构型界面限定（水下）分流河道砂体空间展布，其内部进一步发育 1～2 个四级构型界面，限定单成因砂体的空间结构，是影响水驱开发的关键。每个四级构型界面之间单成因砂体发育 1～3 个三级构型界面，二级和一级构型界面以槽状交错层理、板状交错层理、块状层理、波状层理、平行层理等内部层系和纹层为主。

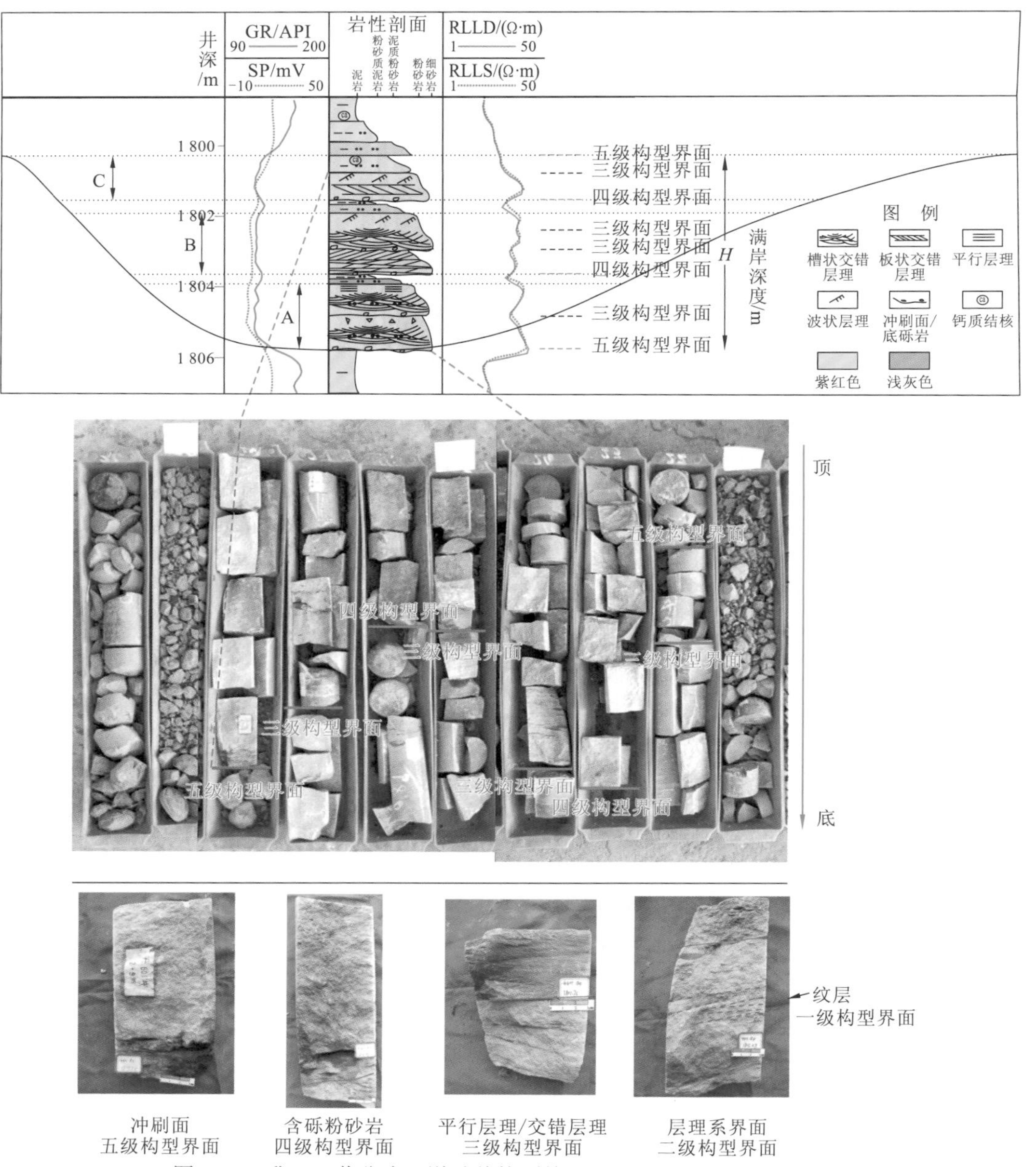

图 4.45　升 601 井分流河道砂体构型特征（1 800.04～1 805.84 m）

2. 储集砂体分布规律

1）浅水三角洲相

浅水三角洲相储集砂体主要为浅水三角洲平原分流河道和浅水三角洲前缘水下分流河道砂体，砂体总体厚度较薄，具有薄互层、横向不稳定、非均质性强的特点，地震响应常常为多套砂泥岩组合的综合响应，从而弱化了（水下）分流河道砂体的强地震反射特征，造成砂泥岩的地震速度较为相近，两者的波阻抗差值较小，地震反射波振幅弱，很难从地震剖面上识别单砂体的分布规律。因此，以密井网开发区为研究对象，以单井为基准，结合多种地震属性，利用地质建模的方法进行岩相模拟，刻画浅水三角洲相储集砂体的平面分布特征。

以州 2 井区为建模对象。州 2 井区位于三肇凹陷南部，建模过程主要包括三个步骤：①建立原始数据库，整理钻井的坐标数据、海拔高度、目的层的分层数据、地震资料等；②利用地震资料，对层面和断层进行解释，结合分层数据，建立构造模型，在此基础之上，建立沉积微相模型；③根据单井相研究成果，利用基于离散变量的随机模拟方法，采用序贯指示模拟方法建立岩相模型。

构造模型是地质模型的基础及整体框架，只有首先建立准确可信的构造模型，才有可能进一步建立更可靠的砂体模型和属性参数模型。

对任何一个发育有断层的储层建模，首先必须保证断层模型的正确性，才能保证后面的工作顺利进行，所以必须严格遵循“建立框架-模型修改-模型细化”的工作步骤，逐步使断层模型趋于准确。在工作过程中利用三维可视化功能进行严格的质量控制。在地震层位解释数据基础上，对细分层顶面构造、断层进行精确解释。调节断层及层面，使断层上下层面趋于合理（图 4.46）。

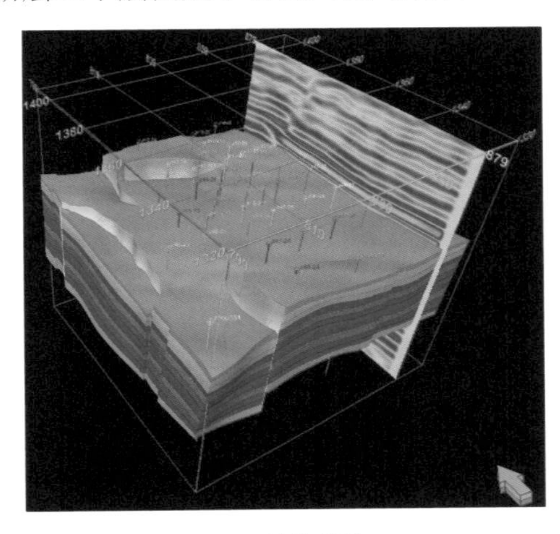

（a）构造模型

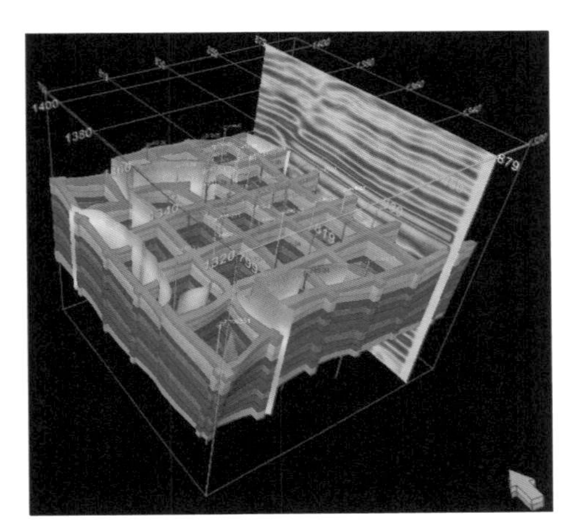

（b）构造模型栅状图

图 4.46　州 2 井区构造模型

州 2 井区每个细分层发育两期分流河道，而地震属性的分辨率无法达到识别单期河道的精度，因此，以小层为单元，对每一小层进行多种类型的地震属性提取，如总振幅（sum of amplitudes）属性、均方根振幅（root mean square amplitude）属性及等时厚度（isochron thickness）属性等，然后与单井河道砂体厚度进行匹配，优选最佳地震属性图。以 FI3-2 发育时期为例，推测等时厚度属性最优，与单井符合率达到 85%，在等时厚度属性的约束下，利用两点随机模拟方法序贯指示模拟建立岩相模型，不仅遵循井点数据，而且具有分流河道形态。

基于序贯指示模拟，设定灰色为泥岩，黄色为分流河道砂体，对不同岩相进行最优变差函数的参数设置，与前期人工解释的砂体展布对比，多次模拟优选最佳岩相模型（图 4.47）。

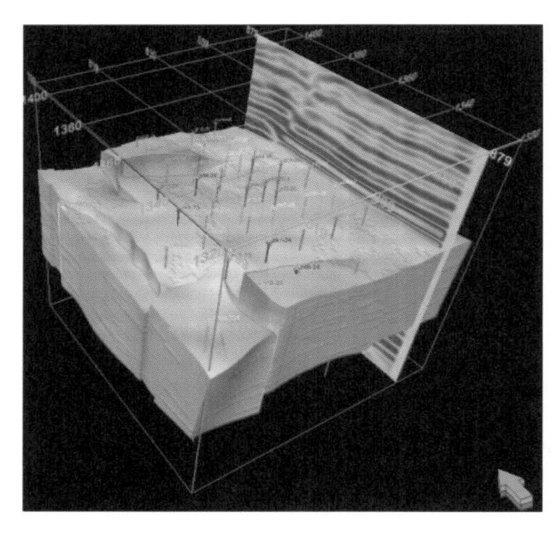

（a）砂体模型

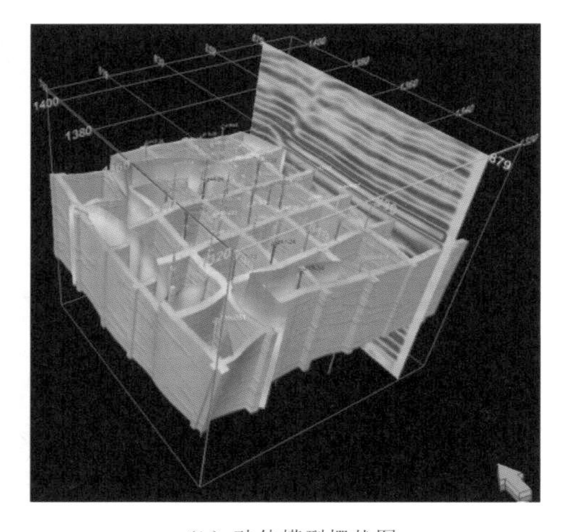

（b）砂体模型栅状图

图 4.47　州 2 井区岩相模型

对岩相模型进行横向连井切片，横剖面过 z46-22 井—z46-28 井（图 4.48）。结果表明：①岩相模型严格匹配单井数据，且形态符合地质规律；②顺分流河道方向砂体连片分布，横切河道方向砂体不连续；③在泉三段晚期和泉四段早期分流河道砂体较为发育。

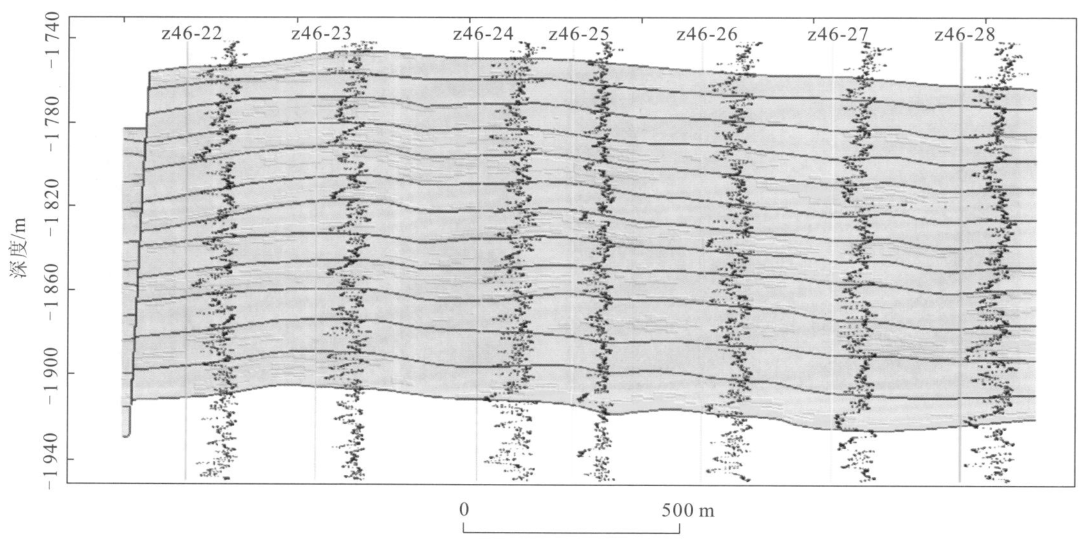

图 4.48　过 z48-22 井—z46-28 井的岩相连井对比图

在地震属性的约束下，采用序贯指示模拟方法，基本上已经模拟出各个时期的河道形态，如图 4.49 所示。然而，在短期基准面旋回划分的标尺下，利用小层对比法，统计河道期次，每个小层基本上发育两期分流河道。在 FI3-2 发育时期的两期分流河道之间的泥岩隔层厚度为 5～6 m，垂向上，若将这种能明显分出“砂-泥-砂”的地层一起进行岩相模拟，不可避免地造成泥岩网格被模拟成砂岩网格，如图 4.50 所示，在对 FI3-2 小层进行模拟后，把泥岩部分过滤掉，发现小层中砂岩模拟过多，主要原因就是两期分流河道中间的部分泥岩隔层被模拟成了砂岩。

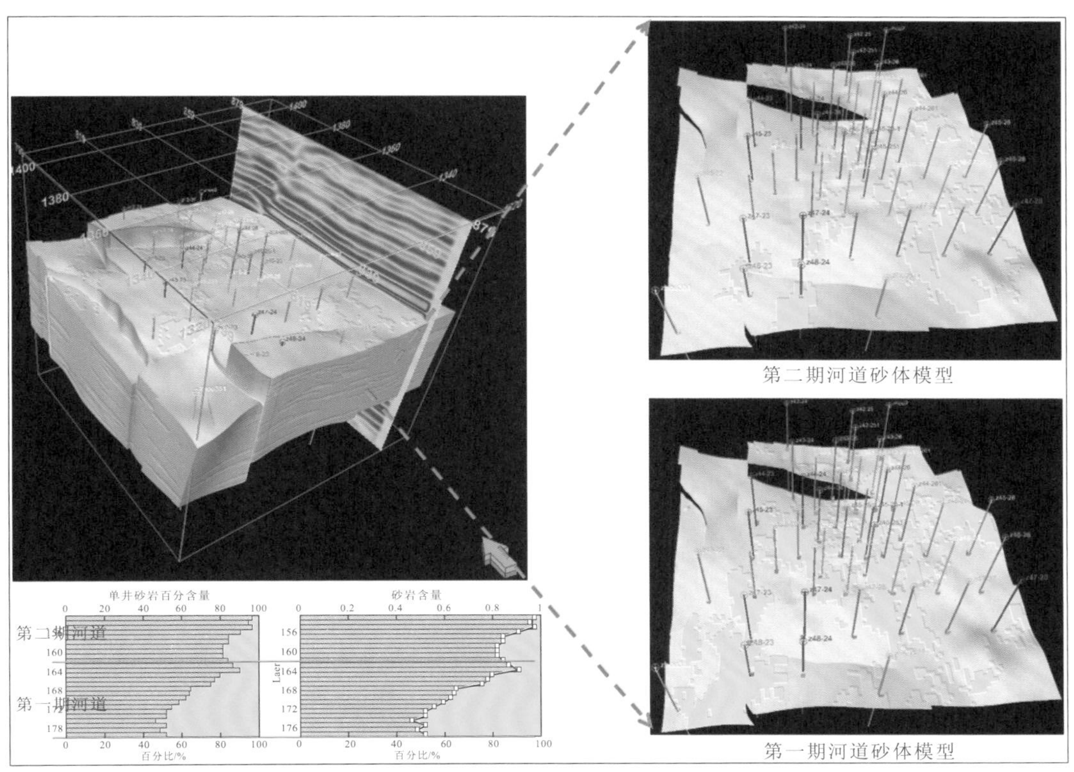

图 4.49　FI3-2 发育时期两期河道砂体展布特征

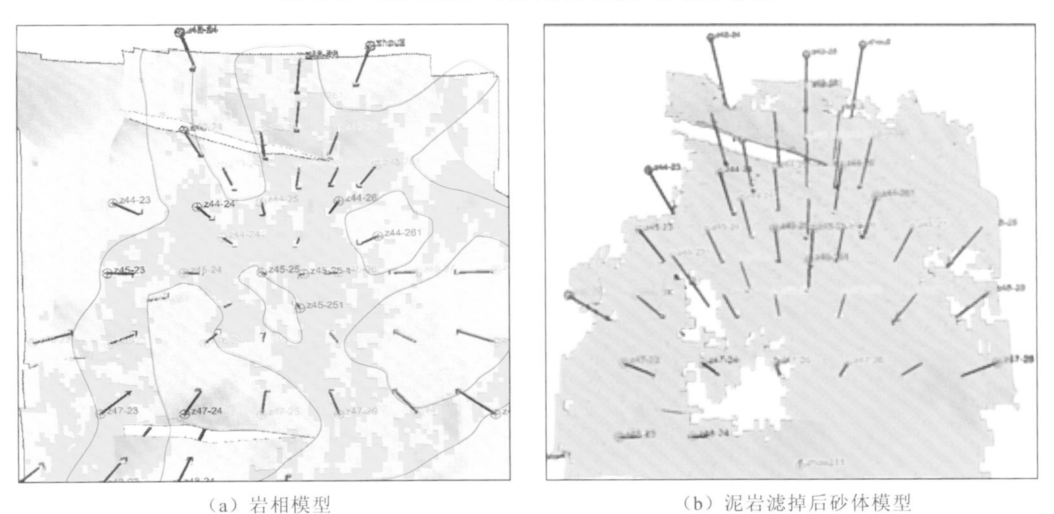

图 4.50　三肇凹陷州 2 井区 FI3-2 发育时期的岩相模型和泥岩滤掉后的砂体模型

针对这一问题，利用小层对比法，在小层的约束下进一步细化，统计和划分单井每期河道的位置及深度，划分出不同期次的单河道地层。由于河流相分层具有穿时性，河道可能位于小层的上、中、下位置，因此采用均分地层、由顶面向下分层和由底面向上分层三种不同的小层分层方法（图 4.51）。将数据导入 Petrel 软件，对每个小层重新分层，这样就可以将原先模型中的 16 个小层细分成 50～60 个小层，再针对河道发育的细分层位单独进行模拟，这样就很好地解决了泥岩被模拟成砂岩的问题（图 4.52）。

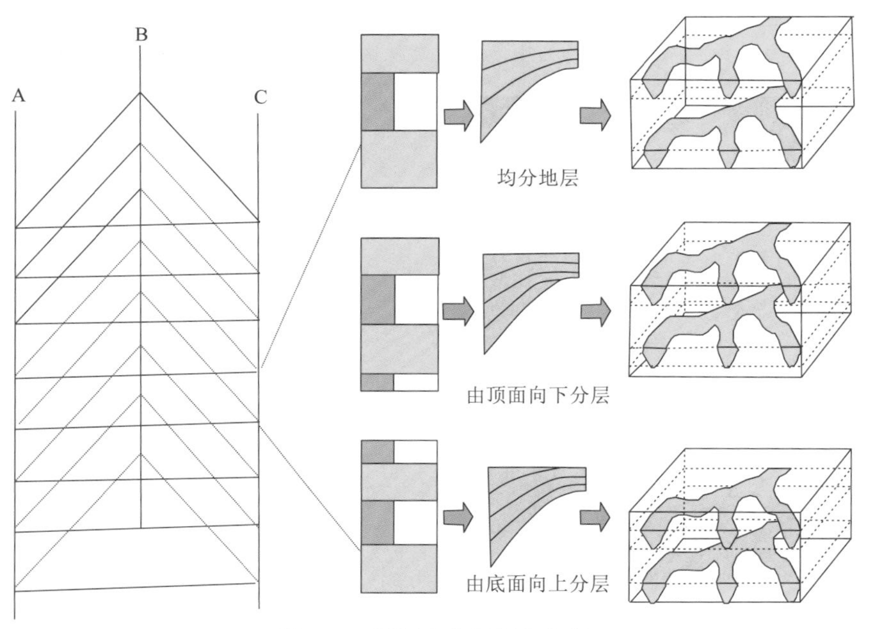

图 4.51　模型中小层划分方案

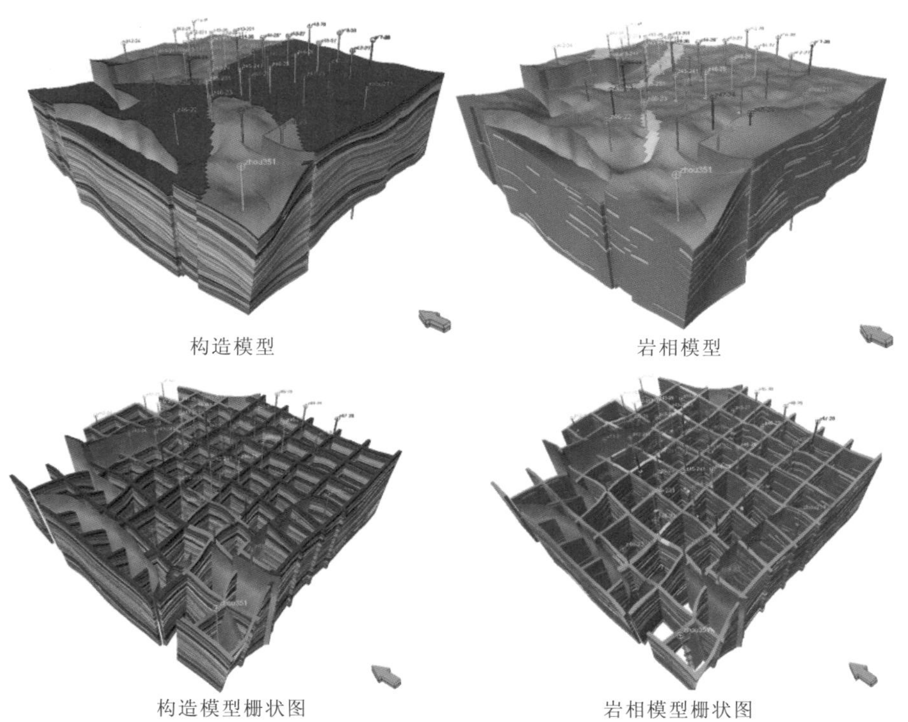

图 4.52　州 2 井区细化后的构造模型和岩相模型

地震属性约束下的序贯指示模拟岩相模型具有一定的离散性，为了凸显河道形态，利用确定性建模法，这样不仅遵循井点数据，具有一定的地质意义，而且解决了河道泥岩隔层被模拟成砂岩的问题（图 4.53）。从过州 2 井—州 211 井的岩相连井对比图中可以看出，每个小层的两期河道展布形态被很好地刻画（图 4.54）。

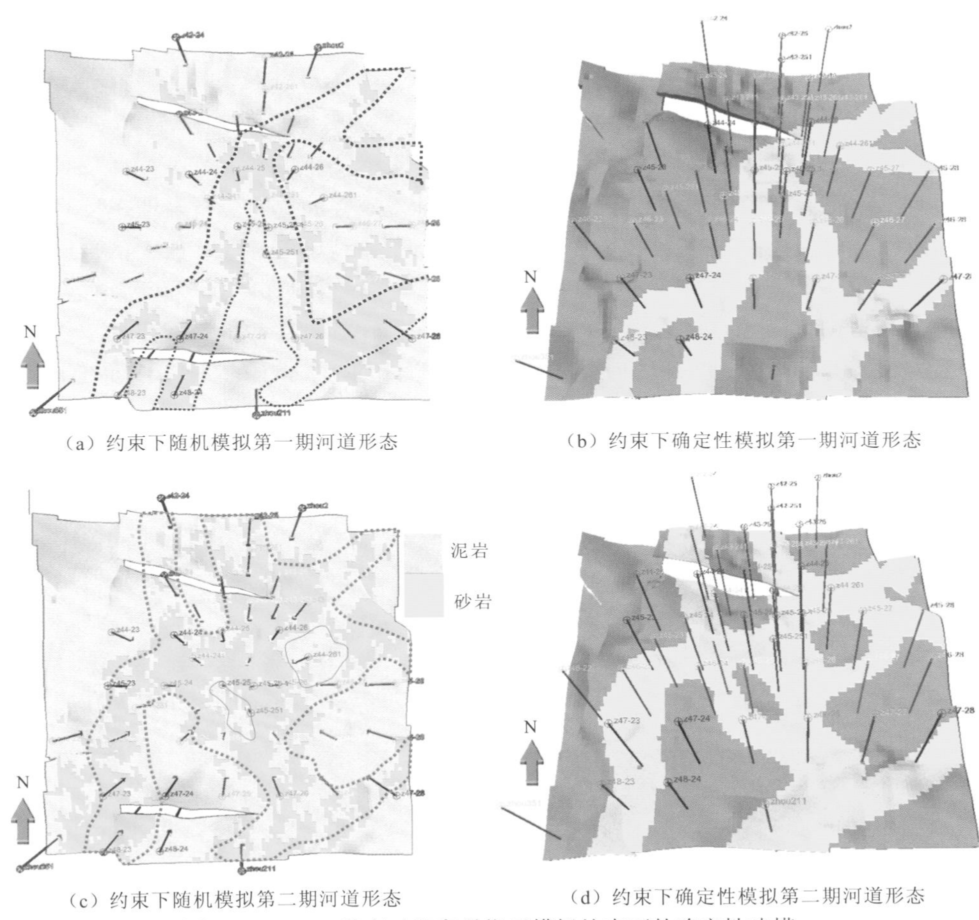

（a）约束下随机模拟第一期河道形态　　（b）约束下确定性模拟第一期河道形态

（c）约束下随机模拟第二期河道形态　　（d）约束下确定性模拟第二期河道形态

图 4.53　FI3-2 发育时期序贯指示模拟约束下的确定性建模

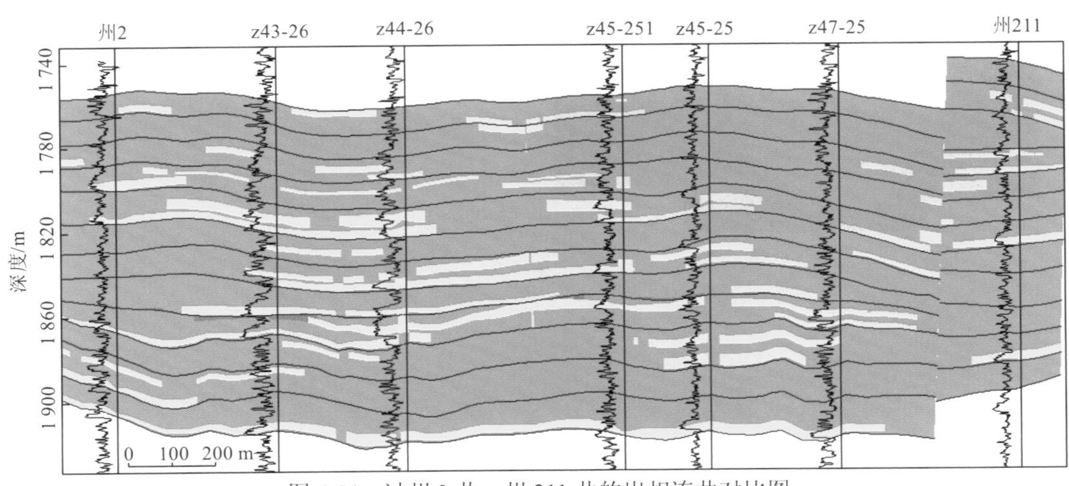

图 4.54　过州 2 井—州 211 井的岩相连井对比图

2）曲河流相

临江地区位于长春岭背斜带东南部与宾县—王府凹陷东北部交接处，面积为 400 km^2，共钻遇 41 口预探井，扶余油层的顶界埋深为 556～1 600 m，构造起伏较大，高差达 1 000 m 左右，井距为 3～5 km。地震数据的主频为 35～49 Hz，目的层段的地震反射特征总体表现为弱振幅中低连续性，强弱反差不明显。受断层的剧烈影响，地震反射连续性较差，断面附近形成不规则反射，严重影响地震属性的提取分析及地震反演的结果。

临江地区曲流河相发育于 FII1-2—FI3-2 沉积时期。以 FI2、FI3、FII1 的顶底面为界，提取砂组单元的地震属性特征。统计结果显示，每个砂组内部发育多套河道砂体，FI2、FI3 界面之间相差 14 ms 左右，在单井合成地震记录上，FI2 界面向下 6 ms 至 FI3 界面为 FI3-2 沉积时期的最佳时窗。FI3、FII1 界面之间相差 23 ms 左右，FI3 界面向下 7 ms 为 FII1-1 沉积时期的最佳时窗，FI3 界面向下 7 ms 和 FII1-1 界面向上 7 ms 之间是 FII1-2 沉积时期的最佳时窗。

FII1-2 沉积时期，水流方向总体由东北和南部向西南方向汇聚，发育曲流河相。提取 FII1-2 沉积时期均方根振幅属性［图 4.55（a）］，砂体呈点状分布、串珠状排列［图 4.55（b）］，结合单井特征，刻画出边滩和废弃河道的分布位置，边滩特征在单井上表现为砂体沉积厚度大、常规测井曲线为箱形（图 4.56），地震剖面上表现为强振幅反射特征；废弃河道主要特征在单井上表现为砂体沉积厚度小、泥岩夹层较厚，常规测井曲线内部齿状回返幅度大，地震剖面上位于边滩边部。连井剖面上双 43 井为废弃河道沉积。

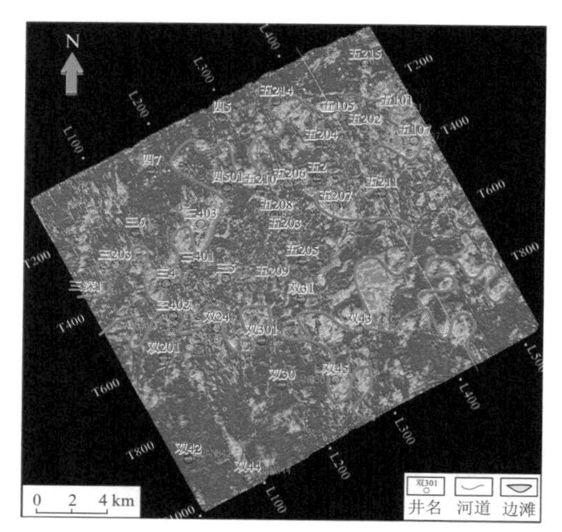

（a）均方根振幅属性

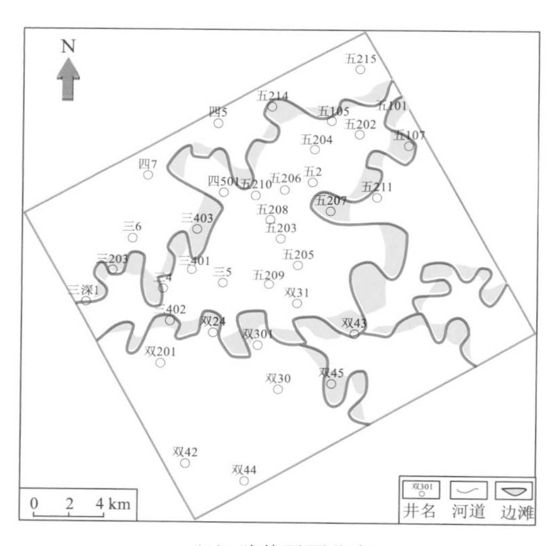

（b）砂体平面分布

图 4.55　FII1-2 沉积时期均方根振幅属性和砂体平面分布

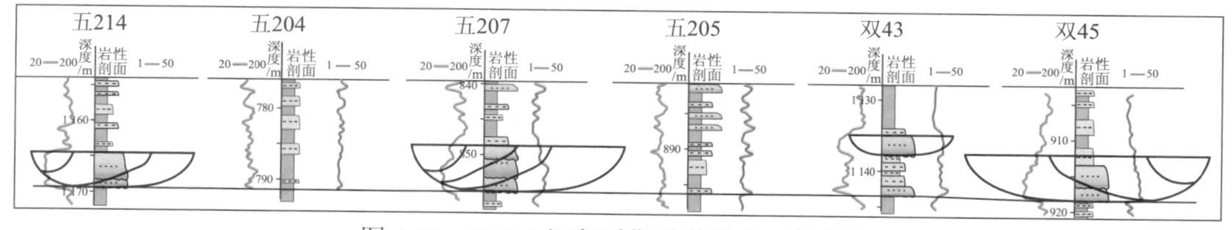

图 4.56　FII1-2 沉积时期砂体连井对比特征

FII1-1 沉积时期，基准面下降到最低，此时靠近南部的边滩规模较 FII1-2 沉积时期大，从均方根振幅属性图上可清楚识别边滩的位置［图 4.57（a）］，结合单井测、录井特征进行验证，五 2 井和双 43 井砂体沉积厚度大，GR 测井曲线呈箱形，局部地区沉积两期分流河道，上下叠置，从而使平面上砂体分布范围更广。双 301 井砂体沉积厚度小，为废弃河道沉积（图 4.58）。河道由于下切严重，较长的洪水期使其很容易截弯取直形成牛轭湖，前期形成的边滩与后期形成的边滩合并，形成规模较大的边滩，并且河道弯曲度较前一时期大。该时期发育 4 条曲流河道，南部双 45 至双 42 井区的边滩规模明显大于北部边滩规模［图 4.57（b）］。

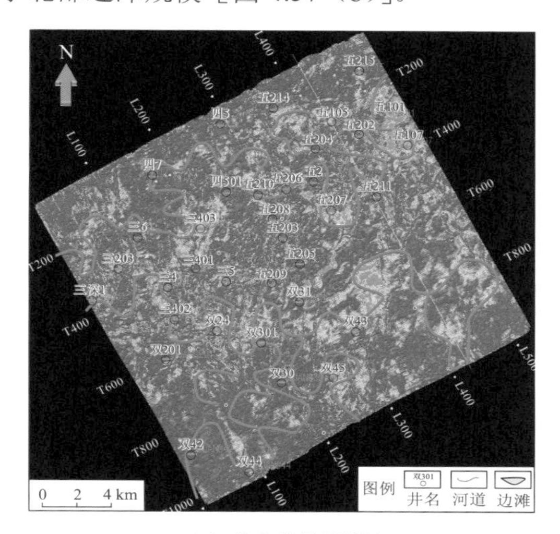

（a）均方根振幅属性

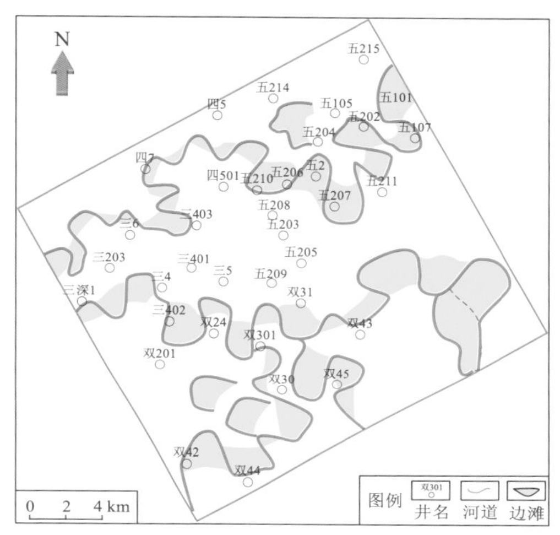

（b）砂体平面分布

图 4.57　FII1-1 沉积时期均方根振幅属性和砂体平面分布

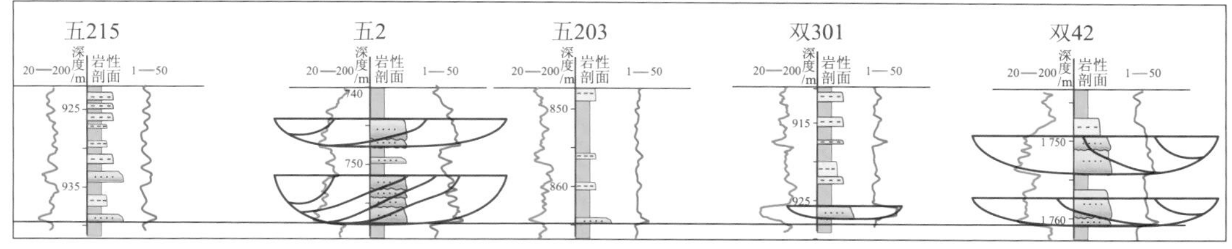

图 4.58　FII1-1 沉积时期砂体连井对比特征

FI3-2 沉积时期，基准面开始上升，河道规模较前一时期缩小，发育曲流河相，在均方根振幅属性图上强振幅呈点状连续分布［图 4.59（a）］。该时期总体发育 5 条曲流河道，南部边滩规模相对北部较大［图 4.59（b）］。结合单井测、录井特征进行验证，五 2 井、双 24 井和双 201 井砂体沉积厚度大，GR 测井曲线呈箱形，为边滩沉积（图 4.60）。

3. 沉积充填样式

曲流河道平面展布存在两种形式。第一种河道规模大，弯曲度大，洪水期能量较大，河道会截弯取直，从而易于形成牛轭湖。河道常因洪水事件导致较窄的颈部截断发生改道，形成由多个向不同方向迁移的河道砂体单元构成的复合河道砂体（图 4.61 中 D），主要发育在基准面下降到最低时期。第二种河道规模较小，边滩规模较小，河道弯曲度

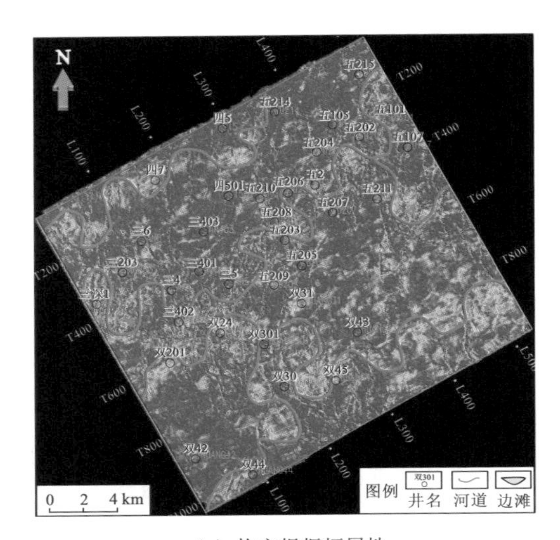

(a)均方根振幅属性

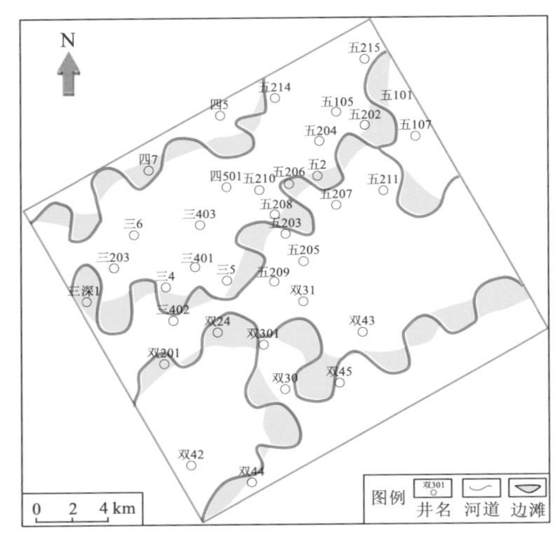

(b)砂体平面分布

图 4.59 FI3-2 沉积时期均方根振幅属性和砂体平面分布

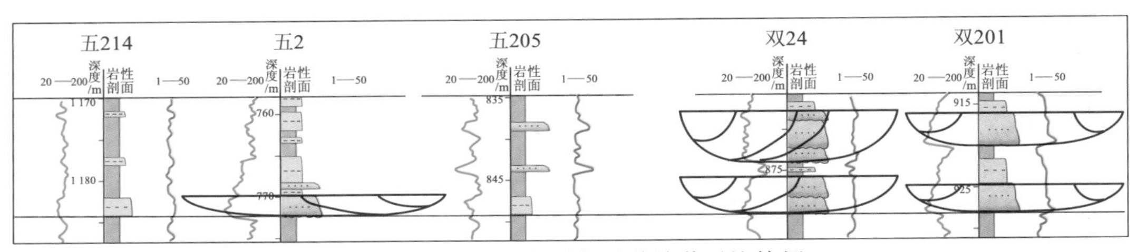

图 4.60 FI3-2 沉积时期砂体连井对比特征

较第一种河道小，牛轭湖发育较少（图 4.61 中 C 和 E），主要形成于基准面下降到最低前后一段时间，这也表明曲流河道向三角洲转变时，河道是以逐渐变顺直及规模变小的趋势平稳过渡（图 4.61 中 B）。两种不同形式的曲流河道平面展布认识可以为后期不同层位储集砂体的勘探开发，以及水平井的部署提供理论依据。

（二）齐家—古龙凹陷葡萄花油层储层分布预测

利用密井网开发区资料进行构型研究也是浅水三角洲前缘砂体尺度规模表征的有效途径之一，其优势在于对砂体横向延伸宽度或纵向延伸长度进行定量表征，也可为下一步三维地质建模提供准确的砂体尺度数据。选取齐家—古龙凹陷不同物源方向控制的沉积体系下的两个密井网开发区进行解剖，其中古 272 井区位于齐家—古龙凹陷北部的杏西鼻状构造哈尔温油田，受东北部长轴方向缓坡物源控制。古 157 井区位于齐家—古龙凹陷龙南鼻状构造葡西油田，受西部短轴方向物源控制。

1. 相控储集砂体建模

对两个密井网开发区储集砂体进行建模，包括准备数据、扫描训练图像以构建搜索树、选择随机录井、序贯求取各模拟点的条件概率分布函数并通过抽样模拟几个步骤。哈尔温井区储集砂体模型利用 Petrel 软件自带的多点地质统计学方法进行建模，数据样板规模为 10×10×3，采用二重网格策略。储集砂体模拟结果基本上基于井信息，但水下

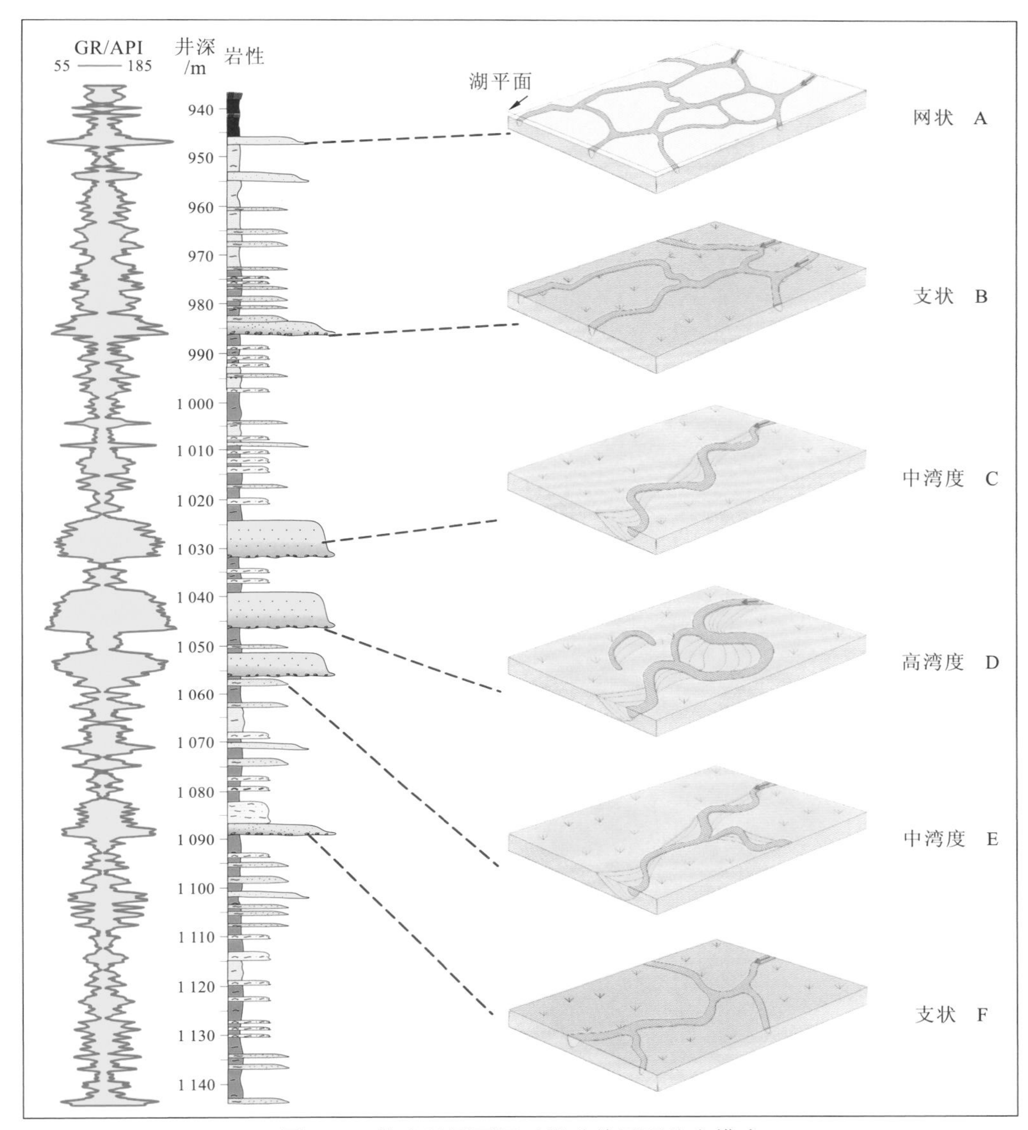

图 4.61 扶余油层不同时期砂体平面分布模式

分流河道的分叉性及流向的变化在模型中反映不明显，浅水三角洲前缘席状砂和水下分流河道的空间配置关系勉强可以得出储集砂体呈片状分布，所建立的模型较好地反映浅水三角洲前缘特有的储集砂体（图 4.62）。

选择距离最小的数据事件作为最终模拟结果，以此利用多点地质统计学方法建立葡西井区储集砂体模型。储集砂体模拟结果与单井测井信息较为吻合，重现了训练图像表达的砂体几何形态及空间展布，浅水三角洲前缘储层整体呈条带状分布，水下分流河道的分叉性及流向的变化得到了很好的再现。沿着物源方向，河道分叉增多，水下分流河道与浅水三角洲前缘席状砂的空间配置得以准确反映，所建立的地质模型与储集砂体特征非常接近，表明该模型能够再现储集砂体非平稳的地质特征，精细刻画了浅水三角洲前缘储集砂体展布（图 4.63）。

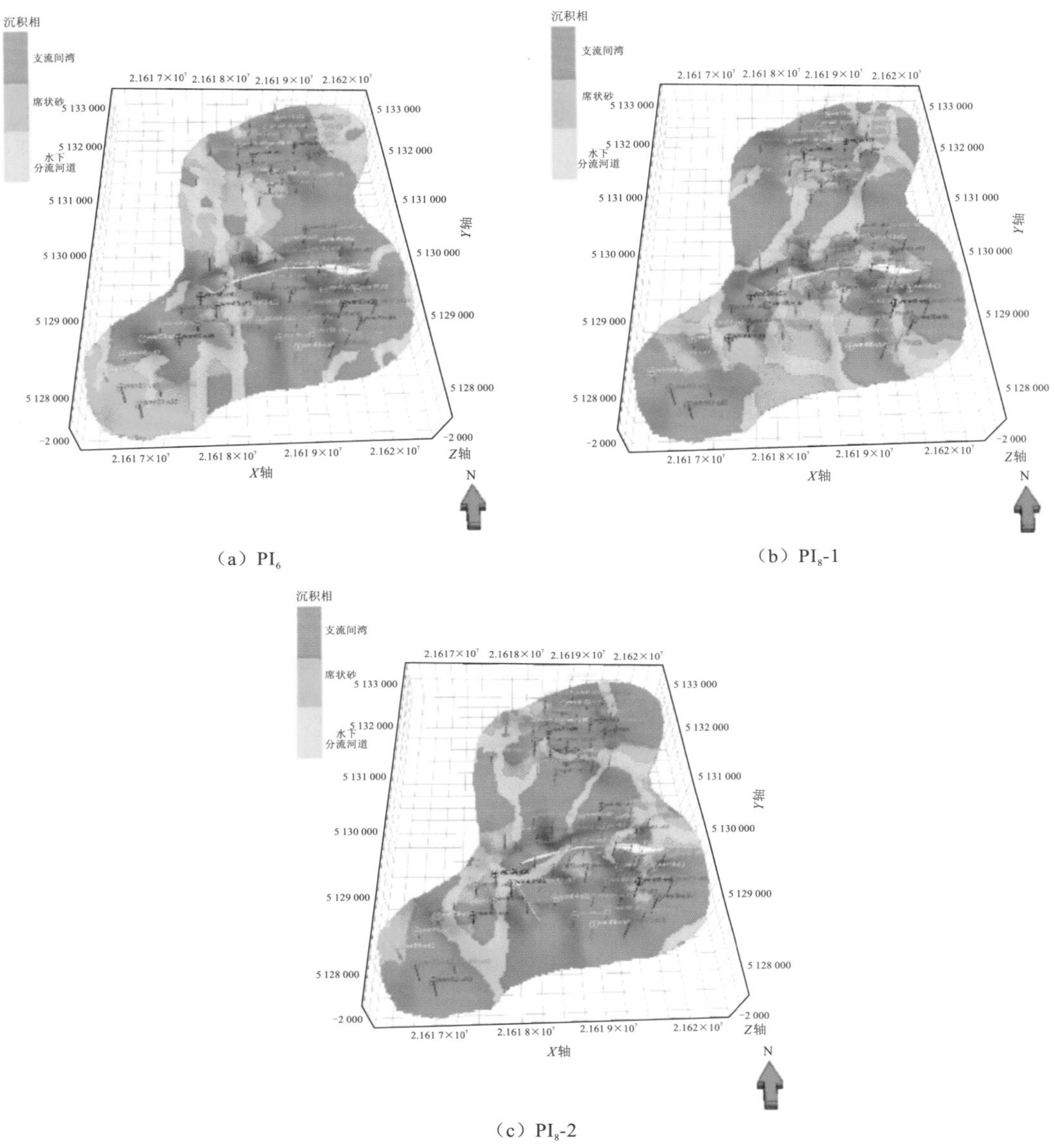

(a) PI_6　　(b) PI_8-1

(c) PI_8-2

图 4.62　哈尔温井区葡萄花油层 PI6、PI8-1、PI8-2 三维储集砂体模型

运用这种方法建立沉积单元相模型，如图 4.64、图 4.65 所示，分别为哈尔温井区和葡西井区的储集砂体模型及栅状图，通过栅状图可以清楚地识别沉积相在平面上的变化，为后续建立相控储集砂体模型打下基础。哈尔温井区葡萄花油层水下分流河道方向及发育规模具有继承性，早期到晚期河道规模逐渐变小，早期 PI 下水下分流河道发育较好，随物源自北向南延伸较好，主河道宽度为 150～500 m，厚度为 3～6 m，小型河道宽度在 300 m 以下，厚度在 3 m 以下。浅水三角洲前缘席状砂呈片状分布，与河道的空间配置并无规律性。葡西井区水下分流河道方向与发育规模也具有继承性，但受西部坡折带影响，储集砂体厚度较薄，规模较小，早晚期均不发育。主河道宽度为 150～350 m，厚度为 2.5～4.5 m，小型河道宽度在 150 m 以下，厚度在 3 m 以下，随物源自西北向东南延伸。浅水三角洲前缘席状砂与水下分流河道发育相伴而生，均呈条带状分布。

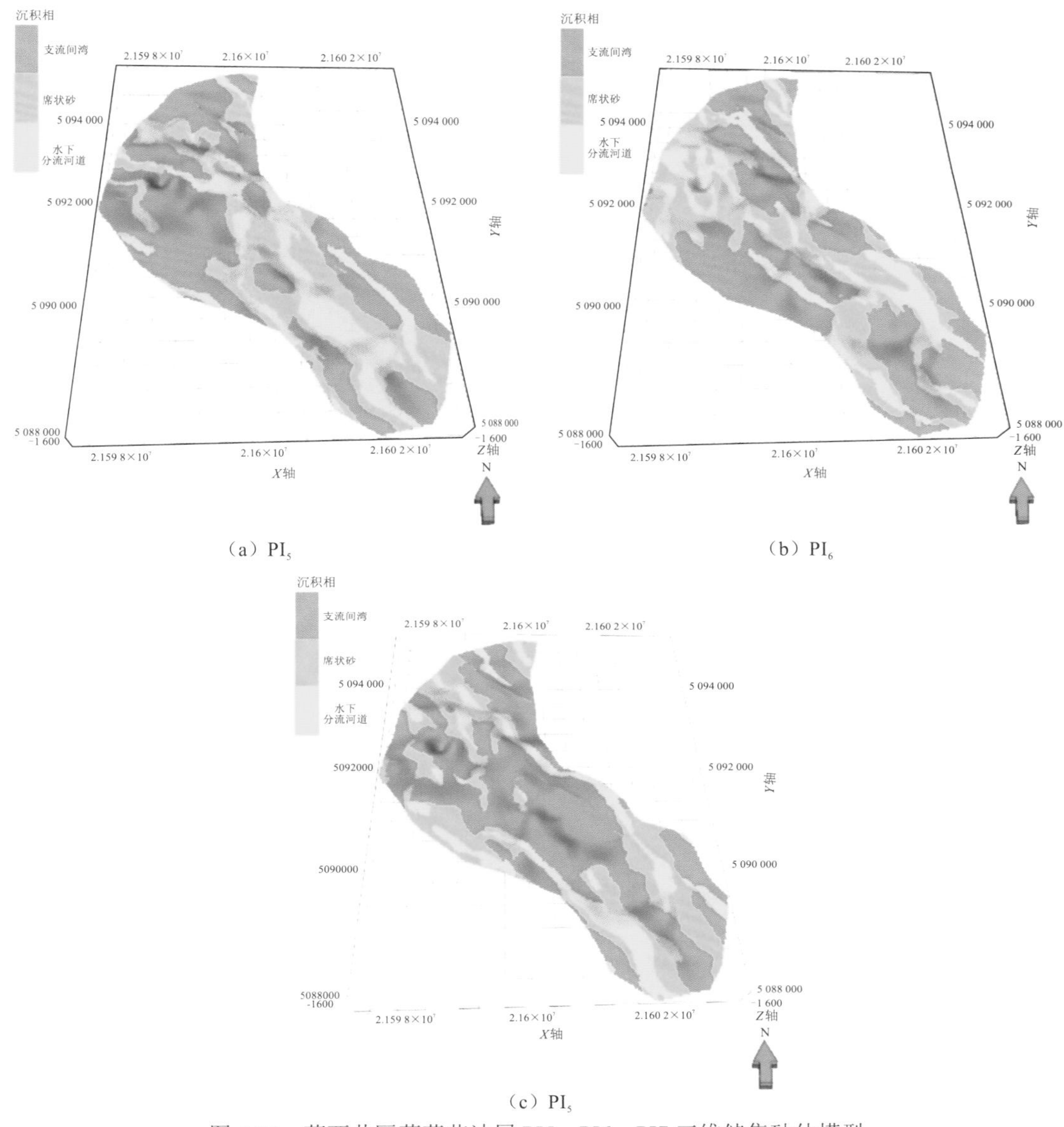

（a）PI_5

（b）PI_6

（c）PI_5

图 4.63 葡西井区葡萄花油层 PI5、PI6、PI7 三维储集砂体模型

2. 模型检验

运用井抽稀方式对模型进行质量检查，共选取 4 口抽稀井，分别为 WEN 52-S70 井、WEN58-S42 井、WEN50-S66 井及 WEN48-S72 井，这 4 口井数据不被用于模型建立，通过对比过抽稀井剖面检查预测结果是否与已知井一致，从而进行模型可靠性检验。图 4.66 为哈尔温井区葡萄花油层抽稀井储集砂体模型连井剖面，红色虚线为不参与建模的后验井剖面。图 4.67 为哈尔温井区葡萄花油层后验井测井解释，对比后验井的小层砂体厚度与模型中砂体厚度，计算后验井的砂体符合率。在选取的 4 口后验井中，整体钻遇砂岩符合率分别为 63.07%、80.8%、72.7%及 82.9%，单井砂体符合率大于 70%的后验井为 3 口，模型整体符合率为 77.9%，准确度较高。

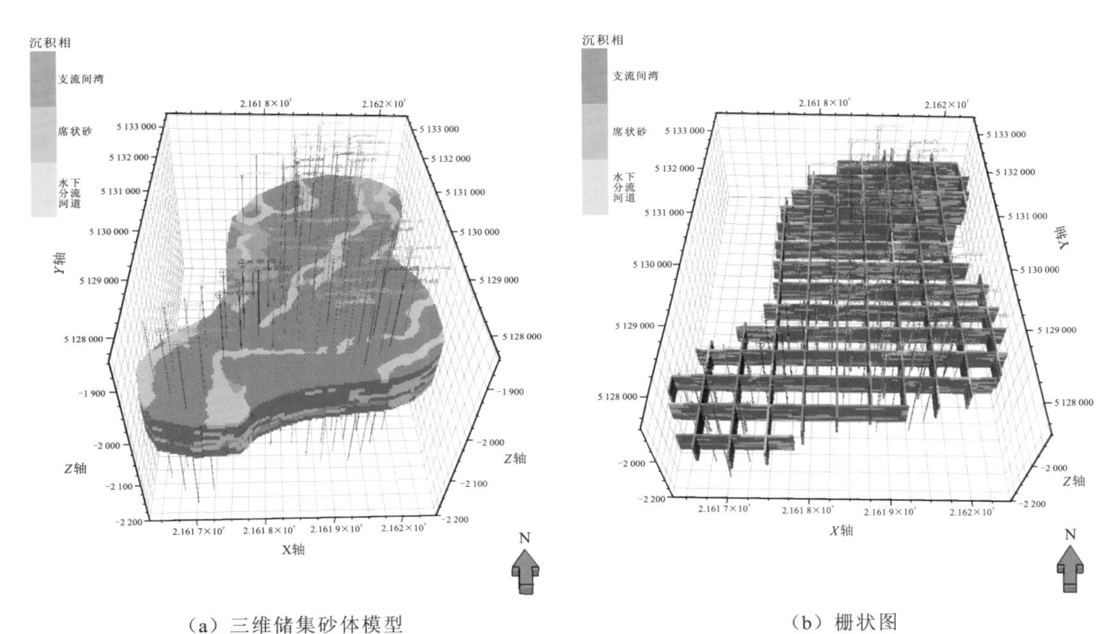

（a）三维储集砂体模型　　（b）栅状图

图 4.64　哈尔温井区葡萄花油层三维储集砂体模型及栅状图

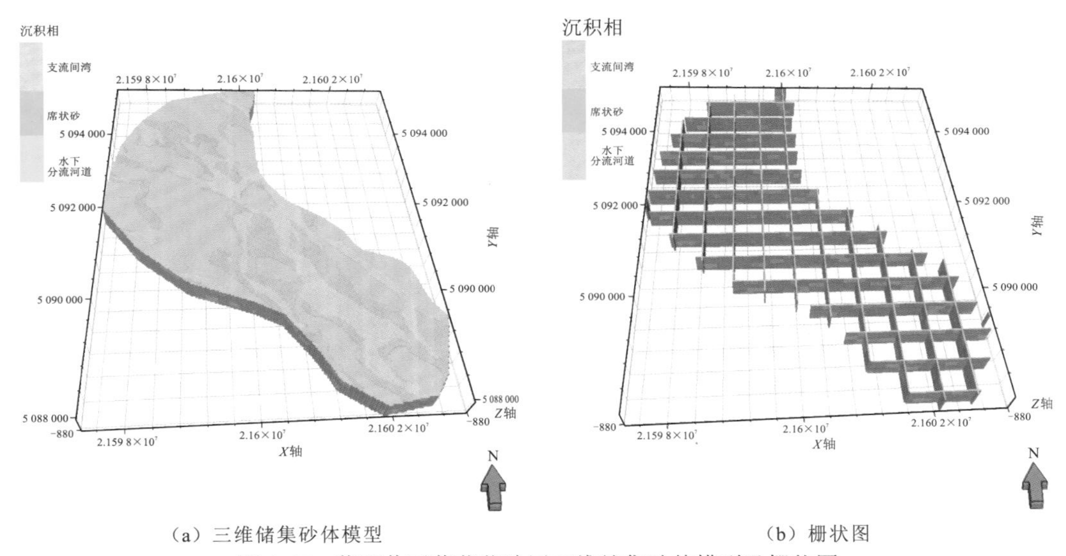

（a）三维储集砂体模型　　（b）栅状图

图 4.65　葡西井区葡萄花油层三维储集砂体模型及栅状图

从砂岩分布来看，储集砂体模型符合地质规律，与单井数据匹配。顺物源方向砂体连片分布，垂直物源方向砂体不连续。哈尔温井区在 PI_8、PI_6、PI_4 及 PI_2 时期水下分流河道较为发育。葡西井区在 PI_7、PI_6 及 PI_5 时期水下分流河道较为发育。

通过在密井网开发区利用多点地质统计学模拟浅水三角洲前缘储集砂体，不仅可以反映对应单井各时期测井数据及沉积相特征，还可以较精确清晰地刻画水下分流河道的走向及空间展布形态。将西部物源控制下的浅水三角洲前缘席状砂与水下分流河道储集砂体的接触关系与东北部物源控制下的接触关系差异展示出来，总体上浅水三角洲前缘水下分流河道储集砂体频繁分叉交汇，以条带状、枝状形态向坳陷湖盆推进。

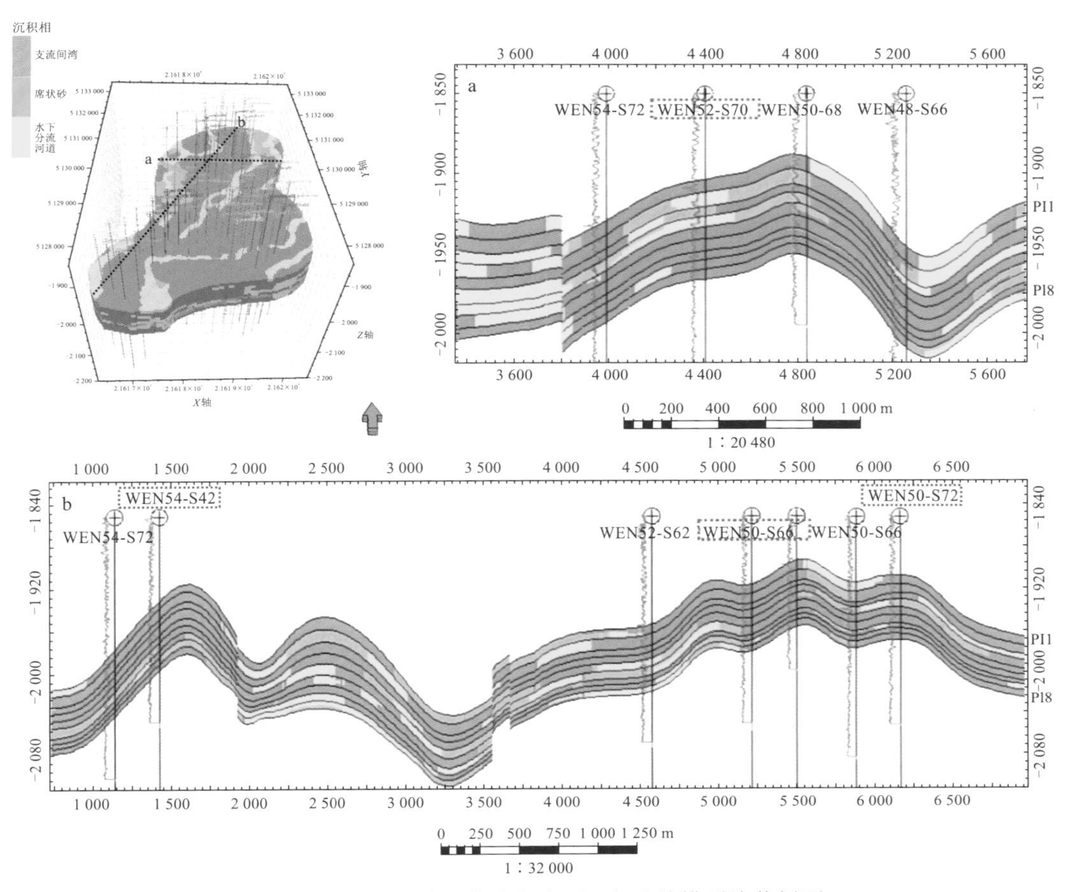

图 4.66　哈尔温井区葡萄花油层沉积砂体模型连井剖面

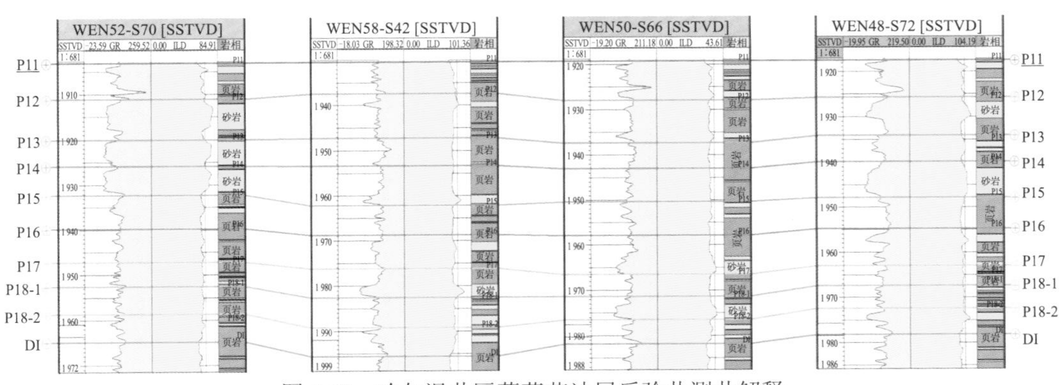

图 4.67　哈尔温井区葡萄花油层后验井测井解释

3. 储集砂体参数

以河道规模判断方法为依据，利用地质模型对葡萄花油层水下分流河道厚度及宽度规模进行解剖，定量识别和追踪两个密井网开发区 8 个时期的水下分流河道宽度及厚度。

哈尔温井区水下分流河道厚度、宽度与基准面旋回关系密切，受东北部长轴方向物源影响，河道厚度、宽度随基准面旋回波动。水下分流河道砂体一般发育在中期基准面旋回早期，河道宽度为 150～500 m，厚度为 3～6 m，呈中小型规模。水下分流河道向南北向不断退积，宽厚比呈下降趋势。葡西井区水下分流河道厚度、宽度与西部坡折带关系密切，砂体发育在 P7、P6、P5 沉积时期，河道宽度为 150～350 m，厚度为 2.6～4.5 m，受西部短轴方向物源影响，河道厚度、宽度变化幅度大，呈西北—东南走向，规模较小，前期基本不发育砂体，后期砂体迅速尖灭（图 4.68）。

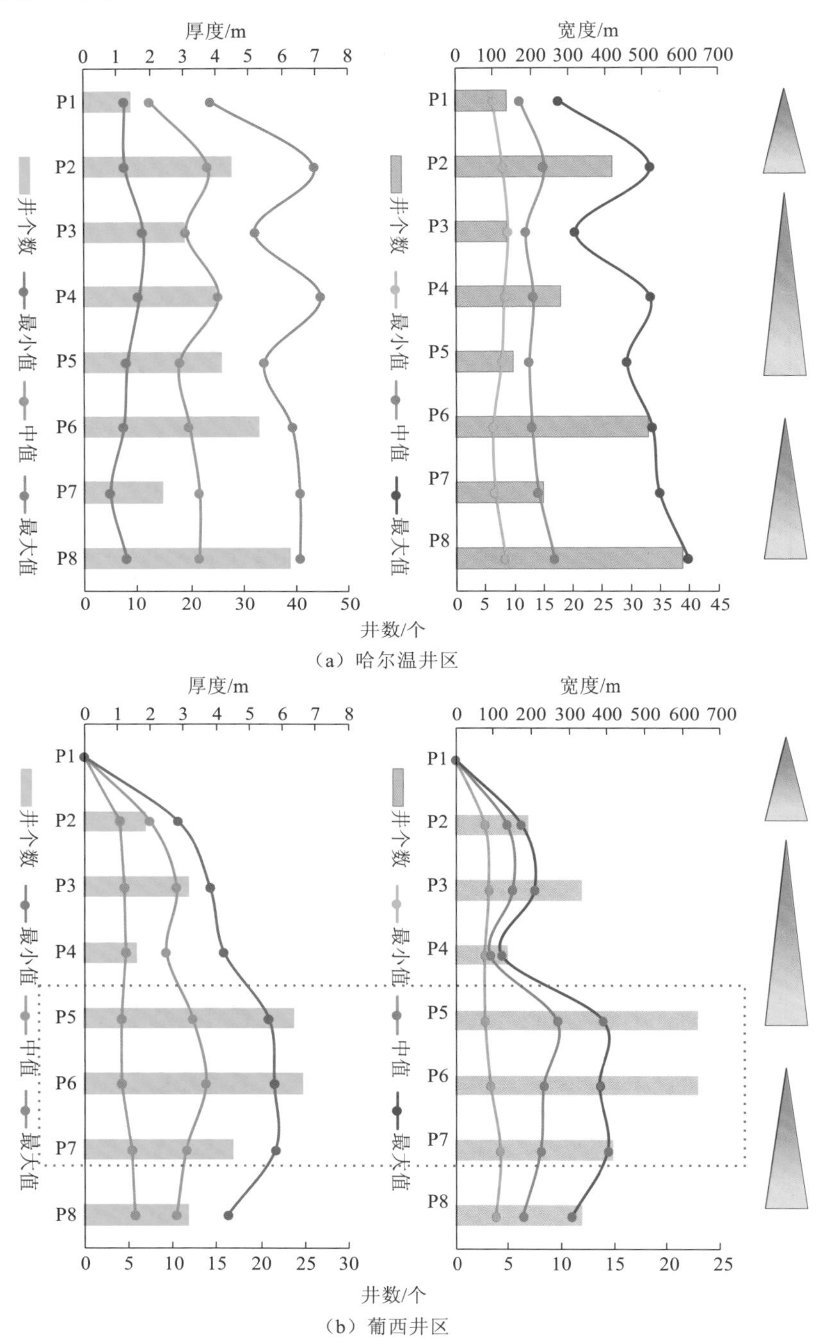

图 4.68　密井网开发区不同沉积时期水下分流河道厚度及宽度趋势分布图

4. 复合河道分布规律及模式

利用密井网开发区解剖不同类型河道的沉积构型及分布规律，分析构型单元的规模及产状，统计增生体数量、厚度及研究夹层分布特征，建立砂体分布模式。

（1）近源曲流型分流河道分布规律及模式。曲流型分流河道多发育于靠近物源的浅水三角洲平原和浅水三角洲前缘亚相，位属河道活动能量最大的时期。但与曲流河道相比，近源曲流型分流河道发生侧向侵蚀，类似曲流河道边滩沉积，沉积宽度为 500 m 左右（图 4.69 中 A）。湖平面由最低处开始缓慢上升，水动力较强，河道两侧的沉积物较为松散，从而在弯曲度较大处的凸岸发育边滩沉积，但水动力较为稳定时河道以垂向加积为主。该类河道增生体主要为 3～4 个，每个增生体为正旋回，厚度为 2～4 m，在增生体顶部沉积较薄的泥质夹层，GR 测井曲线上回返程度较大，泥质夹层厚度为 1～2 cm。发育在边滩的泥质夹层延伸距离较短，长度为 1～1.5 km，其倾角较小。

（2）中端过渡型分流河道分布规律及模式。中端过渡型分流河道多发育于浅水三角洲前缘亚相，距物源有一段距离，水动力条件与近源曲流型分流河道相比有所减弱。河道、边滩规模明显较小，侧向侵蚀能力减弱，形成以河道为主、边滩为辅的组合，边滩长度为 400 m，宽度为 100 m 左右，河道沉积特征与近源曲流型分流河道沉积相似，但是泥质含量明显增多，夹层主要以增生体间泥质夹层为主，边滩夹层角度比近源曲流型分流河道小，延伸距离较短，受制于边滩大小（图 4.69 中 B）。总体河道较为顺直，半月形的直岸边滩沉积范围较小。

（3）远源席状型分流河道分布规律及模式。远源席状型分流河道发育于浅水三角洲前缘亚相末端，距物源较远，受河控与湖平面波动影响，河道能量减弱。由于河道受湖水的顶托作用，侧向侵蚀能力消失，不断分叉（图 4.69 中 C）。远源席状型分流河道接近于顺直型，总体规模较小，厚度为 2～4 m，河道以垂向加积作用沉积，夹层以泥质为主，无泥砾夹层，夹层顺河道近水平延展，经常与浅水三角洲前缘席状砂相伴而生。一般发育 3～4 个垂向增生体，沉积宽度为 100～300 m。

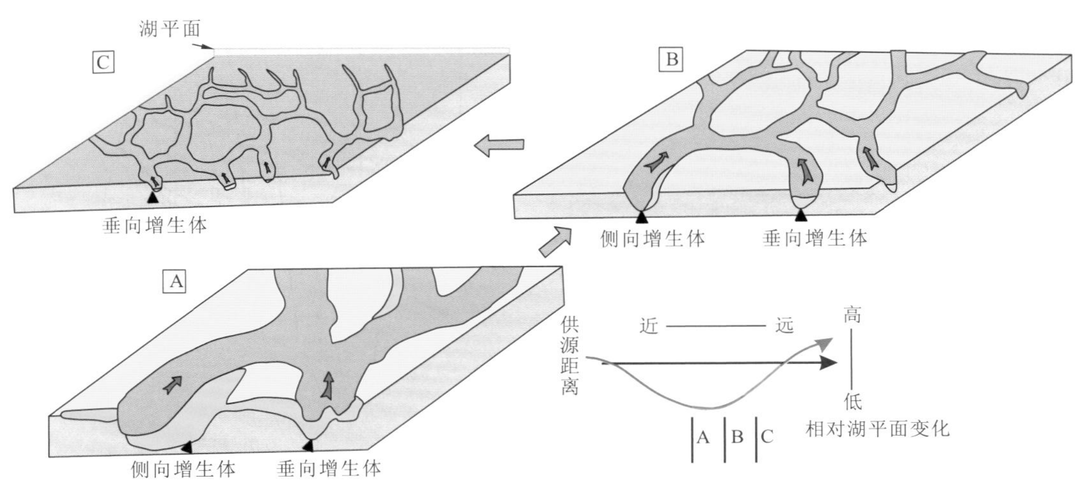

图 4.69　浅水三角洲河道内部构型演化模式

A 为近源曲流型分流河道；B 为中端过渡型分流河道；C 为远源席状型分流河道

第五章 断陷–拗陷湖盆控藏机理及模式

第一节 断陷湖盆控藏机理及模式

一、宋站洼槽沙河子组控藏机理及模式

（一）油气藏分布规律

宋站洼槽沙河子组烃源岩分布范围广，生烃强度大，具备发育大面积优质烃源岩的条件，宋站洼槽及徐东、徐西次凹是最好的成熟烃源岩发育区（印长海 等，2019；Cai et al.，2017）。结合储层品质分析认为埋藏相对较浅的扇三角洲前缘水下分流河道、席状砂及辫状河三角洲前缘水下分流河道、河口砂坝等沉积相带是较好的储层发育区，具备大面积分布的储层条件。形成大规模分布的致密气还需要致密储层与生油岩紧密接触的共生层系，三角洲前缘沉积相带砂砾岩储层向断陷湖盆中心延伸较远，与烃源岩密切接触，源储叠置共生，具有近源聚集成藏的最有利条件（任延广 等，2004）。已钻探井揭示，沙河子组气层普遍发育，形成错叠连片、大面积含气、局部富集的岩性气藏，构造相对较高部位气层厚度更大，富集条件更为优越（图 5.1）（卢双舫 等，2017）。

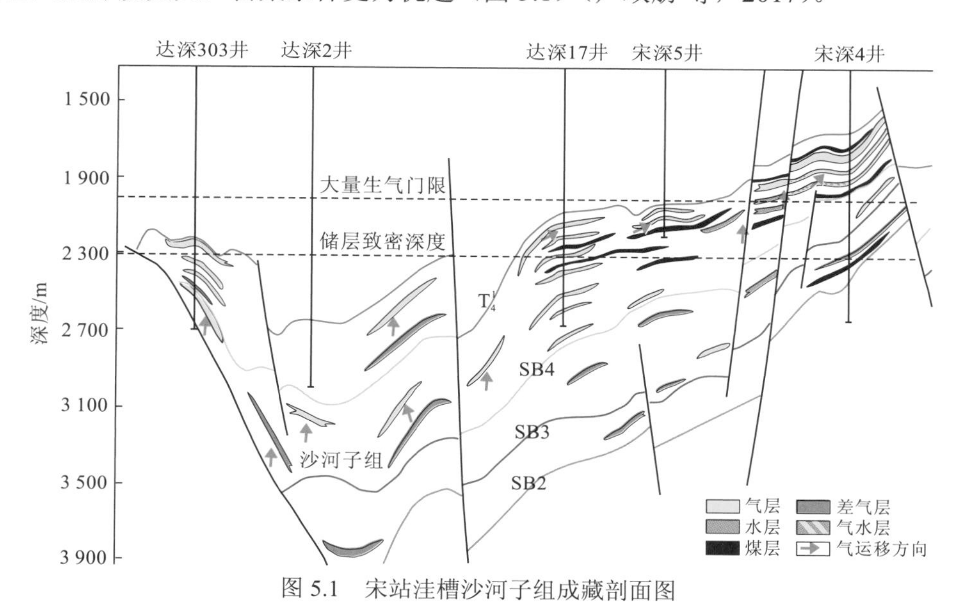

图 5.1 宋站洼槽沙河子组成藏剖面图

（二）油气藏分布主控因素

1. 烃源岩对油气藏分布控制作用

有机质丰度是油气形成的物质基础，直接决定了油气富集程度（Hadad and Abdullah，2015）。有机质类型决定了生成油气的产物类型。成熟度则同时控制着生成油气的数量和产物类型。除以上几个要素外，烃源岩发育规模也是有效烃源岩识别的一个重要因素，包括剖面上烃源岩厚度和平面展布情况，这两个方面受沉积时期湖盆发育的制约，如果沉积时期湖盆发育规模大，烃源岩大规模发育，就可构成强大的物质基础，即成为烃源灶。不对称箕状断陷湖盆沉积特点表现为陡坡带沉积厚度大、水体深，沉积中心烃源岩发育最厚、最好，而缓坡带则沉积厚度小、水体浅，烃源岩一般不发育。

指标好、分布广、生烃能力强的烃源岩可为致密气成藏提供充足的物质保障。宋站洼槽沙河子组发育大面积的暗色泥岩，累计厚度为 11.3～398.2 m，平均厚度为 166.28 m（图 5.2）。沙河子组具有充足的气源基础，有机质丰度较高，生气能力强，有机碳含量为

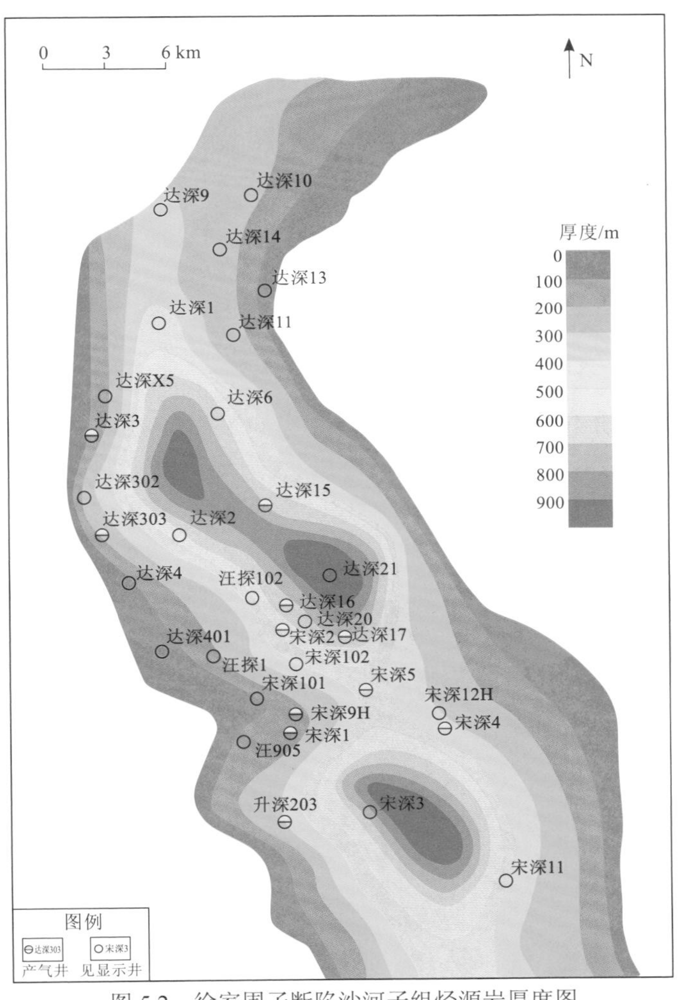

图 5.2 徐家围子断陷沙河子组烃源岩厚度图

0.42%～11.89%，平均为 2.43%。烃源岩有机质类型以 III 型为主，其次为 II_1 型、II_2 型。烃源岩镜质组反射率高，成熟度为 1.39%～3.46%，平均为 2.3%，进入大量生油气阶段。烃源岩与致密储层互层发育，烃源岩既是气源岩又是盖层。烃源岩与致密储层接触面积较大，表现为“源储叠置”的“三明治”结构（印长海 等，2004）。

2. 储层对油气藏分布控制作用

宋站洼槽沙河子组陡坡带构造沉降速率最大，强烈裂陷期，由于强烈的拉张作用，湖泊变得更大更深，凹陷内扇三角洲、辫状河三角洲和近岸水下扇发育，与不同类型断层组合，易于形成断层-岩性油气藏。断阶带由于受多级同沉积断裂的控制，物源充足，砂体快速向凹陷中心推进，断阶带上发育规模较大的扇体，与烃源岩侧向对接，易形成岩性油气藏（赵文智和方杰，2007；赵泽辉 等，2007）。

宋站洼槽沙河子组扇三角洲前缘、辫状河三角洲前缘相带致密砂砾岩虽然总体物性较差，孔隙度平均为 4.29%，渗透率大部分小于 $0.1\times10^{-3}\ \mu m^2$，总体上属于特低孔特低渗储层，但在烃源岩生烃过程中，形成大量有机酸，在成岩阶段对储层中长石和岩屑进行一定溶蚀，发育一定规模的次生孔隙，也可形成较好的储集空间。储层溶蚀带有利于油气聚集成藏。

3. 断层多重性控藏作用

主断裂控制盆地构造格局及沉积体系，同时也控制烃源岩埋藏热演化程度及生烃规模（赵贤正 等，2017；Sun et al.，2012）。同生断层沉积砂体与局部构造结合，可形成断块、断鼻、断层-岩性、岩性-断层及砂体上倾尖灭等圈闭。按断层活动与成藏关系，断层具备油气运移通道及封堵圈闭成藏双重作用。

（三）油气成藏模式

宋站洼槽沙河子组不仅发育大面积扇三角洲和辫状河三角洲储集砂体，还在断陷湖盆扩张期，发育品质较好的烃源岩。致密储层与主力烃源岩交互发育、紧密接触，以“源储一体”致密气成藏为主（白雪峰 等，2018；冯子辉 等，2013）（图 5.3），易于发育断层气藏、岩性气藏及构造气藏。

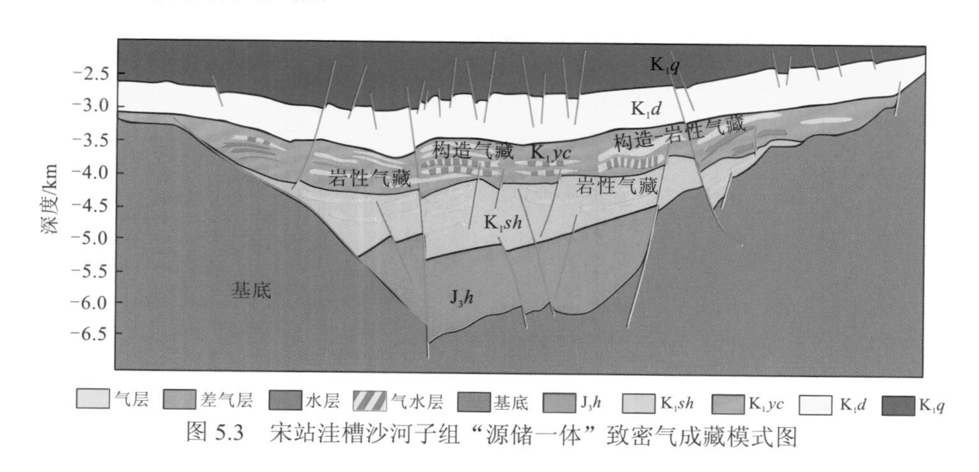

图 5.3 宋站洼槽沙河子组“源储一体”致密气成藏模式图

（四）有利区评价勘探实践

1. 有利区划分方案

宋站洼槽沙河子组储层发育程度与沉积环境及砂体密切相关，辫状河三角洲和扇三角洲砂砾岩体均可作为有利储集相带，结合含气性特征分析，砂砾岩体沉积厚度越大，产气能力越强。因此，以沉积相、构造及烃源岩等作为有利区优选的关键参数，在砂砾岩体厚度参数的控制下，有利区划分方案为：SQ4 砂砾岩体厚度大于 80 m、SQ3—SQ1 砂砾岩体厚度大于 100 m（下部钻井较少）的区域为 I 类有利区；SQ4 砂砾岩体厚度为 60～80 m、SQ3—SQ1 砂砾岩体厚度为 80～100 m 的区域为 II 类有利区；SQ4 砂砾岩体厚度小于 60 m、SQ3—SQ1 砂砾岩体厚度小于 80 m 的区域为 III 类有利区（表 5.1）。

表 5.1　有利区划分方案

层位	参数		有利区划分
	砂砾岩体厚度/m	沉积环境	
SQ4	>80	辫状河三角洲或扇三角洲	I 类
	60～80		II 类
	<60		III 类
SQ3—SQ1	>100	辫状河三角洲或扇三角洲	I 类
	80～100		II 类
	<80		III 类

2. 有利区分布预测

根据表 5.1 的有利区划分方案，采用多因素叠合分析，SQ1-2、SQ2-2、SQ3-2 及 SQ4-3 发育时期为宋站洼槽沙河子组层序地层格架内有利区分布最佳时期。

SQ1 发育时期，总体盆地沉积范围较小。SQ1-2 发育时期，I 类有利区和 II 类有利区在整个盆地的中部呈条带状展布，III 类有利区分布范围局限［图 5.4（a）］。

SQ2 发育时期，I 类有利区和 II 类有利区分布范围明显扩大。SQ2-2 发育时期，I 类有利区和 II 类有利区主要集中在盆地的中南部和达深 1 井以北区域，III 类有利区主要分布在盆地的中北部。考虑地层埋深，下部层序的有利区与 SQ4 发育时期的有利区相比，储集性能可能存在一定的影响［图 5.4（b）］。

SQ3 发育时期，I 类有利区和 II 类有利区分布范围较小，III 类有利区分布范围最广。其中 SQ3-2 发育时期，I 类有利区和 II 类有利区主要分布在盆地的西部，范围较为局限，III 类有利区在整个盆地均较发育，且该时期火山活动对储层的改造作用明显［图 5.5（a）］。

SQ4-3 发育时期，I 类有利区主要分布在盆地的中西部，II 类有利区围绕 I 类有利区环边发育，且主要位于盆地的东南部，III 类有利区主要分布在盆地的东部和北部，主要为地层遭受剥蚀，残余地层厚度较薄所致［图 5.5（b）］。SQ4-3 发育时期最有利区主要分布在盆地的中部，该区域砂砾岩体不仅厚度大且邻近大套厚层的烃源岩，属于有利勘探区域，目前已经在宋深 9H 井区取得突破。

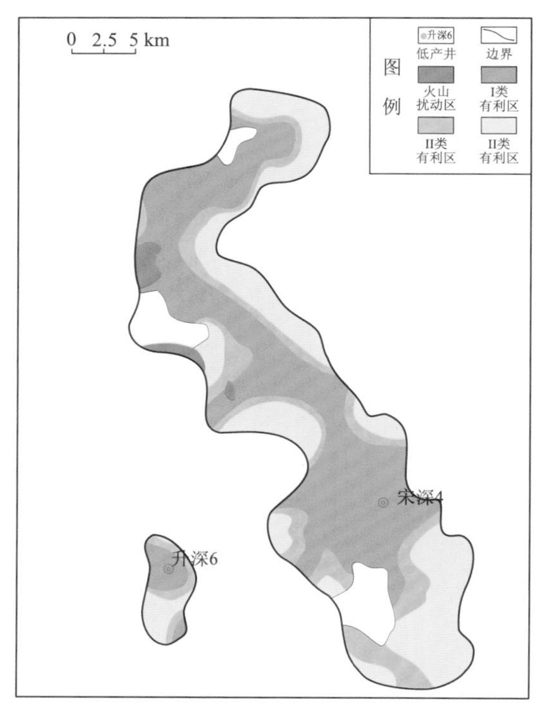

(a) SQ1-2发育时期

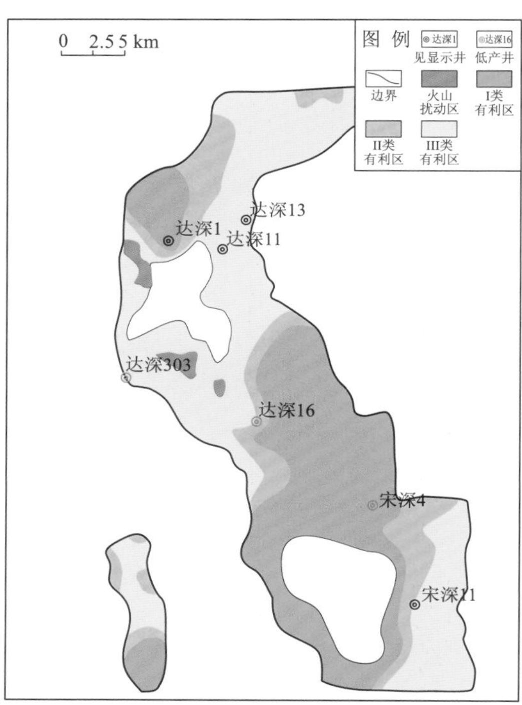

(b) SQ2-2发育时期

图 5.4 宋站洼槽沙河子组 SQ1-2 发育和 SQ2-2 发育时期有利区分布预测

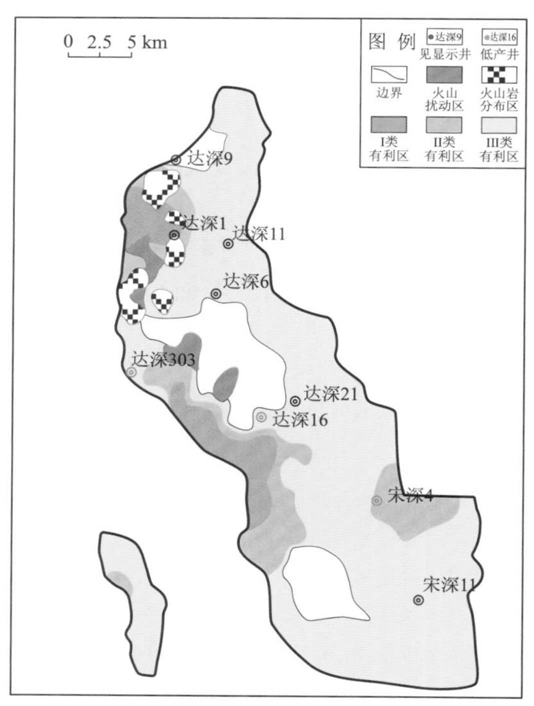

(a) SQ3-2发育时期

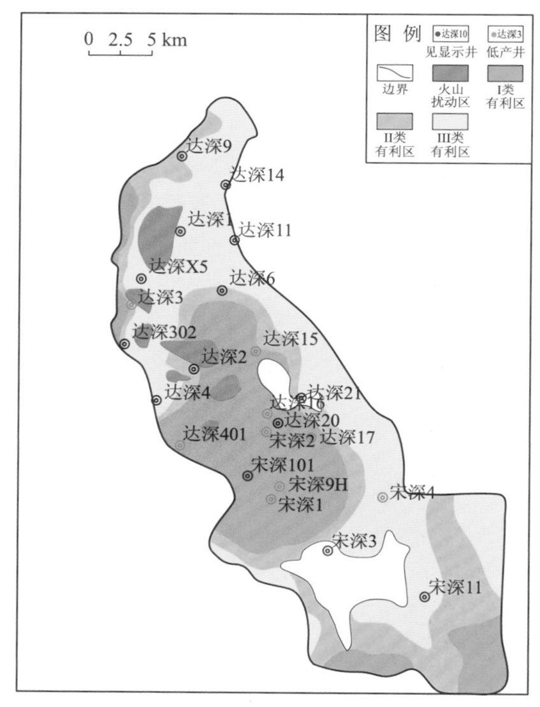

(b) SQ4-3发育时期

图 5.5 宋站洼槽沙河子组 SQ3-2 发育和 SQ4-3 发育时期有利区分布预测

二、苏家屯洼槽火石岭组—营城组控藏机理及模式

（一）油气藏分布规律

苏家屯洼槽火石岭组、营一段、营二段等发育多套含油气层，营一段、沙河子组发育优质烃源岩，火石岭组主要发育“侧生侧储”“上生下储”式油气藏，营一段发育“自生自储”式气藏（图 5.6），营二段发育“下生上储”式油气藏。

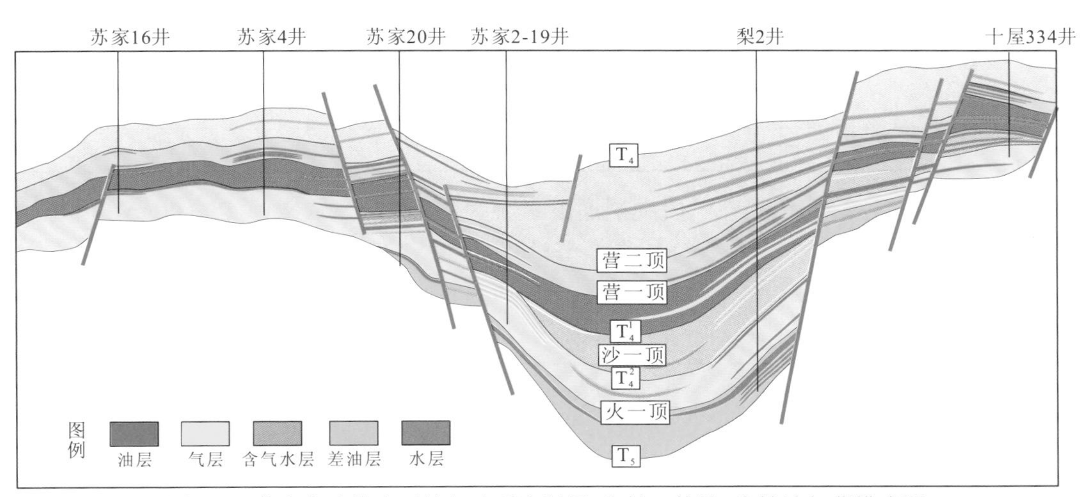

图 5.6　苏家屯洼槽火石岭组砂砾岩断层-岩性、构造-岩性油气藏模式图

火石岭组碎屑岩段受断裂影响，内部裂缝发育不均衡，储层物性较差，非均质性强，储集空间以次生孔隙为主。火石岭组砂砾岩受构造和岩性多因素控制，形成构造-岩性、断层-岩性气藏，沿砂砾岩体顶面形成油气有利富集区带。营一段扇三角洲前缘水下分流河道和席状砂微相发育，储层物性好，生烃能力强，气藏连片性好，属“自生自储”式岩性气藏。营二段发育大面积辫状河三角洲微相，储层物性较好，与下部营一段、沙河子组烃源岩垂向对接，形成“下生上储”式油气藏。

（二）油气藏分布主控因素

1. 烃源岩对油气藏分布控制作用

所有单井沙河子组和营一段的泥岩厚度、地层厚度、泥地比和暗色泥岩占比的统计结果表明，沙河子组、营一段具有良好的烃源岩条件。

苏家屯洼槽内探井钻遇沙河子组地层厚度最小为 89.40 m，最大为 320.00 m，平均为 154.84 m，其中，暗色泥岩厚度最小为 29.40 m，最大厚度为 180.52 m，平均厚度为 94.39 m。除苏 4 井和苏家 1 井外，泥地比均超过 80%，暗色泥岩占比均在 48%以上（表 5.2）。

表 5.2　苏家屯洼槽沙河子组暗色泥岩统计表

井号	泥岩厚度/m	地层厚度/m	泥地比/%	暗色泥岩厚度/m	暗色泥岩占比/%
苏家 1	139.80	156.04	89.59	29.40	18.83
苏家 3	147.80	161.85	91.32	118.34	73.12
苏家 5	96.76	102.90	94.03	80.96	78.68
苏家 6	80.35	89.40	89.88	43.80	48.99
苏家 10	108.10	110.10	98.18	70.00	63.58
苏 2	118.31	128.40	92.14	118.31	92.14
苏 4	113.78	170.00	66.93	113.78	66.93
梨 2	268.16	320.00	83.80	180.52	56.41
平均	134.13	154.84	88.23	94.39	62.34

苏家屯洼槽内探井钻遇营一段地层厚度最小为 54.55 m，最大为 242.00 m，平均为 148.15 m，其中，暗色泥岩厚度最小为 35.40 m，最大厚度为 180.70 m，平均厚度为 114.76 m。平均泥地比达 88.94%，平均暗色泥岩占比达 78.16%（表 5.3）。

表 5.3　苏家屯洼槽营一段暗色泥岩统计表

井号	泥岩厚度/m	地层厚度/m	泥地比/%	暗色泥岩厚度/m	暗色泥岩占比/%
苏家 1	137.75	175.90	78.31	58.50	33.26
苏家 2	121.93	142.57	85.52	112.00	78.55
苏家 3	127.88	131.66	97.13	121.02	91.92
苏家 4	149.03	165.94	89.81	136.29	82.13
苏家 5	139.86	155.35	90.03	139.86	90.03
苏家 6	52.15	58.35	89.37	35.40	60.67
苏家 10	95.00	95.00	100.00	88.00	92.63
苏家 11	122.05	127.40	95.80	91.70	71.98
苏家 19	139.70	146.01	95.68	129.90	88.97
苏家 20	214.70	242.00	88.72	180.70	74.67
苏家 22	151.35	187.15	80.87	125.60	67.11
苏家 23	47.89	54.55	87.79	47.89	87.79
苏 2	149.03	188.31	79.14	149.03	79.14
苏 4	154.00	179.65	85.72	154.00	85.72
梨 2	155.44	172.44	90.14	151.58	87.90
平均	130.52	148.15	88.94	114.76	78.16

以上结果表明，苏家屯洼槽沙河子组和营一段暗色泥岩厚度大、泥地比高、暗色泥岩占比高，具有良好的形成烃源岩的物质条件。

以单井数据为依托结合地震反演，明确沙河子组和营一段泥岩厚度平面展布规律（图 5.7）。沙河子组沉积时期泥岩厚度较大的区域发育裂陷沉降中心，其最大厚度超过 275 m，向西部、东部及北部泥岩厚度逐渐减小。营一段沉积时期，随着盆地扩张，湖

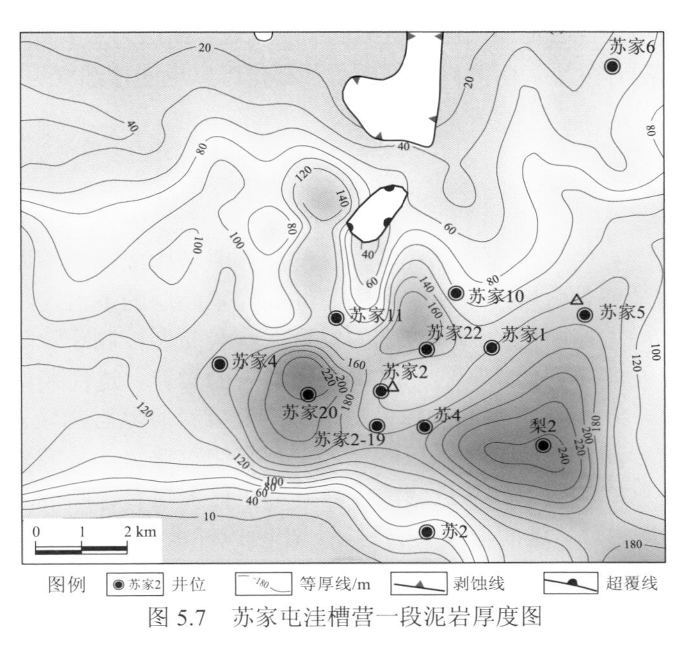

图 5.7 苏家屯洼槽营一段泥岩厚度图

泊相范围进一步扩大，发育滨浅湖、半深湖亚相，泥岩厚度在梨 2 井区南部、苏家 20 井区北部较大，其最大厚度超过 240 m，向北部和西南部逐渐减薄。

2. 油气运移对油气藏分布控制作用

苏家屯洼槽输导体系的构成介质主要包括连通砂体、开启断层或断裂体系及不整合面，这些介质在三维空间的组合、配置构成了约束流体活动和油气运移的输导体系。

砂体是沉积盆地油气运移过程中最基本的输导介质。不同层段的砂体发育及展布特征从某种程度上控制了油气运移的形式（宋国奇 等，2014；韩春元 等，2008）。火石岭组扇三角洲砂体厚且横向稳定，物性好，可作为良好的输导介质，油气可长距离运移，在构造带形成一定规模的油气聚集。而营一段砂体多以薄层分布在生烃凹陷内，横向分布不稳定，常以纵向砂泥层交互分布在生烃凹陷烃源岩中，油气生成后直接运移至邻近砂层汇聚，缺乏长距离运移的条件。

不整合面是重要的侧向输导通道，具输导能力强、汇聚面积大、运移距离长等特点。苏家屯洼槽存在多个不整合面，包括火石岭组底面与基底之间、火石岭组砂砾岩与火山岩之间、火石岭组和沙河子组之间、沙河子组与营城组之间及登楼库组与营城组之间等。不整合面不仅成为有利的油气运移通道，而且还可以在不整合面上下非生油岩系地层中形成大规模的油气聚集。

苏家屯洼槽在整个发展演化过程中发生了多类型、多性质、不同规模的断层活动。早期断层形成于初始裂陷期，主要活动于火石岭组和沙河子组沉积时期，多为规模中等的张性正断层，往往具有较好的封闭性。晚期断层活动于营城组沉积时期及其之后，对油气藏往往起破坏作用。长期活动断裂以桑树台断裂和皮家断裂为代表，这类断裂从盆地形成起就开始活动，到盆地消亡时才结束活动，其规模较大（断距较大，平面延伸较长），数量有限，对沉积和构造单元的分布及局部构造的形成起重要的控制作用。

总之，断层、不整合面和砂岩输导层构成了纵向、横向相互连通的输导网络系统，其中砂岩输导层和不整合面是油气侧向运移的主要通道，断层为主要的垂向运移通道。油气藏与生烃中心的配置关系表明侧向和垂向运移都是苏家屯洼槽油气运移的重要方式。

（三）油气成藏模式

1. 断控陡坡带

不同构造单元发育的层序构成样式各异，沉积体系域构成模式不同，其油气成藏模式也有差异。断控陡坡带一般发育在凹陷的边缘或控陷断层的下盘，主要由主控断层和次级断层组成，其中主控断层控制陡坡带的发育，次级断层控制断阶带的发育。断控陡坡带控制砂体厚度及展布方向，同时影响优质烃源岩的发育，进而制约岩性油气藏富集带（陆加敏和刘超，2016）。下盘低位体系域砂体广泛发育且储层物性较好，湖侵体系域和高位体系域烃源岩发育在低位体系域砂体之上，它们对低位体系域砂体而言，既是直接的烃源岩，又是良好的盖层，从而形成了较好的生储盖组合。断控陡坡带断层生长指数较大，易造成侧向封堵，进而形成断层封闭。在断控陡坡带通常易形成断层-岩性油气藏和断鼻油气藏，并且能够多位置成藏，具有单个油藏油柱高度不大、油水系统多及油水分异不彻底等特点，但是在整个油藏复合体范围内，总油层厚度大［图 5.8（a)］。

2. 斜坡断阶带

在斜坡断阶带上，扇三角洲或辫状河三角洲砂体受同沉积断裂的控制作用而广泛发育，储层物性较好。斜坡断阶带相对生油凹陷中心是低势区，并且挨着生油凹陷中心，是油气运移的优势区（林畅松 等，2000）。舌状的低位体系域砂体与湖侵体系域及高位体系域泥岩组合在一起，使斜坡断阶带外侧易形成地层油气藏，而在斜坡断阶带内侧，由于断层较为发育，并与砂体配合，有利于形成断层-岩性及断块油气藏，具有油层分布稳定、厚度大、产能高及规模大等特点［图 5.8（b)］。

3. 洼槽带

洼槽带指断陷湖盆中央缓坡和陡坡之间的地带，通常是水体最深、沉积厚度最大的区域，且断层活动少，主要发育深湖-半深湖亚相，而洼槽带边缘部位常发育扇三角洲和辫状河三角洲相。洼槽带不仅是盆地的沉积中心，同时也是盆地的油源中心，通常岩性圈闭较发育。广泛分布的低位扇三角洲或辫状河三角洲前缘砂体物性较好，与生油岩呈侧向交叉接触或直接被生油岩包围，具有十分优越的油源条件。受控陷断层和同沉积断裂的共同作用，洼槽带内构造十分复杂，常发育断阶带和低凸起带。由于具备有利的生储盖组合，洼槽带内低凸起带常形成以断层-岩性、构造-岩性及砂岩透镜体等油气藏为主的油气聚集带。

（四）有利区和效益区评价勘探实践

1. 有利区和效益区划分方案

根据沉积相、烃源岩、储层研究成果，将营一段和沙河子组泥岩厚度大于 100 m 的区域作为有利烃源岩发育区域，将砂体较为发育的扇三角洲前缘亚相作为优势相，确定火石岭组和营二段碎屑岩有利区，结合单井试气特征，确定效益区。

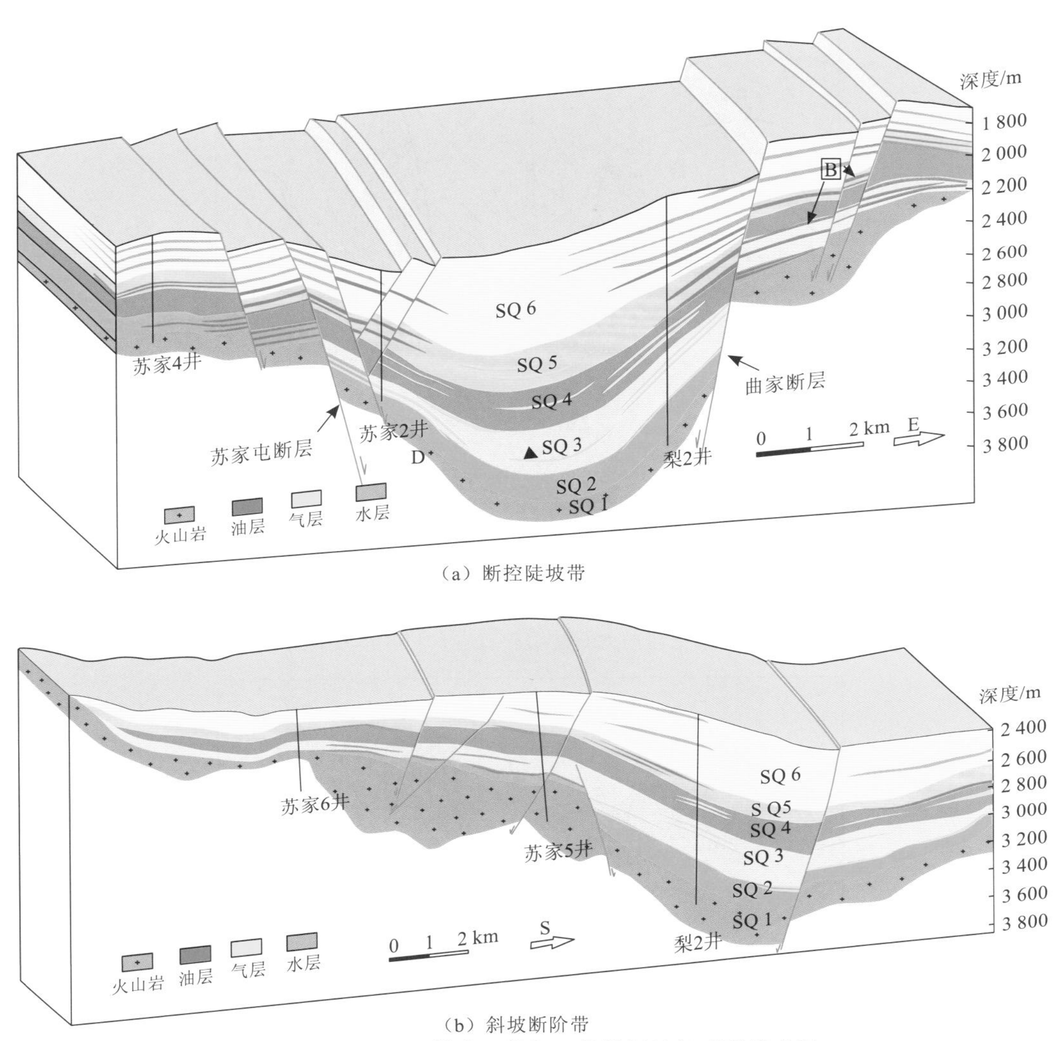

（a）断控陡坡带

（b）斜坡断阶带

图 5.8　苏家屯洼槽火石岭组—营城组油气成藏模式图

2. 有利区和效益区分布预测

苏家屯洼槽火石岭组位于储层与烃源岩接触面积最大区域，如断层对接带或斜坡对接带，即供烃窗口大的区域。确定有利区边界，有利区面积为 49.3 km^2。选取优质储层分布范围，结合井控，确定效益区边界，效益区含油气面积为 12.1 km^2。有利区分布在梨 2、苏家 5 及苏家 4 等井区，效益区分布在苏家 11、苏家 2 及苏家 20 等井区（图 5.9）。

苏家屯洼槽营二段有利区面积为 94 km^2。选取三角洲前缘相带作为有利储层边界，结合井控，确定效益区边界，效益区含油气面积为 78 km^2。有利区分布在苏家 4 井区以西和梨 2 井区以东等区域，效益区分布在苏家 10、苏家 20 及苏 2 等井区（图 5.10）。

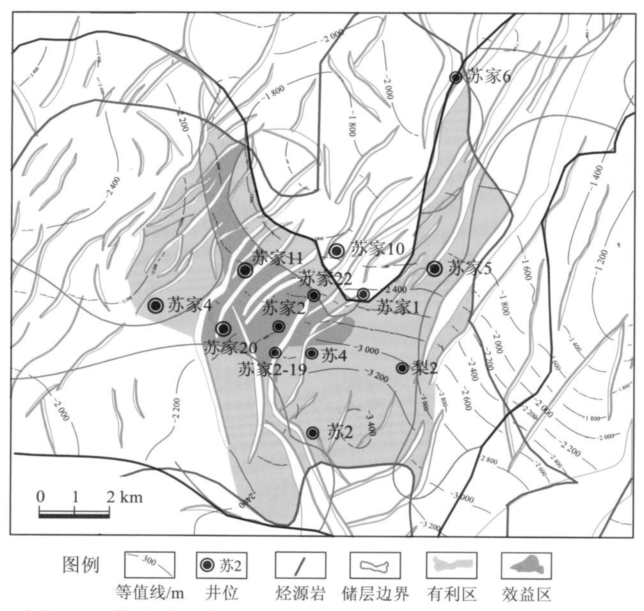

图 5.9　苏家屯洼槽火石岭组碎屑岩有利区和效益区分布

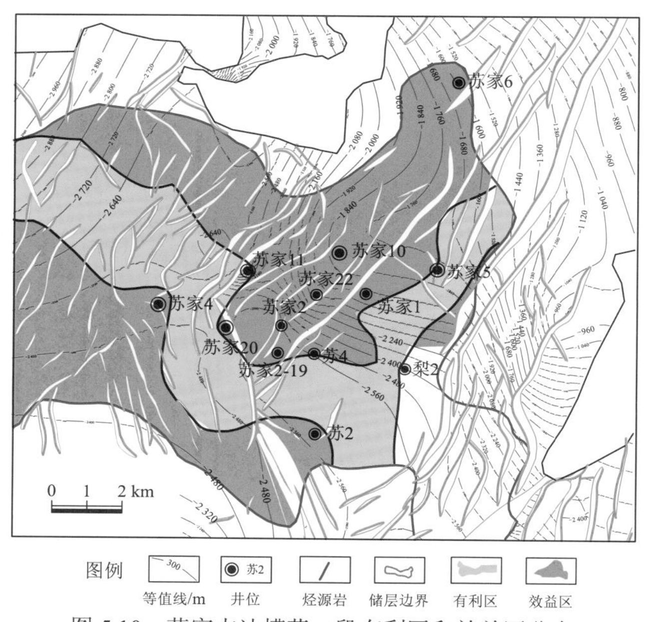

图 5.10　苏家屯洼槽营二段有利区和效益区分布

第二节　拗陷湖盆控藏机理及模式

一、三肇凹陷扶余油层控藏机理及模式

（一）油气藏分布规律

三肇凹陷扶余油层受烃源岩、构造、断裂、流体势及疏导体等影响发育两种油气藏

类型，即自源超压“上生下储”短距离垂向运聚形成的油气藏和近源常压–负压中距离侧向运聚形成的油气藏。

自源超压“上生下储”短距离垂向运聚形成的油气藏主要发育在烃源岩普遍具超压区域，烃源岩与储层存在压差，油气在超压的作用下，沿断层（裂缝）、砂体垂向下排至扶余油层，形成岩性、断层–岩性油气藏（蒙启安 等，2021b）。

近源常压–负压中距离侧向运聚形成的油气藏主要发生在距离生烃凹陷较近的区域，来自生烃凹陷的油气在流体势的作用下，沿着砂体、断层向构造位置较高的低势区运移，形成构造、岩性–构造油藏；在斜坡部位形成断层–岩性、岩性油气藏（图 5.11）（黄薇 等，2012）。

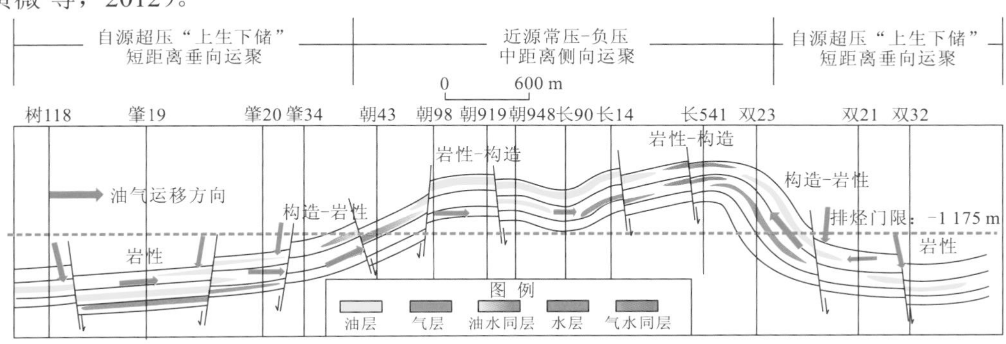

图 5.11　朝长地区扶余油层油气运聚成藏模式图

（二）油气藏分布主控因素

1. 烃源岩对油气藏分布控制作用

三肇凹陷扶余油层原油来自上覆青一段，而朝阳沟地区在松辽盆地生烃时期褶皱隆起，烃源岩未进入生烃门限，原油也是由三肇凹陷中心侧向运移而来，即大庆长垣以东地区扶余油层的油气均来自三肇凹陷青一段泥岩（吴河勇 等，2010；张雷 等，2010）。烃源岩有机碳含量平均为 3.13%，氯仿沥青“A”平均为 0.50%，生烃潜量 S_1+S_2 一般大于 6 mg/g，有机质类型以 I 型和 II 型为主，只有少部分属于 II 型。镜质体反射率 R_o 值为 0.5%～2.0%，大部分为 0.75%～1.00%，属于成熟烃源岩（图 5.12），油源充足。有机质热演化史表明，三肇凹陷青山口组泥岩在嫩江组沉积末期进入生烃高峰期，在明水组沉积末期—新近纪末期大量排烃。

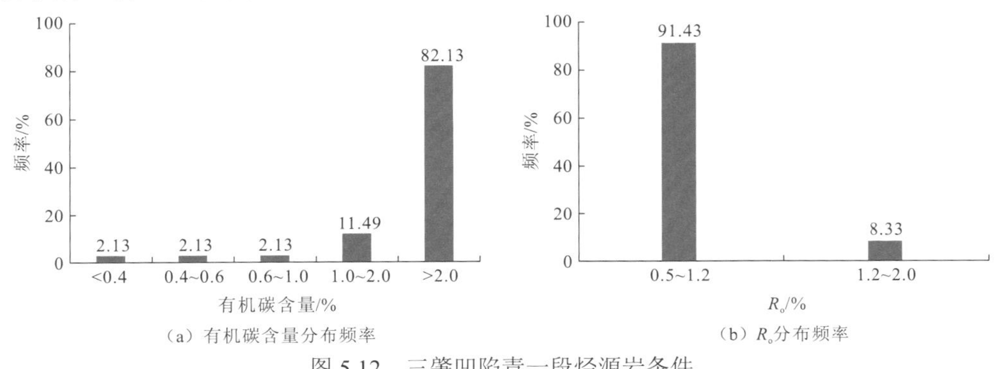

图 5.12　三肇凹陷青一段烃源岩条件

2. 储层对油气藏分布控制作用

广泛分布的浅水三角洲前缘砂体为油气藏的形成提供了良好的储集空间（蒙启安 等，2014b；邹才能 等，2008）。多物源、多沉积相带为多类型圈闭的形成提供了良好的条件。各沉积相带具有环状展布的特点，从宏观上控制了储层分布格局，砂体空间分布特征决定了油藏类型及资源分布（Li et al.，2013）。

浅水三角洲前缘砂体对油气的聚集有得天独厚的优势，其紧邻生油气区，储层发育且物性好，储层与生油层相互交错并楔入生油层中。浅水三角洲前缘生油层又是盖层，可形成多套生储盖组合（Xi et al.，2015）。

3. 油气运移对油气藏分布控制作用

（1）青一段油气沿油源断层“倒灌”进入扶余油层后（图 5.13），在浮力作用下发生侧向充注，向着阻力最小的方向运移。油气进入上盘储层后，若储层砂体侧向连通性差，则在该储层内聚集；如果储层砂体侧向连通性较好，则沿上倾方向继续运移，途经侧向开启的断层发生穿越，直至遇到侧向封闭的断层砂体，油气被遮挡聚集。此类油气运移发生在油源断层附近，方向近于垂直 T_2 反射层走向，一般运移距离较短，不超过烃源岩垂向排烃范围。

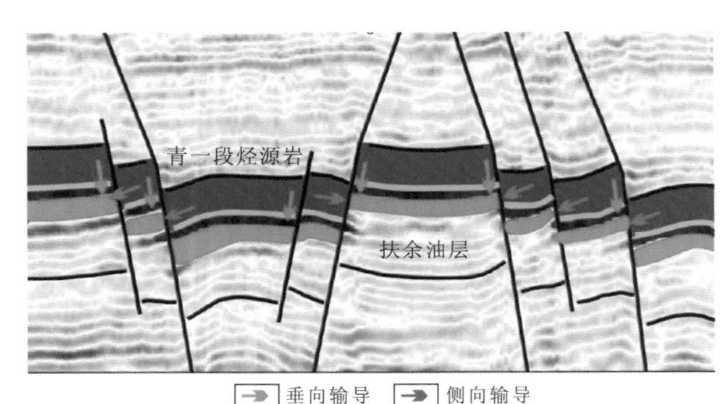

图 5.13　三肇凹陷扶余油层油气“倒灌”运移模式

（2）“倒灌”进入烃源岩垂向排烃范围内的油气在浮力作用下向其附近的继承性局部隆起带发生侧向运移。大庆长垣以东地区三肇凹陷扶余油层顶面具有“三鼻四凹”的总体构造面貌，即尚家、升平和肇州 3 个鼻状构造，徐家围子、升平西、安达和永乐 4 个次级凹陷。烃源岩垂向排烃范围内鼻状构造具有“近水楼台”的优势，能够最先捕获油气（图 5.14）（孙同文 等，2011）。鼻状构造轴线及近轴两侧构造弯曲度最大，张应力最强，裂隙发育，是油气运移的主要路径。

4. 断裂密集带控藏作用

三肇凹陷扶余油层油气富集与断裂密集带有着密切的关系，但三肇凹陷和朝阳沟阶地断裂密集带有所不同，三肇凹陷油井产能差别较大。三肇凹陷断裂密集带不是主要油

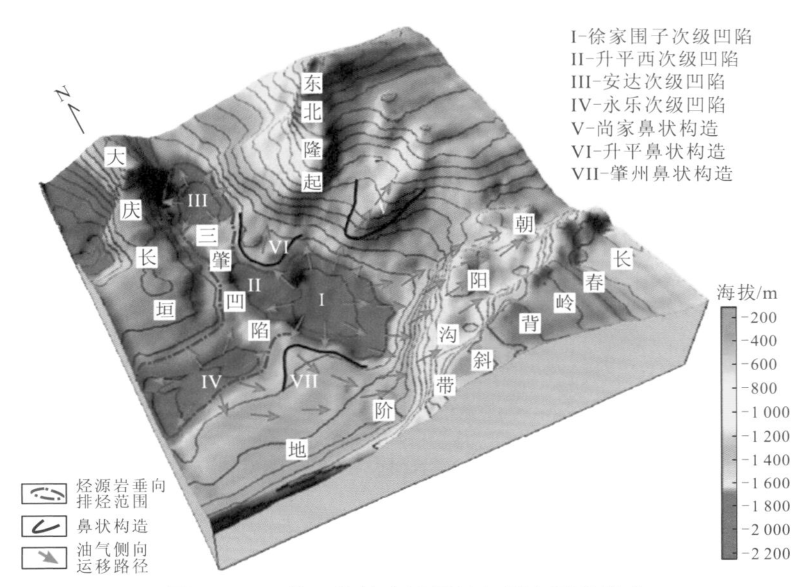

图 5.14　三肇凹陷扶余油层油气侧向运移模式

气富集区，油气主要分布在断裂密集带之间的有利圈闭内。三肇凹陷扶余油层主要发育 43 条断裂密集带，呈南南东-南东向延伸，其内部为地堑式组合，处于构造低部位，不是油气运移有利指向区。相比之下，断裂密集带之间、未钻遇断裂密集带的油井产能明显较高，主要形成断层油藏或断层-岩性油藏。

（三）油气成藏模式

根据有效烃源岩、油源断层、古构造、沉积微相和油水分布规律等成藏主控因素分析，提出三肇凹陷扶余油层 4 种油气成藏模式（图 5.15）（张雷 等，2010）。

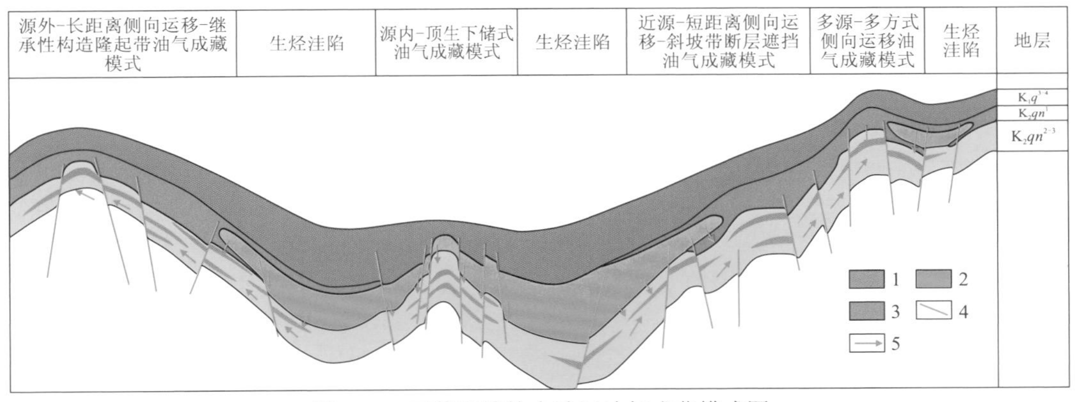

图 5.15　三肇凹陷扶余油层油气成藏模式图

1.油藏；2.生油岩；3.盖层；4.断层；5.油气运移方向

1. 源内-顶生下储式油气成藏模式

三肇凹陷扶余油层油气主要来自上部青一段烃源岩，在超压作用下青一段烃源岩生

成的油气顺 T_2 断层向下“倒灌”运移至扶余油层，在浮力作用下沿断层垂向运移至高断块圈闭聚集成藏，形成以断块油气藏为主的源内-顶生下储式油气成藏模式（图 5.15）（蒙启安 等，2014a）。

2. 近源-短距离侧向运移-斜坡带断层遮挡油气成藏模式

油气聚集主要依靠斜坡带上倾方向断层对砂体的遮挡而实现，以形成断层-岩性油气藏为主（图 5.15）。油气聚集程度主要取决于遮挡断层走向、油气运移方向与砂体展布方向之间的配置关系。当遮挡断层走向与油气运移方向及砂体展布方向均垂直或高角度相交时，有利于油气在斜坡带聚集，反之则有利于油气向构造高部位继续运移，这也是榆树林油田南部地区扶杨油层勘探效果优于三肇凹陷与朝阳沟阶地之间斜坡带扶余油层的主要原因。

3. 源外-长距离侧向运移-继承性构造隆起带油气成藏模式

三肇凹陷扶余油层中的油气在浮力作用下沿被断层沟通的砂体侧向运移至烃源岩有效排烃范围之外的继承性构造高部位聚集成藏，形成源外-长距离侧向运移-继承性构造隆起带油气成藏模式（图 5.15）。其特点是油气聚集区位于烃源岩有效排烃范围之外，远离生烃凹陷。油气藏类型以构造-岩性油气藏和断层-岩性油气藏为主（刘宗堡 等，2012）。

（四）有利区评价勘探实践

1. 有利区划分方案

根据三肇凹陷扶余油层砂体沉积几何参数、不同类型砂体物性特征，结合构造特征，依据储层厚度、物性特征、构造条件、烃源岩分布等因素，优选三肇凹陷扶余油层有利区范围。

有利区优选标准为：①河道累计砂体厚度大于 7.5 m、孔隙度大于 14%、渗透率大于 1×10^{-3} μm^2、位于构造高部位，为 I 类有利区；②河道累计砂体厚度为 5.0～7.5 m、孔隙度为 12%～14%、渗透率为（0.5～1.0）$\times10^{-3}$ μm^2、位于构造中-高部位，为 II 类有利区；③河道累计砂体厚度为 2.5～5.0 m、孔隙度为 10%～12%、渗透率为（0.1～0.5）$\times10^{-3}$ μm^2、位于构造中-高部位，为 III 类有利区。

2. 有利区分布预测

根据有利区划分方案，采用多因素叠合分析，FII1 砂组和 FI1 砂组为有利区最佳分布层位。

FII1 砂组主要为曲流河道砂体和浅水三角洲平原分流河道砂体，I 类有利区主要分布在河道中部。靠近南部长春岭背斜带、朝阳沟阶地、三肇凹陷南部区域，以大规模的河道砂体为主，I 类有利区较为分散呈点状，在三肇凹陷北部河道不断汇聚，分布较为集中。II 类有利区呈条带状，位于 I 类有利区的边部，与 I 类有利区分布具有相似特征，南部长春岭背斜带源 4 区井区、朝阳沟阶地茂 358 井区、大庆长垣东部葡 481 井区等河道中、边部均发育 II 类有利区。III 类有利区呈片状，主要分布在河道蓝色区域（图 5.16）。

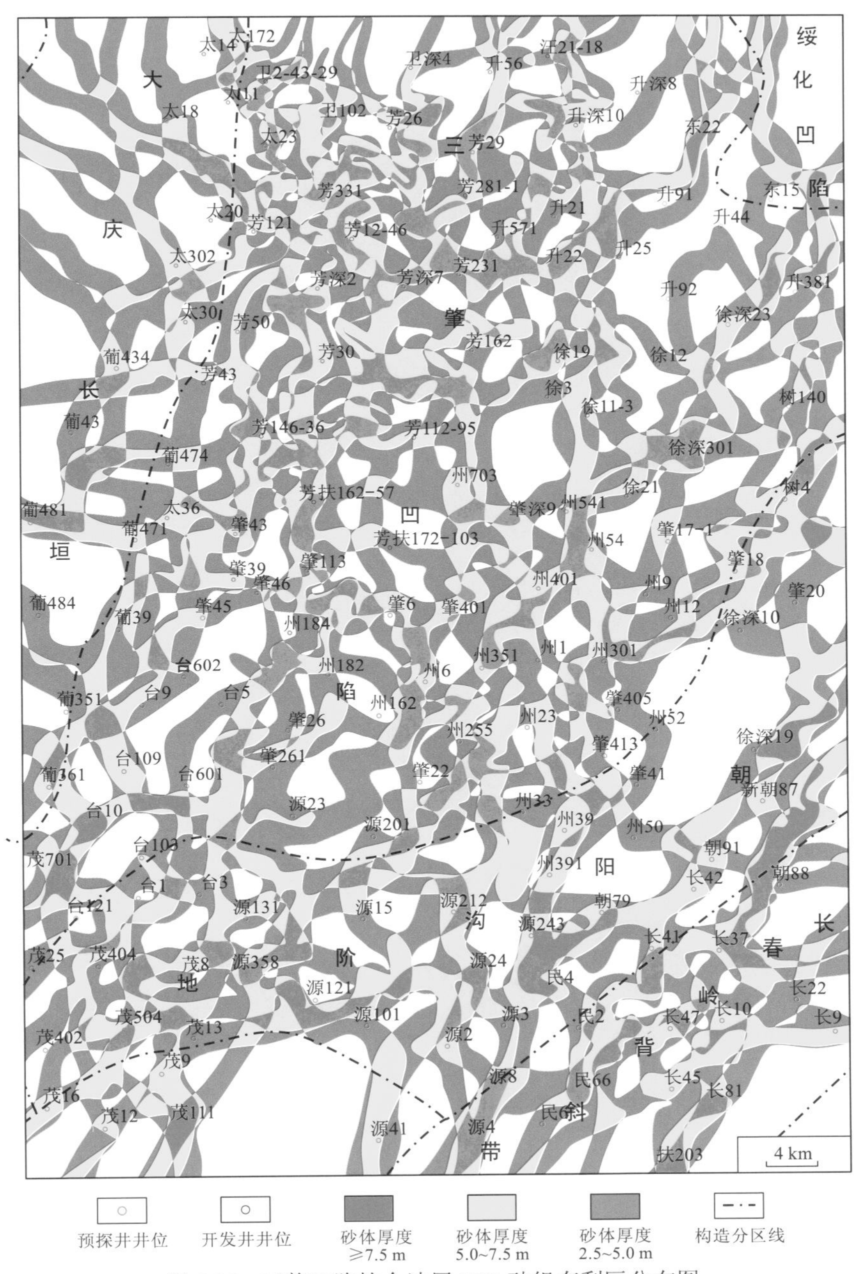

图 5.16　三肇凹陷扶余油层 FII1 砂组有利区分布图

FI1 砂组主要为浅水三角洲前缘水下分流河道砂体。FI1 砂组有利区相对于 FII1 砂组规模较小，I 类有利区主要位于朝阳沟阶地和三肇凹陷南部，为河道入湖交汇区，物性较好，呈点状，位于河道中心。三肇凹陷北部河道萎缩，规模较小，储层内泥质含量较高，物性较差，I 类有利区零星发育。II 类有利区位于 I 类有利区周缘，呈条带状分布。III 类有利区主要分布在河道的蓝色区域（图 5.17）。

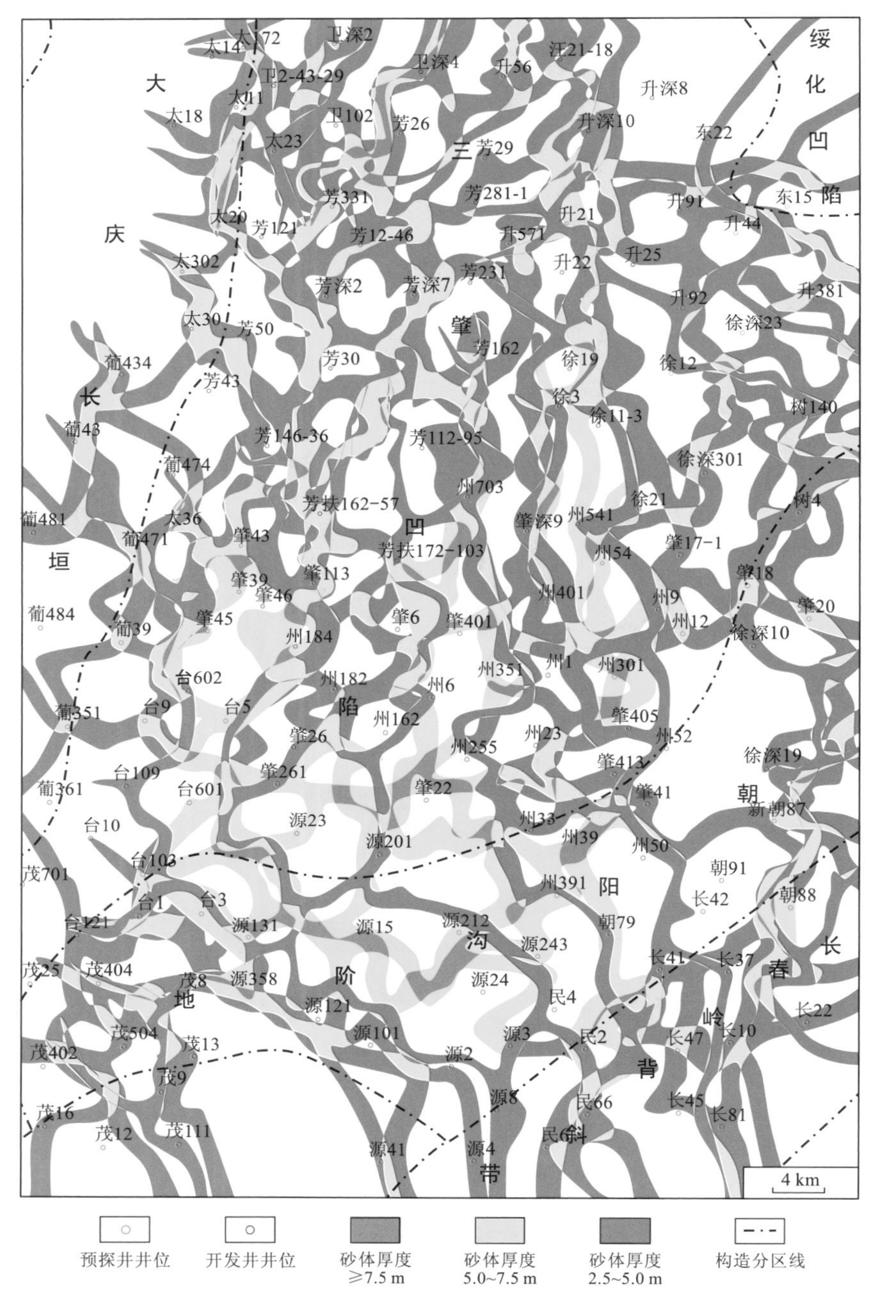

图 5.17　三肇凹陷扶余油层 FI1 砂组有利区分布图

二、齐家—古龙凹陷葡萄花油层控藏机理及模式

（一）油气藏分布规律

姚一段底部层序发育初期，正处于青山口组沉积末期湖退期，沉积基准面下降，盆地边缘可容纳空间减小，不利于沉积物保存，堆积在盆地边缘的沉积物向下坡盆地方向

迁移进积。随着沉积基准面上升，沉积物向盆地边缘退积。沉积基准面的变化直接控制砂体成因类型与空间分布，使油气成藏呈现分带性。坡折带以下成为砂体沉积中心区，为厚层分流河道砂体发育区。多期低位体系域、湖侵体系域砂体向盆地远源方向迁移，形成大面积外前缘相（远砂坝）岩性尖灭带（蒙启安 等，2020）。

（1）坡折带附近砂体沉积中心区有利于形成构造油气藏、地层超覆油气藏、地层不整合油气藏。坡折带附近砂体厚度大，砂地比高，与构造配置可形成构造油气藏。河道砂体主要分布在古龙向斜西斜坡、长垣背斜喇嘛甸构造、萨尔图构造及杏树岗构造、长垣以东榆树林—尚家地区。河道砂体的单层厚度为 5～12 m，砂地比相对较高，可达 45%以上，横向延伸范围可达 3～5 km，纵横向连通性相对较好，单砂体的伸展范围一般大于或等于背斜构造的圈闭闭合幅度，油水分异特征明显受构造控制，表现为构造油气藏特征（图 5.18）（据大庆油田内部资料）。

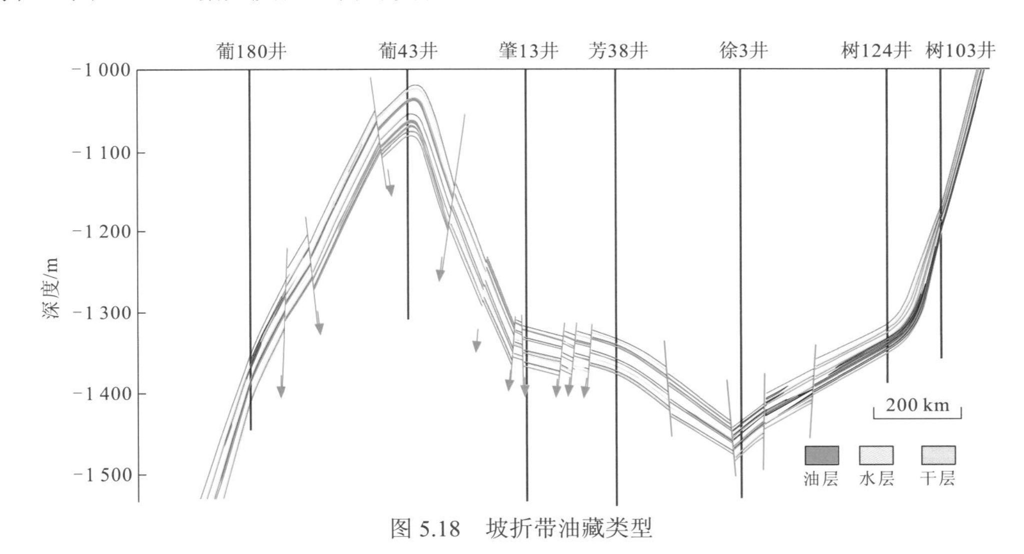

图 5.18　坡折带油藏类型

构造、古地貌及古水流等特征控制着岩性变化及地层接触关系，进而易形成岩性油气藏和地层不整合油气藏，如长垣两侧、长垣以西英台地区、龙虎泡阶地坡折带发育区。长垣以东地区的古地形陡变带也相对发育，三级层序低位体系域形成之后，在湖侵过程中逐层向西或向北东超覆，生储盖相匹配，可形成地层超覆油气藏。

（2）盆地中部湖岸线以下的大面积浅水三角洲前缘相带，发育多层位复合砂体，是岩性油气藏形成的地质基础。湖岸线以下的大面积浅水三角洲前缘相带发育水下分流河道、席状砂、河口砂坝等多类型砂体。且姚一段纵向上发育多层浅水三角洲复合砂体，平面上形成大面积错叠连片，为岩性油气藏的形成提供了储集空间，沉积相带控制着岩性圈闭的发育。

湖侵体系域造成基准面上升，可容纳空间增大，物源供给有限，形成的浅水三角洲常常经过湖浪的改造，浅水三角洲前缘及其附近以薄互层砂岩为主，有利于形成孤立状的砂体，进而形成岩性圈闭。

高位体系域是水位达到最高以后到下次低位之前沉积的地层序列。高位体系域发育早期，由于水位刚刚达到最大，物源供给不太充足，形成的砂体类似于湖侵体系域发育早期形成的砂体。姚一段高位体系域以湖相泥岩和浅水三角洲平原亚相泥岩为主，在湖岸线以下沉积浅水三角洲砂体，常侧向尖灭于泥岩中，可形成岩性油气藏。

（3）盆地远源区广泛分布的浅水三角洲前缘砂体，是形成砂岩透镜体岩性油藏和上倾尖灭岩性油藏的有利区。砂岩透镜体油藏主要形成于基准面下降末期发育的低位浅水三角洲前缘断续砂体，以及基准面快速上升期形成的湖侵砂体。这种油气藏主要分布在浅水三角洲前缘相带，其次是区域构造深凹陷部位，即凹陷内或凹陷与构造中间的斜坡部位，油藏的储层以透镜状居多，其次为条带状，含油井段短，油层层数少，具有独立的压力和油气水系统。远端席状砂体呈向上变粗的反序列，砂层厚度显著减薄，以水平分布虫孔为主，为水下分流河道能量减弱将尽时，其细粒碎屑沉积物质被波浪、湖流及风暴改造后沉积下来。砂体呈席状，由于远离湖岸线，泥质含量较高，储层物性较差。如肇源南、茂兴地区葡萄花油层的油藏类型均为砂岩透镜体岩性油藏（图 5.19）。

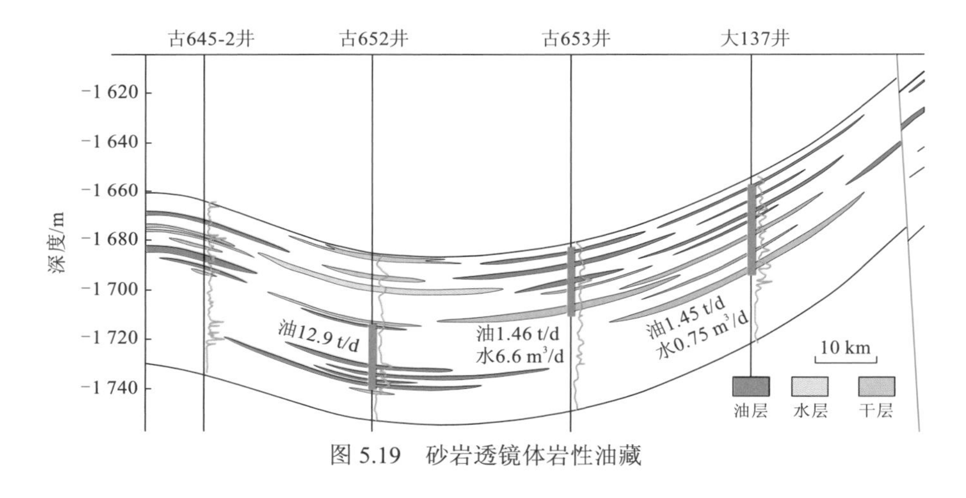

图 5.19　砂岩透镜体岩性油藏

（二）油气藏分布主控因素

齐家—古龙凹陷葡萄花油层油气藏分布主要受烃源岩条件、源储超压、油源断层、储层及区域盖层等多因素控制。

（1）良好烃源岩条件和“下生上储”源储组合有利于油气富集。有机质成熟度及油源对比资料表明，葡萄花油层油气主要来自青一段烃源岩，齐家—古龙凹陷在嫩江组沉积末期、明水组沉积末期及古近系末期构造反转作用下形成一个大型凹陷，古龙向斜区为继承性向斜中心部位，油气是否来自向斜中心下伏青一段烃源岩决定了向斜中心能否有油。古龙向斜区油气来自下伏青一段烃源岩，是垂向排烃的结果，烃源岩有效边界控制向斜区及周边油气分布（图 5.20）（王玉华 等，2020）。

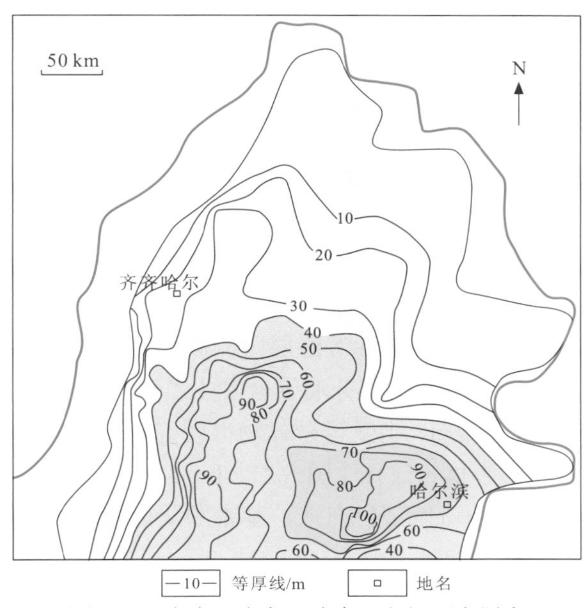

图 5.20　齐家—古龙凹陷青一段烃源岩厚度

青一段烃源岩分布面积大，有机质丰度高，排烃能力强，在成藏期即可向上覆葡萄花油层大量排烃，为葡萄花油层成藏提供了保障。

（2）较大的源储超压为油气多期成藏提供动力。齐家—古龙凹陷烃源岩区基本没有可动水，毛细管力较大，浮力不起作用，伴随有机质生烃产生的流体压差增加，产生超压，迫使油气进入葡萄花储层。但油气大量排烃期过后，流体压差减小，流体压差与浮力之和小于毛细管力，毛细管力迫使油气滞留于烃源岩区（孙雨 等，2018）。随着有机质继续生烃，其产生的流体压差继续产生超压，促使烃源岩继续排烃，因此，源储超压为油气多期成藏提供了源源不断的动力。

通过对松辽盆地青一段烃源岩生排烃演化历史分析，结合前人研究，对葡萄花油层储层致密史与成藏史时空耦合关系及对油气动态成藏过程进行分析，葡萄花油层包括成藏早期（嫩江组沉积末期）储层未致密、成藏中期（明水组沉积末期）储层已经致密、成藏晚期（依安组沉积末期）储层经溶蚀改造的三期动态成藏过程。

（3）充足的构造油源断层、非构造油源断层形成优势垂向输导通道（王有功 等，2015）。根据构造油源断层特征及油水分布特征研究，在古龙向斜区构造油源断层是油气垂向输导的优势通道。多边形断层作为典型的非构造成因断层是油气垂向输导中重要的非构造油源断层。

（4）双向物源提供了充足的储集空间。受北部长轴方向物源与西部短轴方向物源控制，发育大量水下分流河道及席状砂体，整体上看为油气提供了充足的储集空间，也是该区最优质的储层（宿赛 等，2021）。

（5）区域盖层与地层内泥岩隔层构成良好的封盖条件。姚家组上部发育嫩江组泥岩，是区域上良好的盖层。湖平面上升期，地层内形成的泥岩隔层可以构成局部良好的盖层。

（三）油气成藏模式

1. 油源断层沟通上盘砂体和油源断层沟通下盘砂体成藏模式

根据运移路径和成藏特征的不同，油源断层沟通砂体的成藏模式可大体归结为两种：油源断层沟通上盘砂体成藏模式和油源断层沟通下盘砂体成藏模式。这两种成藏模式的前提是圈闭位于烃源岩附近，油气通过多种途径逸散过程中，被圈闭就近捕获，形成油藏。齐家—古龙凹陷的油气藏多数都属于油源断层沟通砂体的成藏模式。青山口组生成的油气通过油源断层向上运移，根据油源断层两侧砂体对接的情况，油气选择不同的运移路径。当上盘砂体较为致密时，一部分油气会发生“倒灌”，在下盘砂体中聚集，另一部分继续向上运移［图 5.21（a）］。当上盘砂体物性较好时，油气会优先在上盘砂体中聚集，上倾方向可以由断层、岩体等遮挡［图 5.21（b）］。上盘砂体油气聚集模式与下盘砂体最大的不同是油气直接从构造低部位充注，基本顺层运移，油源断层上部的开启与封闭对油气成藏的控制作用大大减小。

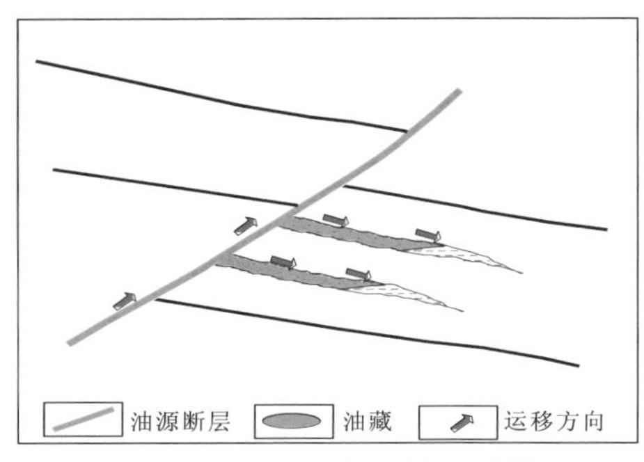

（a）油源断层沟通下盘砂体的成藏模式

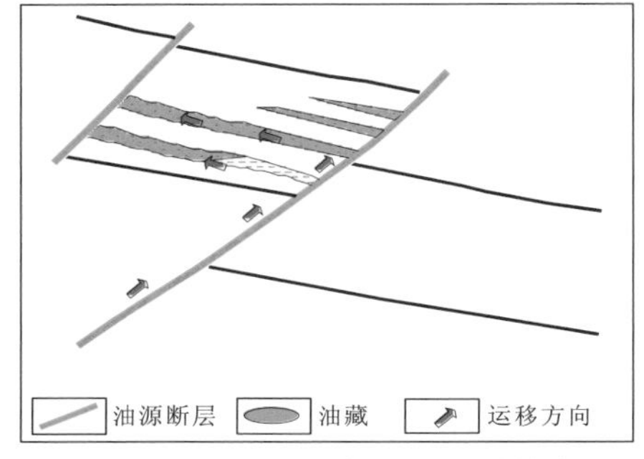

（b）油源断层沟通上盘砂体的成藏模式

图 5.21 油源断层沟通砂体的成藏模式

敖古拉油田萨尔图油层、葡萄花油层都属于油源断层沟通砂体的成藏模式。其运移路径主要是底部的油源断层，使油气能够从青山口组向上运移至萨尔图油层。砂体既是油气的赋存空间又是运移路径的一部分。由于断层上下盘岩性的对接不同，可构成构造-岩性、断层-岩性等油气藏。

2. “下生上储”聚油成藏模式

这种成藏模式主要指深部生烃，油气沿着断层向上垂向运移，然后侧向运移，在合适的圈闭中聚集（图 5.22）。这种成藏模式位于有效烃源岩控制范围内，深源浅聚成藏期次较早，垂向上距离油源越远，盖层保存条件好坏越重要。

这种油气成藏模式主要发育在齐家—古龙凹陷葡萄花油层的新肇、新站及葡西等地区。油气分布于“凹中隆”构造部位，区域盖层为嫩一段大套泥岩，圈闭多数为嫩江组沉积末期整体抬升形成的构造，断层较为发育。

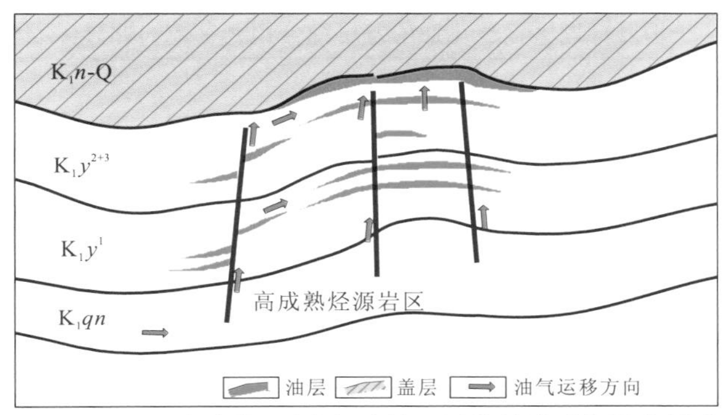

图 5.22 “下生上储”断层-岩性、层状构造油气聚集模式

3. 源外远距离运移聚油成藏模式

源外远距离运移聚油成藏模式由断层垂向调整，侧向上由不整合面和砂体作为侧向输导，运移路径上圈闭具有捕捉油气的能力。这种成藏模式主要发育在西斜坡和龙虎泡阶地两个二级构造单元的葡萄花油层。

通过油气源对比工作，推测葡萄花油层油气主要来自齐家—古龙凹陷的青山口组。该气田具有微幅度层状构造特征，又处于油气优势运移路径上，因此，有利于油气的聚集（图 5.23）。

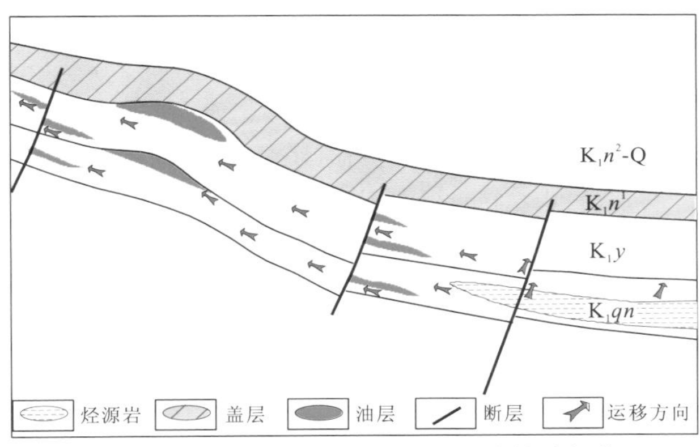

图 5.23 微幅度鼻状构造和断层-岩性油气藏

（四）有利区评价勘探实践

1. 有利区划分方案

以构造有利区、沉积微相、砂体厚度、储层物性、含油性分布作为主要的参数，对这 5 种参数分别划定评分标准，根据其对储层质量的贡献率给定权重参数，有利区预测的得分由每项参数得分与权重乘积之和求得，最终采用序贯高斯模拟的方法对井间进行预测。综合上述参数，制订了综合预测参数的评分标准和权重表格，综合评分大于 75 分的为 I 类有利区，50～75 分的为 II 类有利区，25～50 分的为 III 类有利区，小于 25 分的为 IV 类有利区（表 5.4）。

表 5.4 长垣西部地区葡萄花油层储层综合预测参数的评分标准和权重

类型	75～100 分	50～75 分	25～50 分	参数权重/%
构造有利区	I 类	II 类	III 类	20
沉积微相及砂体厚度	主干水下分流河道砂体累计厚度>9 m、滩坝	小型水下分流河道砂体累计厚度>7 m、河口砂坝	浅水三角洲前缘席状砂体累计厚度>5 m	40
储层物性（孔隙度/%）	I 类（>18）	II 类（12～18）	III 类（6～12）	20
已勘测油气分布区	工业油层	低产油层	油水层、水层	20

2. 有利区分布预测

根据有利区划分方案，采用多因素叠合分析，油组 PI 下位于葡萄花油层底部，其沉积时期处于姚一段湖盆充填初期，河道广泛发育，砂体类型多样，储层物性较好，与下覆青山口烃源岩直接接触，为有利区分布最佳层位。

I 类有利区绝大部分发育在河道中心或者交汇部分，从平面上来看，“甜点”区表现为沿物源方向延伸，受河道控制呈梯度下降，具有条带状分布的特点，北部 I 类有利区延伸较远，而西部 I 类有利区相对影响范围较小，也反映优势沉积微相相对“甜点”区分布的控制作用，以西部与东北部物源发育河道交汇区的古 537 井区所在的常家围子地区 I 类有利区最为发育，占总储层类型的 8%左右。根据分类标准，I 类有利区取位于敖古拉—他拉哈鼻状构造的塔 24 井区、龙南鼻状构造的龙 17 井区、他拉哈向斜古 821 井区、高台子古 505 井区、新肇鼻状构造葡 318 井区、站南斜坡西侧大 419 井区，说明受嫩江组沉积末期古龙凹陷青一段生油岩排烃影响，鼻状构造初具雏形，构造高部位是油气富集的有利区，凹陷及斜坡油水关系相对复杂。II 类有利区位于龙虎泡东斜坡古 20 井区、常家围子向斜古 572 井区、高台子地区高 15 井区及古 127 井区、古龙向斜英 32 井区、敖北斜坡茂 74 井区，优势储层大多数都发育在边缘或分叉处。III 类有利区分布广泛，大多数发育在浅水三角洲前缘席状砂微相中（图 5.24）。

图 5.24　长垣西部地区葡萄花油层 PI 下有利区分布预测图

参考文献

白雪峰, 梁江平, 张文婧, 等, 2018. 松辽盆地北部深层天然气地质条件、资源潜力及勘探方向. 天然气地球科学, 29(10): 1443-1454.

蔡全升, 胡明毅, 胡忠贵, 等, 2016. 退积型浅水三角洲沉积演化特征及砂体展布规律: 以松辽盆地北部临江地区下白垩统泉头组四段为例. 石油与天然气地质, 37(6): 903-914.

蔡全升, 胡明毅, 胡忠贵, 等, 2017. 强烈断陷期小型湖盆沉积充填演化特征: 以松辽盆地徐家围子断陷宋站地区沙河子组为例. 石油与天然气地质, 38(2): 259-269.

蔡全升, 胡明毅, 陈孝红, 等, 2018. 小型断陷湖盆扇三角洲沉积特征与发育模式: 以徐家围子断陷北部沙河子组为例. 岩性油气藏, 30(1): 86-96.

操应长, 2005. 断陷湖盆层序地层学. 北京: 地质出版社: 26-88.

操应长, 姜在兴, 王留奇, 等, 1996. 陆相断陷湖盆层序地层单元的划分及界面识别标志. 石油大学学报(自然科学版), 20(4): 1-5.

陈波, 黄发木, 夏永涛, 等, 2008. 松辽盆地深层断陷发育特征与油气富集. 石油与天然气地质, 29(4): 428-432.

陈贤良, 纪友亮, 樊太亮, 等, 2014. 松辽盆地梨树断陷层序类型及发育模式. 中南大学学报(自然科学版), 45(4): 1151-1162.

邓宏文, 2009. 高分辨率层序地层学应用中的问题探析. 古地理学报, 11(5): 471-480.

邓宏文, 王洪亮, 李熙喆, 1996. 层序地层地层基准面的识别、对比技术及应用. 石油与天然气地质, 17(3): 177-183.

邓庆杰, 胡明毅, 胡忠贵, 等, 2015a. 浅水三角洲分流河道砂体沉积特征: 以松辽盆地三肇凹陷扶 II-I 组为例. 石油与天然气地质, 36(1): 118-127.

邓庆杰, 胡明毅, 胡忠贵, 等, 2015b. 松辽盆地北部双城地区扶余油层层序地层格架与沉积体系展布. 现代地质, 29(3): 609-622.

邓庆杰, 胡明毅, 刘新东, 等, 2018. 松辽盆地双城区块扶余油层高分辨率层序格架下沉积相及砂体发育特征. 古地理学报, 20(2): 311-324.

邓庆杰, 康德江, 胡明毅, 等, 2020. 松辽盆地三肇凹陷南部泉头组四段浅水三角洲河道储层构型特征. 石油与天然气地质, 41(3): 513-524.

封从军, 鲍志东, 张吉辉, 等, 2012. 扶余油田中区泉四段基准面旋回划分及对单砂体的控制. 吉林大学学报(地球科学版), 42(S2): 62-69.

冯有良, 李思田, 解习农, 2000. 陆相断陷盆地层序形成动力学及层序地层模式. 地学前缘, 7(3): 119-132.

冯有良, 周海民, 李思田, 等, 2004. 陆相断陷盆地层序类型与构造特征. 地质论评, 50(1): 43-49.

冯子辉, 印长海, 陆加敏, 等, 2013. 致密砂砾岩气形成主控因素与富集规律: 以松辽盆地徐家围子断陷下白垩统营城组为例. 石油勘探与开发, 40(6): 650-656.

付丽, 梁江平, 白雪峰, 等, 2019.松辽盆地北部中浅层石油地质条件、资源潜力及勘探方向. 海相油气地质, 24(2): 23-32.

高瑞祺, 蔡希源, 等, 1997. 松辽盆地油气田形成条件与分布规律. 北京: 石油工业出版社.
顾家裕, 1995. 陆相盆地层序地层学格架概念及模式. 石油勘探与开发, 22(4): 6-10.
郭建华, 朱美衡, 刘辰生, 等, 2005. 陆相断陷盆地湖平面变化曲线与层序地层学框架模式讨论. 矿物岩石, 25(2): 87-92.
韩春元, 赵贤正, 金凤鸣, 等, 2008. 二连盆地地层岩性油藏“多元控砂-四元成藏-主元富集”与勘探实践(IV): 勘探实践. 岩性油气藏, 20(1): 15-20.
韩建辉, 王英民, 李树青, 等, 2009. 松辽盆地北部湖盆萎缩期层序结构与沉积充填. 沉积学报, 27(3): 479-486.
胡明毅, 马艳荣, 刘仙晴, 等, 2009. 大型坳陷型湖盆浅水三角洲沉积特征及沉积相模式: 以松辽盆地茂兴—敖南地区泉四段为例. 石油天然气学报, 31(3): 13-17.
胡明毅, 肖欢, 马艳荣, 等, 2010. 缓坡坳陷型盆地层序界面识别标志: 以松辽盆地下白垩统扶杨油层为例. 石油天然气学报, 32(2): 26-30.
胡明毅, 孙春燕, 薛丹, 等, 2015. 松辽北部三肇地区泉四段高分辨率层序学研究. 现代地质, 29(4): 765-776.
胡受权, 1997. 试论构造因素对泌阳断陷陆相层序形成的影响机制. 大地构造与成矿学, 21(4): 315-322.
胡受权, 郭文平, 颜其彬, 等, 2000. 断陷湖盆陆相层序中体系域四分性探讨: 泌阳断陷下第三系核桃园组为例. 石油学报, 21(1): 23-28.
胡受权, 郭文平, 杨凤根, 等, 2001. 试论控制断陷湖盆陆相层序发育的影响因素. 沉积学报, 19(2): 256-262.
黄薇, 吴海波, 施立志, 等, 2012. 松辽盆地北部朝长地区扶余油层油气来源及成藏特征. 中南大学学报(自然科学版), 43(1): 238-248.
黄薇, 杨步增, 孙立东, 等, 2014. 松辽盆地北部深层断陷分布规律及勘探潜力. 大庆石油地质与开发, 33(5): 76-81.
黄薇, 张顺, 张晨晨, 等, 2013. 松辽盆地嫩江组层序构型及其沉积演化. 沉积学报, 31(5): 920-927.
纪友亮, 张世奇, 等, 1998. 层序地层学原理及层序成因机制模式. 北京: 地质出版社: 4-98.
金振奎, 李燕, 高白水, 等, 2014. 现代缓坡三角洲沉积模式: 以鄱阳湖赣江三角洲为例. 沉积学报, 32(4): 710-723.
李娟, 舒良树, 2002. 松辽盆地中、新生代构造特征及其演化. 南京大学学报(自然科学版), 38(4): 525-531.
李思田, 路凤香, 林畅松, 等, 1996. 中国东部环太平洋带中新生代盆地演化及地球动力学背景. 武汉: 中国地质大学出版社.
李思田, 杨士恭, 林畅松, 1992. 论沉积盆地的等时地层格架和基本建造单元. 沉积学报, 10(4): 11-22.
李占东, 于鹏, 邵碧莹, 等, 2015. 复杂断陷盆地沉积充填演化与构造活动的响应分析: 以海拉尔—塔木察格盆地中部断陷带为例. 中国矿业大学学报, 44(5): 853-860.
林畅松, 潘元林, 肖建新, 等, 2000. “构造坡折带”: 断陷盆地层序分析和油气预测的重要概念. 地球科学, 25(3): 260-266.
林佳佳, 阮宝涛, 胡明毅, 等, 2019. 松辽盆地梨树断陷苏家屯地区火石岭组—营城组地震相与沉积相. 东北石油大学学报, 43(1): 10-11, 87-98.
刘宗堡, 贾钧捷, 赵淼, 等, 2012. 大型凹陷源外斜坡区油运聚成藏模式: 以松辽盆地长 10 地区扶余油层为例. 岩性油气藏, 24(1): 64-68.
卢双舫, 谷美维, 张飞飞, 等, 2017. 徐家围子断陷沙河子组致密砂砾岩气藏的成藏期次及类型划分. 天然气工业, 37(6): 12-21.
陆加敏, 刘超, 2016. 断陷盆地致密砂砾岩气成藏条件和资源潜力: 以松辽盆地徐家围子断陷下白垩统沙河子组为例. 中国石油勘探, 21(2): 53-60.
蒙启安, 白雪峰, 梁江平, 等, 2014a. 松辽盆地北部扶余油层致密油特征及勘探对策. 大庆石油地质与开发, 33(5): 23-29.
蒙启安, 赵波, 梁江平, 等, 2014b. 源外斜坡区油气成藏要素研究: 以松辽盆地北部西部斜坡区为例. 地质学报, 88(3): 433-446.
蒙启安, 李跃, 李军辉, 等, 2019. 复杂断陷盆地源-汇时空耦合控砂机制分析: 以海拉尔盆地贝尔凹陷为例. 中国矿业大学学报, 48(2): 344-352.
蒙启安, 白雪峰, 张文婧, 等, 2020. 松辽盆地北部西部斜坡石油成藏特征与勘探实践. 石油勘探与开发, 47(2): 236-246.
蒙启安, 李春柏, 白雪峰, 等, 2021a. 松辽盆地北部油气勘探历程与启示. 新疆石油地质, 42(3): 264-271.
蒙启安, 赵波, 陈树民, 等, 2021b. 致密油层沉积富集模式与勘探开发成效分析: 以松辽盆地北部扶余油层为例. 沉积学报, 39(1): 112-125.
漆家福, 杨桥, 童亨茂, 等, 1997. 构造因素对半地堑盆地的层序充填的影响. 地球科学, 22(6): 603-608.
任建业, 陆永潮, 张青林, 2004. 断陷盆地构造坡折带形成机制及其对层序发育样式的控制. 地球科学, 29(5): 596-602.
任延广, 朱德丰, 万传彪, 等, 2004. 松辽盆地徐家围子断陷天然气聚集规律与下步勘探方向. 大庆石油地质与开发, 23(5): 26-29.
任延广, 王雅峰, 王占国, 等, 2006. 松辽盆地北部葡萄花油层高频层序地层特征. 石油学报, 27: 25-30.
邵曌一, 吴朝东, 张大智, 等, 2019. 松辽盆地徐家围子断陷沙河子组储层特征及控制因素. 石油与天然气地质, 40(1): 101-108.
宋国奇, 郝雪峰, 刘克奇, 2014. 箕状断陷盆地形成机制、沉积体系与成藏规律: 以济阳坳陷为例. 石油与天然气地质, 35(3): 303-310.
宿赛, 胡明毅, 邓庆杰, 等, 2021. 基于浅水三角洲沉积的供源差异与砂体分布空间配置关系: 以松辽盆地长垣西部葡萄花油层为例. 东北石油大学学报, 45(1): 32-44.
孙春燕, 胡明毅, 胡忠贵, 等, 2017. 高分辨率层序格架内储层砂体发育特征: 以松辽北部州 311 地区泉三、泉四段为例. 石油与天然气地质, 38(6): 1019-1031.
孙同文, 吕延防, 刘宗堡, 等, 2011. 大庆长垣以东地区扶余油层油气运移与富集. 石油勘探与开发, 38(6): 700-707.
孙雨, 于利民, 闫百泉, 等, 2018. 松辽盆地三肇凹陷向斜区白垩系姚家组葡萄花油层油水分布特征及其主控因素. 石油与天然气地质, 39(6): 1120-1130, 1236.
王华, 廖远涛, 陆永潮, 等, 2010. 中国东部新生代陆相断陷盆地层序的构成样式. 中南大学学报(自然科学版), 41(1): 277-285.
王璞珺, 赵然磊, 蒙启安, 等, 2015. 白垩纪松辽盆地: 从火山裂谷到陆内拗陷的动力学环境. 地学前缘, 22(3): 99-117.

王始波, 任延广, 林铁锋, 等, 2008. 松辽盆地泉三、四段高分辨率层序地层格架. 大庆石油地质与开发, 27(5): 1-5.
王颖, 邓守伟, 范晶, 等, 2018. 松辽盆地南部重点断陷天然气地质条件、资源潜力及勘探方向. 天然气地球科学, 29(10): 1455-1464.
王有功, 严萌, 郎岳, 等, 2015. 松辽盆地三肇凹陷葡萄花油层油源断层新探. 石油勘探与开发, 42(6): 734-740.
王玉华, 2019. 大庆油田勘探形势与对策. 大庆石油地质与开发, 38(5): 23-33.
王玉华, 梁江平, 张金友, 等, 2020. 松辽盆地古龙页岩油资源潜力及勘探方向. 大庆石油地质与开发, 39(3): 20-34.
吴河勇, 冯子辉, 杨永斌, 等, 2006. 松辽盆地北部深层天然气勘探风险评价. 天然气工业, 26(6): 6-9.
吴河勇, 梁晓东, 向才富, 等, 2007. 松辽盆地向斜油藏特征及成藏机理探讨. 中国科学(地球科学), 37(2): 185-191.
解习农, 程守田, 陆永潮, 1996. 陆相盆地幕式构造旋回与层序构成. 地球科学, 21(1): 27-33.
徐怀大, 1991. 层序地层学理论用于我国断陷盆地分析中的问题. 石油与天然气地质, 12(1): 52-57.
徐振华, 吴胜和, 刘钊, 等, 2019. 浅水三角洲前缘指状砂坝构型特征: 以渤海湾盆地渤海 BZ25 油田新近系明化镇组下段为例. 石油勘探与开发, 46(2): 322-333.
杨文杰, 胡明毅, 邓庆杰, 等, 2019. 小型断陷湖盆初始裂陷期沉积充填演化特征: 以松辽盆地梨树断陷苏家屯地区火二段为例. 大庆石油地质与开发, 38(6): 12-21.
杨文杰, 胡明毅, 苏亚拉图, 等, 2020. 松辽盆地苏家屯次洼初始裂陷期扇三角洲沉积特征. 岩性油气藏, 32(4): 59-68.
印长海, 杨亮, 杨步增, 2019. 松辽盆地北部沙河子组致密气勘探及下步攻关方向. 大庆石油地质与开发, 38(5): 135-142.
张晨晨, 张顺, 魏巍, 等, 2014. 松辽盆地嫩江组 T-R 旋回控制下的层序结构与沉积响应. 中国科学(地球科学), 44(12): 2618-2636.
张尔华, 姜传金, 张元高, 等, 2010. 徐家围子断陷深层结构形成与演化的探讨. 岩石学报, 26(1): 149-157.
张雷, 卢双舫, 张学娟, 等, 2010. 松辽盆地三肇地区扶杨油层油气成藏过程主控因素及成藏模式. 吉林大学学报(地球科学版), 40(3): 491-502.
张守仁, 张遂安, 2009. 松辽盆地深层断陷期地层展布特征及油气勘探意义. 地学前缘, 16(1): 335-343.
张顺, 付秀丽, 张晨晨, 2011a. 松辽盆地姚家组—嫩江组地层层序及沉积演化. 沉积与特提斯地质, 31(2): 34-42.
张顺, 付秀丽, 张晨晨, 2011b. 松辽盆地泉头组及青山口组沉积演化与成藏响应. 石油天然气学报, 33(1): 6-10, 164.
张元高, 陈树民, 张尔华, 等, 2010. 徐家围子断陷构造地质特征研究新进展. 岩石学报, 26(1): 142-148.
赵波, 张顺, 林春明, 等, 2008. 松辽盆地坳陷期湖盆层序地层研究. 地层学杂志, 32(2): 159-168.
赵文智, 方杰, 2007. 不同类型断陷湖盆岩性-地层油气藏油气富集规律: 以冀中坳陷和二连盆地岩性-地层油气藏对比为例. 石油勘探与开发, 34(2): 129-134.
赵贤正, 周立宏, 蒲秀刚, 等, 2017. 断陷湖盆斜坡区油气富集理论与勘探实践: 以黄骅坳陷古近系为例. 中国石油勘探, 22(2): 13-24.

赵泽辉, 徐淑娟, 姜晓华, 等, 2016. 松辽盆地深层地质结构及致密砂砾岩气勘探. 石油勘探与开发, 43(1): 12-23.
朱筱敏, 2000. 层序地层学. 青岛: 中国石油大学出版社: 108-133.
朱筱敏, 潘荣, 赵东娜, 等, 2013. 湖盆浅水三角洲形成发育与实例分析. 中国石油大学学报(自然科学版), 37(5): 7-14.
邹才能, 陶士振, 谷志东, 2006. 陆相坳陷盆地层序地层格架下岩性地层圈闭/油藏类型与分布规律: 以松辽盆地白垩系泉头组—嫩江组为例. 地质科学, 41(4): 711-719.
邹才能, 赵文智, 张兴阳, 等, 2008. 大型敞流坳陷湖盆浅水三角洲与湖盆中心砂体的形成与分布. 地质学报, 82(6): 813-825.
CAI Q S, HU M Y, LIU Y N, et al., 2022. Sedimentary charateristics and implications for hydrocarbon exploration in a retrograding shallow-water: An example from the fourth member of the Cretaceous Quantou Formation in the Sanzheo depression, Songliao Basin, NE China. Petroleum Science, 19(3): 929-948.
CAI Q S, HU M Y, NGIA N R, et al., 2017. Sequence stratigraphy, sedimentary systems and implications for hydrocarbon exploration in the northern Xujiaweizi Fault Depression, Songliao Basin, NE China. Journal of Petroleum Science and Engineering, 152: 471-494.
CAI X Y, ZHU R, 2011. Cretaceous sandbody characters at shallow-water lake delta front and the sedimentary dynamic process analysis in Songliao Basin, China. Acta Geologica Sinica(English Edition), 85(6): 1478-1494.
CATUNEANU O, ABREU V, BHATTACHARYA J P, et al., 2009. Towards the standardization of sequence stratigraphy. Earth-Science Reviews, 92(1-2): 1-33.
DENG Q J, HU M Y, HU Z G, 2019. Depositional characteristics and evolution of the shallow water deltaic channel sand bodies in Fuyu oil layer of central downwarp zone of Songliao Basin, NE China. Arabian Journal of Geosciences, 12(20): 1-14.
DENG Q J, HU M Y, SU S, et al., 2022. Factors controlling reservoir quality of a retreating delta-front in shallow-water lacustrine in the Songliao Basin, Northeast China. Journal of Petroleum Science and Engineering, 2216: 110773.
DENG Q J, HU M Y, KANE O I, et al., 2021. Syn-rift sedimentary evolution and hydrocarbon reservoir models in a graben rift sag, Songliao Basin, Northeast China. Marine and Petroleum Geology, 132: 105245.
EMBRY A F, 1995. Sequence boundaries and sequence hierarchies: Problems and proposals. Norwegian Petroleum Society Special Publications, 5: 1-11.
EMBRY A F, 2002. Transgressive-regressive (T-R)sequence stratigraphy//BOB F. 22nd Annual Gulf Coast Section SEPM Foundation. Perkins Research Conference: 151-172.
FENG Z Q, JIA C Z, XIE X N, et al., 2010. Tectonostratigraphic units and stratigraphic sequences of the nonmarine Songliao Basin, northeast China. Basin Research, 22(1): 79-95.
HADAD Y T, ABDULLAH W H, 2015. Hydrocarbon source rock generative potential of the Sudanese Red Sea basin. Marine and Petroleum Geology, 65: 269-289.
LEEDER M R, 1973. Fluviatile fining-upwards cycles and the magnitude of palaeochannels. Geological Magazine, 110(3): 265-276.

LI D, DONG C M, LIN C Y, et al., 2013. Control factors on tight sandstone reservoirs below source rocks in the Rangzijing slope zone of southern Songliao Basin, East China. Petroleum Exploration and Development, 40(6): 742-750.

LIU Z L, SHEN F, ZHU X M, et al., 2015. Formation conditions and sedimentary characteristics of a Triassic shallow water braided delta in the Yanchang Formation, Southwest Ordos Basin, China. Plos One, 10(6): e0119704.

SOROKIN A P, MALYSHEV Y F, KAPLUN V B, et al., 2013. Evolution and deep structure of the Zeya-Bureya and Songliao sedimentary basins (East Asia). Russian Journal of Pacific Geology, 7(2): 77-91.

SUN Y H, KANG L, BAI H F, et al., 2012. Fault systems and their control of deep gas accumulations in Xujiaweizi area. Acta Geologica Sinica (English Edition), 86(6): 1547-1558.

VAIL P R, AUDEMARD F, BOWMAN S A, et al., 1991. The stratigraphic signatures of tectonics, eustasy and sedimentology: An overview// EINSELE G, RICKEN W, SEILACHER A. Cycles and Events in Stratigraphy. Berlin: Springer: 617-659.

VAIL P R, MITCHUM R M, THOMPSON S, 1977. Seismic stratigraphy and global changes of sea level, part 3: Relative changes of sea level from coastal onlap// PAYTON C E. Seismic Stratigraphy: Applications to Hydrocarbon Exploration. AAPG Memoir, 26: 63-81.

WEI H H, LIU J L, MENG Q R, 2010. Structural and sedimentary evolution of the southern Songliao Basin, Northeast China, and implications for hydrocarbon prospectivity. AAPG Bulletin, 94(4): 533-566.

XI K L, CAO Y C, JAHREN J, et al., 2015. Diagenesis and reservoir quality of the Lower Cretaceous Quantou formation tight sandstones in the southern Songliao Basin, China. Sedimentary Geology, 330: 90-107.

ZHANG L, BAO Z D, DOU L X, et al., 2018. Sedimentary characteristics and pattern of distributary channels in shallow water deltaic red bed succession: A case from the Late Cretaceous Yaojia formation, Southern Songliao Basin, NE China. Journal of Petroleum Science and Engineering, 171: 1171-1190.

ZHU X M, LI S L, WU D, et al., 2017a. Sedimentary characteristics of shallow-water braided delta of the Jurassic, Junggar Basin, Western China. Journal of Petroleum Science and Engineering, 149: 591-602.

ZHU X M, ZENG H L, LI S L, et al., 2017b. Sedimentary characteristics and seismic geomorphologic responses of a shallow-water delta in the Qingshankou formation from the Songliao Basin, China. Marine and Petroleum Geology, 79: 131-148.